献给我的亲人们
他们一直默默地分担我求学和生活的艰辛

Res in tantum intelligitur,
in quantum amatur.
—Proverb

事物被爱到什么程度,
才会被理解到什么程度。
——谚语

ΕΤΥΜΟΛΟΓΙΚΟΝ FÜR PHYSICA LEARNERS CHINOISES

物理学咬文嚼字

卷四

曹则贤 著

中国科学技术大学出版社

图书在版编目(CIP)数据

物理学咬文嚼字. 卷四/曹则贤著. —合肥：中国科学技术大学出版社，2019.2
(2022.1 重印)

ISBN 978-7-312-04624-7

Ⅰ.物… Ⅱ.曹… Ⅲ.物理学—名词术语—研究 Ⅳ.O4

中国版本图书馆 CIP 数据核字(2018)第 298940 号

出版	中国科学技术大学出版社
	安徽省合肥市金寨路 96 号，230026
	http://press.ustc.edu.cn
	https://zgkxjsdxcbs.tmall.com
印刷	安徽国文彩印有限公司
发行	中国科学技术大学出版社
经销	全国新华书店
开本	710 mm×1000 mm　1/16
印张	22.25
字数	399 千
版次	2019 年 2 月第 1 版
印次	2022 年 1 月第 3 次印刷
定价	88.00 元

自序

> 芳心向春尽,所得是沾衣。
> ——李商隐《落花》

"物理学咬文嚼字"系列始于 2007 年 7 月,至今共在《物理》杂志上发表 100 篇。此前承蒙新加坡 World Scientific 和中国科学技术大学出版社出版了三卷六种,分别为卷一及其增补版、彩色增补版(001—030 篇),卷二及其彩色增补版(031—054 篇),卷三(055—075 篇)。卷四收录了此系列的 076—100 篇,因为最后几篇孕育时日极长,故此卷的篇幅超过前三卷。

整个"物理学咬文嚼字"系列保持了细究物理学词汇的起源与演化路径以求深刻理解物理学之概念、图像及本质的初衷,始终从一概念之语言源头谈起,终结于相关物理本质的讨论。在此过程中,笔者也努力以同源词为脉线,探寻不同领域知识片段的内在联系,希冀得到一个有机的、紧致的知识体系。能否在读者身上见此功效,尚属未知;于笔者本人而言,因为循着这思路砥砺爬行了十二年,倒也算得上收获颇丰。

语言之于物理学的意义,见仁见智,端赖物理学家本人的态度。如英人 Thomas Young, Sir William Rowan Hamilton 者,他们作为物理学家的语言学成就,是职业语言学家不能望其项背的。Hamilton 对大范围内各种语言的俯视,焉知不是其写意地创造数学与物理方程——数学和物理其实也是语言——的预演和铺垫？次者如 Κωνσταντίνος Καραθεοδωρή（卡拉泰奥多里），这位希腊人用德语写成的论述热力学第二定律表述问题的论文——该篇论文完成了热力学的公理化表述——也是德语言的名篇。爱因斯坦称赞牛顿"也是了不起的语言学家"，杨振宁先生夸奖狄拉克的文章是"秋水文章不染尘"，被赞者固然文字隽永，这夸人者也是顶级的文章里手。他们的思想因为化作了文字的涓涓细流，才滋润了无数也渴望窥探自然奥秘的心灵。细读爱因斯坦和杨振宁先生等名家的文章，学问高远是一回事，文字的清新流畅也予人以另一重触动。这种触动，笔者本科时读王竹溪先生的热力学和统计力学课本时曾朦胧感觉到过。用一种未能熟练运用的语言去学习和阐发最高深的学问，由此而来的惶恐，Hermann Weyl 有最动情的描述。这位顶级数学家在物理学领域的成就是鲜有其匹的，他在其经典名著 The Classical Group（经典群）一书的序中用英语、德语写下了这段不断被引用的话：

The gods have imposed upon my writing the yoke of a foreign language that was not sung at my cradle.

Was dies heissen will, weiss jeder,

Der im Traum pferdlos geritten.

（神为我的写作套上了陌生语言的枷锁，那不是在我的摇篮边哼唱的语言。

那是一种什么感觉，

每一个在梦中纵马奔腾其实还胯下无马的人，

都明白。）

Hermann Weyl 接着写道："Nobody is more aware than myself of the attendant loss of vigor, ease and lucidity of expression.（没人比我更清楚由此可能造成的表达之严谨、从容和明澈的减损了。）"有人戏谑地评价这一段，说"where Weyl apologies eloquently for his lack of eloquence in writing English（Weyl 用流畅的英语抒发了他用英语写作缺乏流畅感的感叹）"。

Weyl 担心使用外语可能造成表达之严谨、从容和明澈的减损，这重担心的境界,笔者是达不到了。然而,在学习物理和用英文撰写论文的时候,那种 pferdlos geritten 的惶恐感却是刻骨铭心的。因为物理学不是在也讲 sung at our cradles 的那种语言的头脑中被构思的,不是以 sung at our cradles 的那种语言首先被表述的,我们中国人学物理、做物理,便无形中多了一个 yoke of a foreign language。

希望鄙人的"物理学咬文嚼字"系列能为大家打破 yoke of foreign languages 的努力稍尽绵薄。若它真的能显出一点点儿这功效,则笔者在撰写期间的所有抓耳挠腮便有了意义。必须声明的是,本系列中的所有错误,都是作者因为才疏学浅、马虎大意造成的,而与宇宙内禀的时空结构、作者所处的时代背景或者其他任何具体因素都不相干。作者为其中未能避免的错误预先致歉,并恳请读者朋友们批评指正。

是为序。

2018 年 5 月 14 日于北京

目 录

i | 自序

1 | 之七十六 · 绑定
12 | 之七十七 · 黑、暗的物理学
23 | 之七十八 · Reciprocity——对称性之上的对称性
43 | 之七十九 · 阶级与秩序
54 | 之八十 · 特别二的物理学
68 | 之八十一 · 物理学中的括号文化
77 | 之八十二 · 超的冲动
83 | 之八十三 · 简单与复杂
93 | 之八十四 · Energy
104 | 之八十五 · 重与轻
114 | 之八十六 · 导引
124 | 之八十七 · 何反常之有？
133 | 之八十八 · Bubble & foam
145 | 之八十九 · Parity

155	之九十	• 化学元素之名
177	之九十一	• 线
187	之九十二	• 城邦与统计
196	之九十三	• 可爱的小东西们
206	之九十四	• Se luere
216	之九十五	• 紧绷的世界
225	之九十六	• 推之成广义
232	之九十七	• Conceiving concepts for conceptualization
242	之九十八	• Phase：a phenomenon
261	之九十九	• 西文科学文献中的数字
301	之一百	• 万物皆旋
344	跋	• 关于科普——兼为跋

七十六 绑定

> Mit dem genius steht die Natur in ewigen Bunde.
> Was der eine verspricht, leistet die andere gewiss.①
> ——Friedrich Schiller, *Columbus*

> Have you not wept together with your wife?
> If not you missed that bond that joins forever.②
> ——Ludwig Boltzmann, *Beethoven im Himmel*

> 兰艾同荣，望秋则槁。虽在束薪，终是芳草。
> ——[清] 朱鹤龄《广志》

摘要 事物是相联系的，联系同存在一样都是物理的对象。Band，bend，bind，bond，bund（bundle，bindle）及相关词汇，为我们描述着数理化各门学问中的各色联系。

---

① 席勒诗《咏哥伦布》：上苍与天才紧相连；此者有承诺，彼亦有所为。
② 此为 Fritz Rohrlich 对玻尔兹曼的谐趣诗《天堂里的贝多芬》(*Beethoven im Himmel*) 的英译中的两句：你没和妻子哭过长夜吗？要是没有你就错失了将你们永远拴牢的纽带。

1. 引言

牛顿的第三定律断言,作用等于反作用(For every action, there is an equal and opposite reaction)[①]。可怜这句话,到了中文的中学课本中就变成了作用力等于反作用力,不知这里的力从何来。作用总伴随着反作用,实际上是说主导这个世界的是相互作用(interaction)。既然是 interaction,那么描述这个 action 的不管是什么样的物理量,它一定是相对距离$|r_i - r_j|$的函数。则对于变换 $r_i \mapsto r_i + r_0 + v_0 t$——这个变换包括了朴素相对论和伽利略相对论的内容——相互作用不变。不同存在通过相互之间的作用结成了共同体,由两体而少体而多体,形成了一个纷乱复杂的世界。可以想见,事物之间的结合必然是人类关注的要点,也必然是自然科学研究的主要对象。

英文中强调结合、联系的词有很多。有趣的是,band, bend, bind, bond, bund (bundle, bindle) 这一组同源词遍历了 (a, e, i, o, u) 五个单元音,且均是物理、化学亦或数学中的重要概念。它们之间的内在联系和细微差别,值得认真对待。

2. Band

Band 作为名词,汉译条、带、箍等等,此时一定要记得这些条儿、带儿、箍儿是用来连接、绑定(bind)别的东西的。这样,就容易理解为何 band 有团伙的意思了,不管是 musical band(音乐团体),还是 punk band(痞子团伙),都是由某种力量绑定(bind, tie)在一起的群体。Band 本身也作为动词用,表示用带子之类的东西捆扎或者给候鸟等动物用环状的东西作标记。由动词 band 衍生的名词 bandage,汉译绷带,不知是不是音译。有趣的是,bandage 本身也可以当动词,就是用绷带包扎的意思。

[①] 著名的 Least-action-principle,汉译为最小作用量原理。虽然一般力学书上会有 action 的表达式,并且通过变分法求最小值得到 Euler-Lagrange 方程,但是,如果我们记得这个所谓原理的思想本源是"世界是被用最少的动作创造的",就知道此概念正确的翻译应该是最少动作(作用)原理。把 action 翻译成作用力或者作用量,都为用中文理解物理学人为地设置了障碍。

在物理学上，有 frequency band（频带）、bandwidth（带宽）的概念。因为频率是个连续可变的量，一般来说系统对电磁波的响应会涵盖一定的频率范围，则此范围内的频率，就其可以被响应来说，是一伙的，因此可以冠之以 band 的称呼。光是电磁波，不过在光被证实是电磁波之前已经有了 band of light（光带）的说法。1665 年，牛顿将一个三棱镜放入一束自窗户射入的光线的路径上，发现白光经三棱镜后被展开成了彩色的 band of light（图1），牛顿由此判定白光是不同颜色的光的混合。

涉及 band 的另一重要物理学概念是 energy band（能带）。二十世纪中期当量子力学被应用于解固体物理问题时，发现在周期势场下电子的能量呈带状分布，即在某些能量值之间有密密麻麻的哈密顿量本征值分布，而在某些能量值之间则不会出现哈密顿量的本征值。由此，发展起了固体的能带论（theory of energy band）。固体能带论的一个了不起的成就是给了固体的导体−绝缘体之分一个初步的解释，这个初步的解释引出了半导体的概念。半导体给人类社会带来了翻天覆地的变化，其根本点在于通过能带工程（energy band engineering）可以设计它的导电性质。

图1 白光经三棱镜折射后分成了彩色的光带

3. Bind

Bind（bound, bound）可作为及物动词和不及物动词用，例句如 sands and cement bind strongly（沙子与水泥结合得很牢固），to bind a book（装订一本书）。说到装订书，物理世界最伟大的书籍装订工（bookbinder）要数法拉第了。法拉第 14 岁时到书店去 worked as a bookbinder, bound books for Davy（当书籍装订工，为戴维装订书籍）。法拉第在做工之余不忘自学，且利用地利之便到英国皇家学会去听讲座。1812 年，法拉第把一本 300 余页的他自己记录并装订好的戴维讲座笔记交给了戴维，从而获得了到皇家学会为戴维作助手的机会——一个伟大的科学天才从此踏上了研究的舞台。

Bind 构成的一个重要物理概念是 binding energy（结合能）。两个个体，bind together，如果结合后的形态能量较低，则这样的结合是稳定的。体系之结合前后状态的能量差，被称为 binding energy（这个定义同样适用于 bonding energy，见下文）。电子同原子核结合成原子，一堆原子结合在一起构成一块固体。将电子从固体中释放出去所需的最低能量，即光电效应涉及的逸出功（work function），其实是固体中电子的最小结合能。原子的内能级几乎不受原子化学环境的影响，且不同原子的内能级或同一原子的不同内能级在数值上的差别一般来说大于由化学成键（chemical bonding）造成的改变，因此可以作为元素的指纹。X 射线光电子谱就是测量光电子的动能从而判断电子在样品中所处内能级的能量，从而确定样品的元素成分的。同样地，核子通过强相互作用结合成原子核。原子核的质量总小于构成原子核之质子和中子质量的总和，这之间的质量差，通过爱因斯坦质能方程换算成的能量差，就是原子核的 binding energy。为了表示语境的区别，这里我们会用 nuclear binding energy 加以区分。Nuclear binding energy 对原子核质量数（或者核子数）的依赖关系呈两端低、中间高的态势（图 2），这让人类拥有了聚变和裂变两种利用核能的方式，也就有了用氢弹和原子弹两种方式自我毁灭的奢侈。

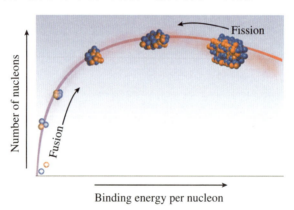

图 2　核结合能对核子数的依赖关系

Bind 的过去分词形式为 bound，因为来自 bind，故有命中注定了、被某事绑架了的意思，如 is bound to fail（注定失败，绑在失败上了），is bound up with research（投身科研）。注意，千万不要把作为 bind 过去式、过去分词的 bound 同动词 bound 混淆了。动词 bound，其一来自拉丁语动词 bombitare，是弹跳（bounce）、弄出动静（bomb，buzz）的意思；其二来自拉丁语名词

bodina，botina，是限制的意思，见于名词 boundary（边界）。

4. Bond

Bond，Webster 字典把其名词的解释指向 band，把其动词的解释指向 bind，可见它们之间的亲缘关系。Bond 似乎更强调联系，如"The bond between Fourier transform and epicycle theory"，说的是傅里叶变换同托勒密的本轮理论（见下文）之间的思想联系，后者比前者要早一千多年。而在"There he (Hermann Weyl) read Hilbert's *Foundations of Geometry*, a tour de force of the axiomatic method, in comparison to which Kant's 'bondage to Euclidean geometry' now appeared to him naïve"一句中，bondage 意味着密切联系，甚至有依附的意思。康德之"密切联系欧几里得几何"在读了希尔伯特的《几何基础》之后的外尔眼里，当然有点小儿科。此外，毛姆的名著 *Of Human Bondage* 汉译为《人性的枷锁》。

两种原子有结合到一起的倾向，且这种结合会带来化学性质上的变化，因此这种结合（的实体、的倾向、的状态）被称为 chemical bond。Chemical bond，汉译化学键，如同许多别的英文概念汉译所犯的严重错误一样，它把原文中抽象的、软性的内容落实为一个硬邦邦的实体。汉语的键，是插销一类的东西，"横曰关，竖曰键"，当初翻译者可能是为 H—H，O═O 中的那些横杠找到了"键"的译法。形象固然形象，贴切也算贴切，可是 chemical bond 不光是 H—H，O═O 中的那些横杠呀。A chemical bond is an attraction between atoms（化学键是原子间的吸引），在量子化学的语境中 chemical bond 可能会表现为波函数的叠加。英国化学家戴维是第一个提出化学键是纯粹的电性质的人（这句话很别扭，就是因为我们把 chemical bond 翻译成了化学键）。后来我们知道，原子之间形成化学键实际上是源于电子的转移行为，参与成键的电子被称为 bonding electrons。两个原子结合到一起的状态，其能量相比于此前的游离状态要低，这之间的差额即是 bonding energy（键合能，成键能）[①]，一般在几个 eV 的量级。所谓的可见光的波长下限，实际上就是由 H，C，N，O 等原子之间键合能所决定的：400 nm 的紫光，对应的光子能量约为 3.0 eV，这足以打破生命体中的化学键了。有读者可能注意到了，chemical bond 也包括分

[①] 不管是 binding 还是 bonding，一旦绑定到一起，再想分开总是要付出代价的。

子间的相互作用，整体上电中性的分子也可能因为电偶极矩相互吸引而结合到一起[1]。Bond 描述的是抽象的联系，毛姆的《月亮与六便士》有句云"Sooner or later the human being in you will yearn for the common bonds of humanity（早晚你体内的那个人儿会渴望人类社会的普遍联系）"，可资为证。由此句可见先前把 Of Human Bondage 译成《人性的枷锁》有值得商榷处。

5. Bund (bundle, bindle)

Bund，作为名词有联盟的意思。其英文形式用处不多，在 united states（合众国），united kingdom（联合王国），Swiss Confederation（瑞士联邦）[2]之类的概念中它似乎已为其他词给替代了。倒是德语形式的 Bunde 整天被联邦德国人给挂在嘴上，如 Bundestag（联邦议会），Bundeskanzler（联邦总理），Bundesliga（联邦联盟[3]），等等。

和 bund 接近的是 bundle，这个词可是学数学物理者必然要弄懂的概念。Bundle (binden > bond > bondel)，把若干东西捆扎在一起，汉语对应的词汇包括捆、束、丛等，取决于具体捆扎的东西。几根柴火捆到一起，那是"束薪"，几条咸猪肉捆到一起那是"束脩"。猪肉在古代属于紧俏物资，一束就算重礼，'束脩'作为学费也就够意思了，所以有"子曰：'自行束脩以上，吾未尝无诲焉'"，意思是"那些主动把学费交来的人，我可是都教了的啊"。与此相对，柴火遍地都是，"束薪"就成了穷酸的符号。汉朝的朱买臣"担束薪，行且诵书"，这穷酸相就惹恼了夫人坚决离婚了事。单身者被誉为光（草）棍儿，那将草棍儿捆扎在一起的"束薪"，古时就用来喻男女成婚。《诗·唐风·绸缪》有句云："绸缪束薪，三星在天。今夕何夕，见此良人。"束薪今天演化成了 11.11，其精神是一贯的。日常英文中 bundle 的用法和汉语没什么区别，例如 a bundle of belongings（一

---

[1] 把一团电荷产生的电场表示为点电荷、偶极矩、四极矩等不同阶上近似之和，是一种数学上的策略。但是，把复杂分子间的相互作用限制在电偶极矩的层面，而且还进一步分为永久电偶极矩间的 Keesom force，永久电偶极矩同诱导电偶极矩间的 Debye force，以及瞬时诱导的电偶极矩间的 London dispersion force，实在看不出对具体的物质体系有何实用的可能性。

[2] 瑞士联邦，就是 Swiss Confederation，拉丁语为 Confoederatio Helvetica，故其互联网域名为 ch。咱们中国，China，cine，用的域名是 cn。

[3] 联邦德国的足球联盟。

捆儿家什），the optical fiber bundle（光纤束），以及"the energy always comes in discrete bundles①（（在量子力学中）能量总是以分立的小捆儿的形式到来的）"，"light exists in discrete particle—like bundles（光以分立的、类似粒子那样的小捆儿的形式存在）"。Bundle，在俚语中也拼写为 bindle，此时的意思为铺盖，正所谓 a bundle of belongs。Bundle 少了对单个事物的足够重视，因此 bundle 作为动词在英文中有 bundle away，bundle off，即"草草地打发出去"的用法。

"束"的概念，常见于汉语对物理对象的表述中，如"一束粒子""一束光线"，但这些常用法对应英文的 beam。Beam（baum＞boom＞beam）一词来自德语的 Baum（树），指树干部分，用来承重，在建筑、机械等领域 beam 被译为"梁"。当我们谈论 a beam of light 时，它是对拉丁语 columna lucis 的翻译，意为"光柱"。在射影几何中我们谈论"线束"时指的才是 line bundle，那里的一束线常常是汇聚的，如 spinors in three dimensions are points of a line bundle over a conic in the projective plane（三维的旋量是一个线簇在投影平面内的一个圆锥曲线上的点）。这样的线束、线簇，德语会用 Linienbüschel 一词。Büschel，Busch，即英语的 bush，灌木丛。这个"丛"字，会被用来翻译 fiber bundle 的 bundle。Fiber bundle，这个数学、物理上非常重要的概念，汉译为纤维丛。在现代数学和物理中，bundle 几乎到了被滥用的地步，试读如下例句就能找到这种感觉："In the language of vector bundles, the determinant bundle of the tangent bundle is a line bundle that can be used to 'twist' other bundles w times（用矢量丛的语言来说，切丛的判别式②丛是可以用来扭曲别的丛 w 次的线丛）。"

什么是纤维丛呢？纤维丛是这样的结构 (E, B, π, F)，其中 E 是丛空间（total space），B 是底空间（base space），F 是纤维，而映射 $\pi: E \to B$ 为丛投影（bundle projection）。大家熟悉的莫比乌斯带就是一个线段（纤维）在圆（底空间）上的纤维丛。纤维丛原来是微分几何里的概念，后来在物理中派上了大用场。为了描述一些复杂的物理情形，有必要引入一些坐标基，但这些坐标基和常用的表示时空的坐标又没有简单的关系。结果是，我们在时空的每个点上

---

① Energy in discrete bundles，就是这么个说法，这个"小捆儿"里没有结构。
② Determinant, discriminant，这些词的汉译问题一直就没被认真讨论过。

添加一丛纤维,其由用来描述物理对象的坐标基构成。比如对于足球场上运动员所处的位置,我们可以在其上添加一个描述其速度、高度等因素的矢量空间,那就是足球场上每一点上的纤维。其实,纤维丛的概念应该是个很朴素的概念,长满胡萝卜的一块田地就是对纤维丛最好的图解(图3)。

纤维丛理论为相对论的表述带来了极大的方便。狭义相对论断言,光速是运动速度的上限。在时空的每一点上,速度矢量,即时空点上的切空间里的矢量,被限制在半径为 c 的球内,也就是说时空这个底空间上的纤维(速度空间)是一个球。纤维为 n 球的纤维丛被称为球丛(sphere bundle)。笔者以为,挂满球形水珠的茅膏菜可以用来比喻狭义相对论的纤维丛。爱因斯坦的广义相对论要求更大对称性的理论,其对称性在切丛上。与此相对应,非阿贝尔规范场论也要求另一类型的、更大的对称性,那是建立在一个基于李群的丛上的对称性。在 1975 年前后,人们认识到规范场就是纤维丛上的联络,这再一次证明了数学的不可理喻的有效性[1,2]。

图3　胡萝卜地,天然的纤维丛

A bundle of lines 或者 a bundle of vectors 给我们带来了丰富的几何语言。如果是 a bundle of circles(一大捆儿的圆)又会怎样? 两千多年前,希腊人托勒密(Claudius Ptolemy)就用圆环套圆环的路子天才地为我们演示了数学的奇妙。为了解释行星的运动轨迹,托勒密引入了 epicycle-on-deferent 的体系,其中的 deferent 被汉译为均轮,其实是一个绕固定点转动的圆(动词 defer 的本义是屈从); epicycle, 外圆(骑在圆上的圆),汉译本轮,此圆自身转动着且其圆心是在别的圆(均轮或者别的本轮)的圆周上。用这个 epicycle-on-deferent 体系托勒密轻易地就构造了行星的轨道,把地心说发展到了高峰。后来,法国人傅里叶(Joseph Fourier, 1768—1830)为了解决圆盘上温度分布的问题发展了圆+圆的数学技术,这就是傅里叶分析。傅里叶分析的威力有多大?笔者的观点是,抽掉了傅里叶分析可能根本就没有现代物理。傅里叶分析一开始时人们很难接受,因为大家觉得用正弦、余弦这些圆的函数怎么可能凑出尖锐的函数分布呢! 这样的想法,是因为对 epicycle-on-deferent 的威力不了解造成的。不要说用 a bundle of epicycles,即人们嘲笑托勒密体系或者傅里叶分析时所说的要用到"一大捆儿的圆",其实仅用一个圆套圆就能模拟出三角形来,这实在有点出人意料①(图4)。

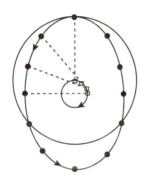 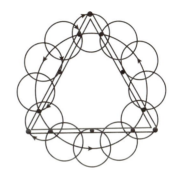

图4　使用一个 epicycle 不仅能构造出椭圆,还能构造出三角形

6. Bend

　　Bend 作为动词,其为人们熟知的意思是弯折、弄弯、向⋯⋯屈服,比如 lenses bend rays of light(棱镜弯折光线),to bend another's will to one's wishes(强人所难)。可是你看看它的样子,它分明是 band, bind, bond 和 bund 的兄弟,怎么会没有连接、结合的意思呢? 实际上,bend 还就是连接、绑定的意思,比如 to bend a signal flag onto a halyard(把信号旗绑到帆索上);相应地,其作为名词的意思是"绳结",即 knot,只是这用法太冷僻了些。那么,bend 是怎么获得了"弯折、弄弯、向⋯⋯屈服"等意思的呢? 设想你将一个绳子连到(bend)一根木棍的两头,如果绳子相对来说是短的(to confine with a string),则你绑了一张弓(bend a bow)。那根棍子向绳子屈服,就成了弯折的了。将一种材料同另一种材料绑定,当长度不能同步变化时,整个结构就有绑定(bend)效应了, and it bends(变弯了)。基于此原理,可以用两种膨胀系数不同的金属做成热水器的电开关。

---

① 关于任何一个数学或者物理的概念,都有太多我不知道和不懂的内容。此为一例。

7. 结语

西文的 band，bend，bind，bond 和 bund（bundle，bindle），同出一源而意思相近，在各种不同的语境中正确地使用这些词汇实属不易。其实，中文的连接、联接、链接、联结、连结这些词，也不是那么容易弄得清楚其不同用法的。有趣的是，这两组来自截然不同的两种文化的词，其于细微处的复杂性却不乏共通之处。人类文化对"连接、联系"的格外关注，说明对世间万物的联系曾付出过深入、系统的考虑。而这广义的联系，正是物理学之最普遍的内容。知道微分几何的纤维丛（fiber bundle）就是规范场论中的联络（connection），曾让科学家们莫名惊诧了一会儿，不过就算仅从字面来看，类似概念指向的不同事物有些内在的瓜葛，也是容易理解的。

 补 缀

1. Binding the hair，扎头发（图 S1）。

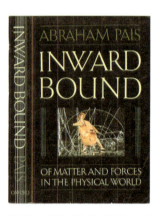

图 S1　扎头发的维纳斯（*Venus Binding Her Hair*，John William Godward，1897）

图 S2　Pais 的名著 *Inward Bound*

2. 有 A. Pais 科学史著作一种 *Inward Bound of Matter and Forces in the Physical World*（Oxford，1986），许多地方都将之简称为 *Inward Bound*（图 S2）。有人将 *Inward Bound* 译成《内界》，估计是把这两个字（首字母大写）误解了一双。Inward 是朝内，bound 作为名词是有 bodina，butina，boundary 的意思，但这里的意思是指自然界存在的"binding"，强调的是结合在一起的最终结果。

这本书讲述物质和物质间的相互作用，相互作用总体上的吸引效应导致的 inward bound（向内结合）使得从原子到星系等大结构的出现成为可能。

3. 英国诗人雪莱（Percy Bysshe Shelley）的《被解放的普罗米修斯》，英文原文是 *Prometheus Unbound*。

4. 流形上的张量场是将流形上的每一点附加一个张量的映射。这可以用纤维丛的概念描述，即将流形上每一点上的张量集合在一起，thus 'bundling' them all into one grand object called the tensor bundle。张量场就是从流形到张量丛（每一个点上联系着一个在该点的张量）的映射。

5. Élie Cartan 把时空看成一个 Bundle，其基空间（base space）为 E^1，纤维（fibre）为 E^3……亚里士多德不知道积空间，伽利略也不知道纤维丛（Aristotle didn't know about product space, nor Galileo about fibre bundles! See Roger Penrose, *The Road to Reality*, p.394）。可是，今天的物理学家这样可不行啊！

6. 杨振宁先生在 *Einstein's impact on the theoretical physics of 21 century* 一文中的一段话，讲述了如何从 bundle 角度看广义相对论和非阿贝尔规范场论，照录如下：Einstein had created general relativity by requiring the theory to have a large invariance, i.e. a large symmetry. Non-Abelian gauge theory also has a large symmetry of a different type：In mathematical language, the symmetry of general relativity is on the tangent bundle, while that of non-Abelian gauge theory is on a bundle based on a Lie group.

参考文献

[1] Lochlainn O'Raifeartaigh. The Dawning of Gauge Theory[M]. Princeton University Press, 1997.

[2] Yang C N. Einstein's Impact on Theoretical Physics[J]. Physics Today, 1980(6)：42-49.

七十七　黑、暗的物理学

> 善黑者有光……
> ——李宗吾《厚黑学》
>
> 黑，真黑！
> ——小品《打工奇遇》

摘要　光与黑暗都是物理学的主题。黑体辐射、黑洞、超黑材料、暗电流、暗场像、暗物质、暗能量与暗光子等诸多概念让物理学的天空一片黑暗。

1. 引言

人类自身的智识从一团混沌中渐渐萌生，于是人们很早就怀疑这天地也诞生于混沌中。这样说，是有各种古文明的记忆作支撑的。《幼学琼林》的"混沌初开，乾坤始奠。气之轻清上浮者为天，气之重浊下凝者为地"，可视作动态宇宙模型之发轫。混沌，英文为 chaos，来自希腊文 Xαos。根据希腊神话，Xαos 是原初的存在物①，自其中产生了 Erebus（darkness）和 Nyx（night）。当然了，天地剖分，中间还必须要有光。《圣经》开篇第一句"The earth was formless and void, and darkness was over the surface of the deep, and the Spirit of God was moving over the surface of the waters. Then God said, 'Let there be light'; and there was light. God saw that the light was good; and God separated the light from the darkness…"，直言混沌初开时即将黑暗与光明分开了。在古埃及壁画里，莲花的形象是"下黑上白"，也是寓意宇宙由黑暗转为光亮。可见，在古代人的心目中，清与浊抑或黑暗与光明的分剖，是宇宙创生时必然经历的过程②。

这个世界最神奇的地方，是有光。光是物理学最重要的主题，光也是物理学所借重的最基本手段。可惜的是，我们对光的认识还仅仅处在初级阶段，还没有建立起系统的 theory of light；在中文语境中，我们的光学还是对应英文的 optics③。没有光的地方是黑暗的天下。黑暗，黑和暗很多时候是分开来用的，有细微的区别。暗指（整体环境的）无光或者光线很弱，如暗夜、暗室，暗之对立面为明；而黑指具体对象因极度缺少光线造成的颜色或者外观，如黑箱、黑幕等，黑之对立面为白。在英（德）文中，暗对应 dark（dunkel），黑对应 black（schwarz），其间分别约与汉语同。物理学中充斥着大量涉"黑"涉"暗"的概念和问题，如黑体辐射（black body radiation）、黑洞（black hole）、黑色材料、奥伯斯佯谬（dark night sky paradox）、暗电流（dark current）、暗场像（dark field image）、暗物质（dark matter）、暗能量（dark energy）、暗光子（dark photon），等等。

2. 黑色与超黑材料

一个物体对我们来说是黑的，只是指来自它的光不足以或者不能引起我们

---

① 中文说混沌初开时，清气上升，浊气下降。有趣的是，西文中的 chaos 和 gas 是同源词。

② 古文明中所谓的宇宙创生，实际所指都是远古时期地面上发生的事情，比如见于各文明传说中的大洪水。所谓黑暗与光明的分离，我觉得它反映的是人类逐渐开启心智的过程。人类对自身有了智识之前世界的记忆是一片昏暗，小孩子对自己记事之前世界的图像也是一片昏暗。

③ Optics，其希腊语词源为 ὀπτικος（眼睛的、视觉的）或者 ὀπτική（外观），见 optic nerve（视神经），ophthalmology（眼科）。

的视觉。这有两个原因:1)来自它的光太少,黑夜中一切不发光的物体都黑乎乎的。此时的黑和暗同义。2)来自它的光不在我们眼睛的工作波长范围内。关于后者,一般认为人眼的工作波长范围在390～780 nm之间,此波长范围内的光能让我们产生视觉,因此被称为可见光(visible light)。其实,不同动物的可见光范围都差不多,因为这是由眼睛工作方式①的物理学所决定的。光要在视网膜上产生光电效应,所需光子能量约为 1.5 eV,这大约对应 800 nm 的波长;若光子的能量大于 3.0 eV,这大约对应 400 nm 的波长,则这样的光子能轻松打断我们皮肤中 H,C,O,N 等原子之间的化学键,造成损伤。可见光波长范围两侧的光造成的视觉效果是黑,常说的可见光谱带,其两侧的颜色就是黑的(图1)。其实,对短波长一侧的光,我们就不该试图用眼睛看它,正确的策略是躲远点②。在可见光照射环境下我们能看见一个黑的物体,是因为我们没看见它——是同可见的明亮背景之间的衬度让我们的大脑解读为看见了它。

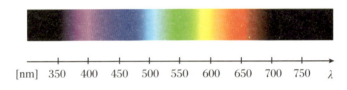

图1 可见光范围之外的光,其视觉效果是黑

对于普通的物体,如何在可见光照射环境下看起来为黑色呢? 这要求它不发射、不透过、不反射可见光。不透可见光意味着材料对可见光有强烈的吸收,则材料的能隙要小于 1.5 eV。比如硅材料,其 1.12 eV 的能隙对应红外光,对可见光硅具有较强的吸收,则仅从透光的角度来说,硅是黑的。石墨的带隙约为 -0.04 eV,对红外光是全面地强烈吸收,因此它更黑。但是,仅考虑吸收是不够的,光的吸收和反射是同步的过程。石墨晶体对可见光有强烈的反射,高品质的石墨晶体有金属光泽(图2)。如要把窄带隙材料黑化,就要求将其表面无序化、粗糙化。近年来关于超黑材料(super black materials)的研究取得了巨大进展,所获得的超黑材料对可见光的反射率几乎为零,其黑色艳得邪恶

---

① 有的蛇会采取两种方式获得视觉功能。除了有一对类似人类眼睛那样的眼睛以外,它在眼睛前面有一对凹窝,是接收红外辐射的,工作原理应该类似人类的夜视仪。
② 在可见光范围内的光若是太强了,眼睛也会主动地进入保护模式——它先闭合瞳孔,实在不行就阖上眼睑。眼皮才是眼睛最重要的组成部分。

(图2)。

图2 体验不同的黑。左图是黑色但反光的石墨晶体;右图是恐怖的超黑材料

超黑材料的出现,对旧有的光学也带来了挑战。一个例子是,对于经典的双缝干涉、单缝衍射等实验,因为所谓的理论解释是仅将透光的狭缝或圆孔当作新的波源(惠更斯原理),我们也许会认为环绕狭缝或者孔的材料应该是绝对不透光的,可以理想化为黑物质。但是,有实验表明,通过超黑材料中的圆孔未能获得常规的单缝衍射圆环状花样(图3)。也许超黑材料意味着某种新光学,或者说会带来对原有光学知识的修正。期待未来的深入研究会为我们带来对光学更深入的认识。

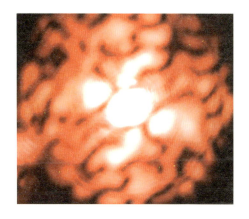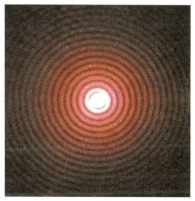

图3 利用超黑材料中的圆孔获得的衍射光斑(左),未能表现出用常规材料得到的圆环状花样(图片来自互联网)

3. 黑体辐射与黑洞

对物理学有重大影响的黑概念要数黑体辐射。所谓的黑体，是一个理想的物理对象，它能完全吸收从任何方向射来的任何频率的光（不限于可见光）。黑体辐射问题指黑体同环境处于热平衡（因此具有温度）时，其辐射能量密度随频率或者波长的分布。对这个问题的研究导致了光能量量子的概念从而开启了量子力学时代[1]。笔者在学习黑体辐射时，脑子里一直有一块黑乎乎的物体在光芒环绕的环境中发光的形象。实际情况是，黑体辐射是指内壁为黑体的腔体处于热平衡时，腔内电磁辐射的谱分布。黑体辐射的德语原文为Hohlraumstrahlung，字面为空腔辐射，就没黑体的事。黑体辐射问题源自对电灯泡和炼钢炉内发光谱与温度关系的研究，愚以为更可能的模型是北欧人熟悉的壁炉——模型化后的测量对象为内壁黑乎乎的、有一个漏光小洞的空腔（cavity with a hole）。黑体的对立面为白体（white body），是能将任何频率的入射光都完全地、均匀地反射到所有方向上的物体①。用白体物质作为内壁的腔体，可以用于对发光积分强度的测量——经过足够多次的反射，发光体向各个方向发出的光最终都会落入探测器中。

与黑体字面上可比拟的概念是黑洞（black hole）。黑洞是个宇宙学概念，假设光的路线是广义相对论时空中的测地线，则大质量物体附近的弯曲时空可能使得所有飞向黑洞的光子终结于该物体，或者自该物体出发的光不能够逃离。至于黑洞内是否有发光的过程，或者终结于黑洞的光是否被吸收了，那就不知道了。有人说黑洞是个热力学的黑盒子，还有所谓黑洞有毛无毛的讨论，但黑洞作为用广义相对论捏合到一起的引力与电磁学的对象，其上是如何体现热力学与电磁学和经典力学的概念自洽的，笔者不懂，此处不论。

4. 奥伯斯佯谬——天空为什么是暗的

人类的光明与黑暗交替的体验来自太阳的起起落落。每天太阳出来以后，

---

① 物理学上还有白噪声的说法，指强度与频率成反比的连续谱信号，其类比的是白光，因为白光粗略地可看作是包含各种频率的可见光。

大地上一片光明；日落了，大地的统治者就变成了黑暗。一日之间的明暗交替是地球上的常态，人类顺着天地合一的路子也就养成了日出而作、日落而息的习惯。我总觉得，日出而作、日落而息可能是动物身上保持的植物甚至更低级生命的习惯。那些夜行的动物估计是革命者，叛逆出了新的行为方式，它们一定出现得很晚，且源于艰难环境下的另辟蹊径。低等生命体内过程的动力源泉是阳光，等到夜间，原初动力源关闭，低等生命体内的过程就只剩下靠化学能能够驱动的过程，大部分的过程自然就歇息了。往远了说，光照作为原初的动力源泉在各种物质中都会引起过程，只有光照引起的激发态在光照停止时仍能维持一些复杂过程从而度过漫漫长夜，这样的体系才算是有生命的，这或许才是生命的物理学定义[①]。不说了，扯远了。

我们习惯了日出日落带来的明暗交替，可偏偏某一天我们的天文学里面出了"天空为什么是黑的"的奥伯斯佯谬，即所谓的 dark night sky paradox。早在哥白尼时代，人们就注意到，若宇宙是静态的、无穷且大尺度上均匀的、含有无穷多恒星的宇宙，则从地球上看过去的任何视线都会终结于某个恒星，天空应该总是亮的才对。这和我们所处的昼夜交替的现实有矛盾，于是就有了用德国天文爱好者 Heinrich Wilhelm Olbers 命名的悖论。估计我们经历昼夜交替的现实应该不会错得离谱，比较而言应该是那个关于宇宙结构的假设不那么正确。诗人爱伦·坡就建议将宇宙模型中的宇宙修改为有限大小的；进一步地，由于宇宙年龄和光速的有限性，地球可见的空间内只有有限多的恒星，其给我们送来的光和我们自家的太阳相比是远远不够的。其实，关于宇宙模型，均匀性也是个含混的词，均匀性的尺度是多少？如果宇宙均匀性的尺度远大于太阳系，则我们头顶上有个太阳这件事就是宇宙中的偶然。我们的暗夜本身就提供了许多关于宇宙模型应该如何正确的暗示。

5. 暗概念系列

在物理学中，暗（dark）一般指光的缺少，暗 + 名词构成的概念基本上完全

[①] Only when a system was able to sustain sufficiently well-developed dynamical processes that can go through the dark night with the absence of sunlight, could it be in a sense a form of life.

可以按照"暗室"的模式来理解。比如暗电流(dark current)，指 CCD 等感光器件在完全没有光照的情形下仍有一些小的电流。暗电流来自耗尽层中随机产生的电子或者空穴，构成感光器件的背景噪声。又比如暗场像(dark field image)，是如下成像方式的结果：未经散射的光(电子)束被排除在成像机制之外，这样样品周边地(field)一般来说在图像上就是暗的。暗场像的对立面是明场像(bright field image)。这些场合涉及的暗，如同开尔文爵士的"物理学上空的两朵乌云(two dark clouds over physics)"，还是不同程度地允许光线露面的。

在宇宙学中出现的暗概念，"暗"不是说那里光线的强度弱到无，而是说那是同电磁相互作用不相关的概念。暗物质(dark matter)，与 luminous matter(亮物质)相对，其既不发光也不同电磁辐射相互作用，因此是暗的。暗物质的概念源于天文学或者宇宙学的观察。1922 年荷兰天文学家 Jacobus Kapteyn 率先提出了暗物质的概念，1933 年瑞士天文学家 Fritz Zwicky 将 virial theorem[①] 应用于后发座星系团时认为应该存在不可见的质量，即所谓的 dunkle Mater(德语，暗物质)。Zwicky 用星系边缘的速度估算其质量并同基于星系数量和亮度(不可靠!)估算所得的质量相比较，结论是星系团的质量应该是其可见部分质量的 400 倍。暗物质的概念似乎已为宇宙学界所接受，从引力透镜、宇宙大尺度结构、暗物质对宇宙微波辐射背景的影响等诸多天文学研究对象得到了佐证。但是，这些所谓的证据本质上还是比较基于大尺度的动力学和广义相对论所得的质量同可观测物质的质量估计，其基本前提都是观测准确和广义相对论正确。不过考虑到我们在实验室里分析个样品的组分和做个发光谱测量都十分地不靠谱，再考察一下爱因斯坦自弱场近似得到引力场方程的过程，以及用以描述时空曲率的几何也是黎曼所作的近似之一种，笔者实在对所谓宇宙大尺度测量配合广义相对论所得的结论没有丁点儿信心。

当前被认为是暗物质候选者的是所谓的只参与引力和弱相互作用的大质量弱相互作用粒子(WIMP)。世界范围内许多机构都在试图探测 WIMP 的存在，所用的关键物质为液态氙。一台探测器对液氙的需求从当初的几十公斤到

---

① The virial theorem，汉译"维里定理"会让人误以为 virial 是人名。Virial，拉丁语"力的"意思。Virial theorem 关切的对象是 $p·r$。愚以为物理学界关于这个量的认识是含混的，有必要将之同角动量联系在一起使用几何代数的概念加以讨论。

了如今的 3.5 吨。在扬言最终成功需要 50 吨量级液氙的时候，人们终于对这种研究模式发出了疑问，2016 年 Science 杂志遂有了《暗物质探测到了生死关头》一文[2]。这种需要装载更多液氙的探测器的研究同需要更大能量的加速器的研究如出一辙，都是瞄着一个含混的目标却对具体做什么、如何做不甚了了。当我们想看到什么的时候，关于那东西的存在性或者关于如何看那东西的理论与设施（研究设施需要有正确的工作原理）至少应该有一样是靠谱的。仅凭假设粒子的伟大意义而无视物理学的严肃性，in a sense both theoretical and experimental，这种研究方式不足取。任何人都没有绑架社会去验证自己的极端聪明或者极端愚蠢的权利，哪怕是以科学和人类进步的名义。别说纯属假设的 WIMP 或者超对称理论所要求的新粒子，就是明晃晃的、真实的光谱线，在我们有正确的理论武装自己之前它也未必就是 visible 的！没有巴耳末老师的谱线公式，氢原子第五条可见光范围内的谱线就没被看见[1]——不是眼睛或者仪器不行，是大脑不行。

比暗物质也许更加不易理解的是暗能量的说法，暗能量是为了解释宇宙加速膨胀而引入的，同样是基于那个可以任意打扮的爱因斯坦场方程。有趣的是，在物理学中，能量从来都不是和物质在同一个层面上的概念。

把暗能量当作同暗物质（至少字面上）同一层面的独立存在，是对物理学根基的严重挑战。此概念的拥趸有必要给物理学一个解释。目前研究者提供的暗能量载体包括"such as quintessence or moduli"，不过 quintessence（拉丁语，第五种存在）和 moduli（模式，数学概念？）更让人如坠五里雾中。按照 Wiki 暗能量词条的说法，"many things about the nature of dark energy remain matters of speculation"。如果一个概念有很多内容都是揣测，真看不出有认真对待的必要。至少就笔者所知的宇宙学必谈论起的广义相对论，其创立者爱因斯坦就没有把理论建立在那么多揣测上的习惯——爱因斯坦的经典物理功底是格外扎实的。成就爱因斯坦在物理学史上伟大地位的，是关于布朗运动（涨落在统计物理中的重要性）、质能方程（原子核到夸克物理的概念基础）、光电效应诠释（光能量量子概念的确立）、受激辐射（激光的概念基础）、玻色－爱因斯坦统计、氢与金刚石的比热（零点能，固体量子论的建立）等方面的坚固成果，而非引力场方程中随意增减的宇宙常数项或者那个在构造引力场方程时塞入又用弱场近似重新拎出来的引力波方程。

比暗物质、暗能量更惊悚的暗概念是暗电磁学（dark electromagnetism）中的暗光子。2008年,有人设想存在一种作为暗物质之电磁力传递者的暗光子,而暗物质的电磁场是一种新的长程U(1)规范场,此场只和暗物质而不会和标准模型耦合。那么,还有比暗电磁学的暗光子更惊悚的暗概念吗？有！小说家Robert J. Sawyer 的大作 *Starplex* 为我们呈现了某种暗生物学(dark biology)——行星那么大块头的怪物们努力挤到一块形成有旋臂的星系(galaxy)①,因为长成那样子看起来很美。这位小说家一不小心泄露了理论宇宙学和小说所共有的浓浓的文艺本质,前者经常用到看似高深但缺乏严谨性、不成体系的物理和数学知识,想必那不过是文艺品质的数理装饰罢了。

我无意让人们误解我是一个反对宇宙学的人。实际上,人类中把目光投向广袤的宇宙为我们诘问宇宙本源的人,是最值得敬佩的一群人。托勒密、伽利略和开普勒,都是人类科学史上不朽的丰碑。然而,当前流行的把自己一知半解甚至完全不懂的物理学概念拿去凭借 imagination & speculation 编织科幻图像的宇宙学研究,笔者实在不敢恭维。物理学的一大特征是概念的自洽性和完整性(integrity of physics),对单一概念的率意发挥常常会遭遇缺乏坚实性和有效性(soundness and validity)的困境。

6. 黑暗的物理学

对于生活在地球上的人类来说,黑暗是一半时光里的统治力量。作为类比,关于这个宇宙的秘密更是隐藏在黑暗中,因此我们人类也就一直感叹自己生活在黑暗时代。人类学会用火,发明了文字,都源自摆脱黑暗之伟大尝试。自然与自然的定律隐藏在暗夜中,上帝说,"让牛顿来吧",于是一片光明②。物理学在黑暗中为人类开拓光明,物理学可以说是人类自我救赎的工具与成就。不管处在任何意义下的黑暗中,一个物理学家都没有先失去勇气的资格,因为他知道黑暗存在但不是世界的永恒主宰者,这个世界最神奇的地方就在于有

---

① 这里译成奶状物而非星系也许更好一点。Galaxy,来自希腊语的 γαλα,奶。传说天后赫拉的奶水撒满天空,于是天上有了 milky way。中国文化史上有把 milky way 译成"牛奶路",以及拿"牛奶路"的译法嘲笑别人不识 milky way 乃是英文中的"银河"的趣闻,可见中国的文化人对文化向来是不太较真的。

② 英国诗人蒲柏(Alexander Pope)起草的牛顿碑文:Nature and Nature's laws lay hid in night. God said, "Let Newton be!" and all was light.

光。光是自然秘密的泄露者，胸中有物理学者即见光明。

追求光明的物理学，说到底也不过是人类的实践活动，则物理学界在某些地方、某些时候是很黑的，实在不值得惊讶。世界范围内物理学界的黑，竟让物理学界频现 dark lady 现象。Dark lady 除了有肤色黑的女人、活在黑暗中的女人等意思外，它还指苦命的女人。Dark lady 是文学作品中常出现的形象，莎士比亚就曾写过名为 dark lady 的十四行诗。物理学史上被用 dark lady 为题报道过的著名女科学家包括 Ursula Keller（发展了 f-to-2f 法测量光学频率梳频偏）和 Jocelyn Bell Burnell（发现脉冲星），她们的成果都被以别的男性科学家获得诺贝尔奖的方式得到了承认[①]。这么说来，dark lady of science 中的 dark，大约对应"被人黑了"的意思。其实，科学界黑别人成果的事情比比皆是，能看懂本文的年轻科学家们不妨加点小心。不过，令人放心的是，任何黑暗时代里人类都不缺乏追求光明抗拒黑暗的愿望与良知。中华民族终将懂得，她若想得以体面地继续生存，掌握物理学并为之做出实质性的贡献恐怕是必须的。

黑腔藏不住量子力学的秘密，别的形式的黑暗也不能阻挡住物理学前进的脚步。

补缀

1. 我们习惯于把黑暗无光的地方看成一个实体而非虚空，魔术师喜欢利用这个错觉设计魔术。
2. 地球自转和绕太阳的公转，周期比约为 1∶365，故地上的世界在时间维度上总包含两部分：光明的和黑暗的。月亮的自转和绕地球的公转周期是相同的。若月亮是被地球照明的话，则其上的世界总是一面是光明的一面是黑暗的。你歌颂什么光明，鞭挞什么黑暗！

---

① 生物学界的 dark lady 为 Rosalind Franklin，是 DNA 螺旋结构的发现者。

3. 司汤达创作《红与黑》(*Le rouge et le noir*)时,拿破仑领导的法国资产阶级大革命已经失败,他想用自己的笔去完成拿破仑未竟的事业。他要通过《红与黑》再现拿破仑的伟大,鞭挞复辟王朝的黑暗,为此作者以"红与黑"象征作品诞生的时代背景:"红"象征法国大革命时期的热血,而"黑"则指向僧袍,象征教会势力猖獗的复辟王朝。
4. 关于 black hole,还有莫须有的 dark matter,之测量捷报频传,不知该如何理解。
5. 中国古代智慧"月黑杀人夜,风高放火天",展露了丰厚的物理学素养。人们若能把干坏事的聪明才智用于光明的事业,必有大成。
6. 为产生光明的电灯寻找灯丝,最后着落到炭丝、钨丝这些黑色的存在上,这里面的物理和哲学都值得玩味。

参考文献

[1] 曹则贤. 量子力学:少年版[M]. 合肥:中国科学技术大学出版社,2016.

[2] Adrian Cho. Crunch Time for Dark Matter Hunt:Little Confidence that Biggest WIMP Detector Ever will Find Hypothesized Particles[J]. Science,2016,351:1376-1377.

Reciprocity——
对称性之上的对称性

> 往而不来,非礼也;来而不往,亦非礼也。
> ——《礼记·曲礼上》
>
> 光亮是黑暗的驱逐者,阴影是光线的阻碍者。
> ——达芬奇
>
> 凡是涉及实在的数学定律都是不确定的,凡是确定的定律都不涉及实在。
> ——爱因斯坦

摘要 互反关系是两对象之间的一种常见关系。各种不同的 principles of reciprocity 和 reciprocal relations 表明 reciprocity 还真是数学和物理中的一条基本原则,一种对称性之上的对称性。

1. 引子

日常生活中常见的词才是数学物理中最基本的概念,比如,波和流[①]。另

---

① 任何随时间和空间变化的物理量一概被当成了波,而几乎所有的物理学方程本质上都是流方程。

一个常见的词是 reciprocity，这个词及其变形 reciprocal，reciprocating，reciprocative，reciprocate，reciprocation，reciprocalness，reciprocality 等充斥数学、物理以及其他各种文化语境。Principle of reciprocity，我愿意说它甚至是一条大自然遵循的基本原则——至少在我们构造的物理学中显得好象是这样的。各种 reciprocal relations 彰显了 it is a symmetry over symmetry——一种对称性之上的对称性。

Reciprocal 一词来自拉丁语 reciprocus，动词形式为 reciprocare。其词干为 reco-prokos，本义就是 backwards and forwards，汉语的有来有往、互反（返）、互逆、往复等词汇大概能传达其意思，常见表述如 reciprocal respect（互相尊重，法语为 réciprocité du respect），a reciprocity treaty（互惠条约）都可以这样理解。在进化生物学中，有 reciprocal altruism（互返的利他主义）的概念，一个生命体会为了对方的好处肯牺牲自己，期待他时能从对方再得到补偿（图1），与狼狈为奸还是有区别的。在英文语法中，each other 传统上被称为 reciprocal pronoun（互反介词）。一般用法中，reciprocal 强调的是一种相互依赖的关系或者相互影响，比如"Minkowski and Hilbert would exercise a reciprocal influence over each other（闵可夫斯基和希尔伯特各自都影响了对方）"；少数时候 reciprocal 强调的是一种反过来的情形，如"He did prove indeed that wave mechanics is contained in matrix mechanics, but not the reciprocal（他（薛定谔）证明了波动力学存在于矩阵力学中，而不是反过来的情形）"①，或者就是倒逆关系，

图1　Reciprocal altruism，一种聪明而心酸的生存智慧

---

①　这句话的确切含义是说薛定谔没证明矩阵力学包含在波动力学中。

如"Mach points out that the Third Law really amounts to a definition of mass. Mass comes out as 'reciprocal acceleratability'（马赫指出第三定律等同于质量的定义。由其得到的质量是可加速性的倒数）"[1]。Reciprocal 有时也就是 opposite 的意思，如"Wheeler's theory proposes a connection between the inner realm of consciousness（mind）and its reciprocal, the external world of the senses（Universe）（惠勒的理论提议了一种在意识的内在王国（思维）与其对立面，即感觉的外在世界（宇宙），之间的联系）"[2]。动词 reciprocate 较少见，大意为返还、回报的意思，如 "His feeling was never reciprocated"。Reciprocal（reciprocity），法语为 réciproque（réciprocité），德语为 reziprok（Reziprozität），用法相同。

2. 一种文学趣味

文学表达会采用一些结构定式。比如"卑鄙是卑鄙者的通行证，高尚是高尚者的墓志铭"（北岛《回答》）——这种定式中，一对反义词各自平行展开。如果将一对反义词各自映射到对方，这样的定式就是 reciprocal 表达方式（请原谅我不知道它的语法或者修辞学命名）。这样的句子俯拾皆是，比如"猪是否快乐得象人，我们不知道；但是人会容易满足得象猪一样，我们是常看见的"（钱钟书《论快乐》），"宇宙内事即己分内事，己分内事即宇宙内事"（陆九渊）。有些现象就是有这样的倒易关系：有一种豆，在荷兰叫中国豆，在中国则叫荷兰豆；河边会飞过几只海鸥，海边也会飞过几只河鸥。中国的诗词中也常见这种 reciprocal 关系的句子，如［宋］卢梅坡《雪梅》中的"梅须逊雪三分白，雪却输梅一段香"，［元］刘时中《山坡羊·侍牧庵先生西湖夜饮》中的"碧天夜凉秋月冷。天，湖外影；湖，天上景"，不一而足。

西方语文也深谙此道。A cat at its best is a young girl; a young girl at her best is a cat（猫儿可爱至极点就是少女，少女可爱到极点就是只猫儿），这是日常表述中的俏皮。至于奥维德（Publius Ovidius Naso）的"逃避追逐我者，追逐逃避我者"，卡萨诺瓦（Giacomo Casanova）的"我反复发现我的个性中鲜有智慧，智慧中鲜有个性（…with too little intelligence for my character and too little character for my intelligence）"，尼采（Friedrich Nietzsche）的"健康作为疾病的值判断，疾病作为健康的值判断"和"对思想家来说太安分的生存，对生存者是太疯狂的思想", 布考夫斯基 (Charles Bukowski) 的"这个世界的最大问题就是愚蠢的人总对自己的想法抱有自信而聪明人总是满怀疑虑", 显然智者们也把这 reciprocal 表述当作一种有效的智慧释放方式。笔者印象最深的是拉丁语的"Vomunt ut edant, edunt ut vomant (吐了吃, 吃了吐)"(图2), 这俏皮又智慧的表达似乎能激起人们对古罗马荒淫生活的厌恶。简单的六个字, 胜过史书的千言万语。

图 2 罗马人的聚会:吐了吃,吃了吐

Reciprocal relation 也是曹雪芹安排红楼梦情节的手法。尤氏代王熙凤处理贾琏的奸情, 结果是鲍二家的上吊自尽了。若是用 reciprocal relation 的角度去看, 贾珍与秦可卿之死有关, 秦可卿判词上有一幅美女上吊的插图也就可以理解了。王熙凤把秦可卿的丧事办得滴水不漏, 尤氏干净利落地处理了贾琏的奸情乃尤氏回报王熙凤的恩情, 也就是了。这些故事情节间遵循 reciprocity 原则的铺排, 也亏曹雪芹有这个本事。

3. 倒数

在数学中, $y = \frac{1}{x}$ is the reciprocal of x, 汉语称 $y = \frac{1}{x}$ 是 x 的倒数。倒数的翻译未能反映 reciprocal 中"相互的"的意思, x 也是 $\frac{1}{x}$ 的倒数。简单的倒数关系就可以给出很有趣的数学, 比如极坐标下的倒数关系 $r = \frac{k}{\theta}$, 其图像被称

为双曲①螺线(hyperbolic spiral)，其实也称为 reciprocal spiral，因为它就是阿基米德螺线(方程为 $r = k \cdot \theta$)的逆曲线(函数互为倒数)。

Reciprocal，愚以为和共轭有关。如果我们愿意把 x, y 看作是有量纲的物理量，则如果 x 的量纲为 L，那么 y 的量纲就是 L^{-1}，关系 $x \cdot y = 1$ 表明 x, y 是关于一个无量纲量共轭的。在群论中，有关系式 $g_i g_j = e$，也可写成 $g_i = g_j^{-1}$，此关系和 $x \cdot y = 1$ 类似。群同时包含元素 g_j 和 $g_i = g_j^{-1}$ 反映群的结构。笔者曾在不同场合强调过，力学体系是以关于作用量共轭的变量对加以组织的，而热力学是以关于能量共轭的变量对加以组织的，这是热力学与力学不同的地方。

对于两项乘积，其倒数或者逆一般地为 $(xy)^{-1} = y^{-1}x^{-1}$。对于群元素的积($(g_i g_j)^{-1} = g_j^{-1} g_i^{-1}$)，矩阵积($(\boldsymbol{AB})^{-1} = \boldsymbol{B}^{-1}\boldsymbol{A}^{-1}$)，以及相继执行的两个算符($(\alpha\beta)^{-1} = \beta^{-1}\alpha^{-1}$)，逆关系都因为它们本质上的相同而形式上相同。

复数 z 是二元数，其 reciprocal 比实数的倒数有更多的信息，$f(z) = 1/z$ 被称为 the reciprocal map，是处处保角的变换。对于内积空间中的矢量 $\boldsymbol{q}$ 来说，the reciprocal of $\boldsymbol{q}$ 定义为 $\boldsymbol{q}^{-1} = \boldsymbol{q}^* / |\boldsymbol{q}|^2$，其中 $|\boldsymbol{q}|$ 是矢量 $\boldsymbol{q}$ 的模，而 $\boldsymbol{q}^*$ 是其对偶矢量(此处 reciprocal 与 dual 有关)。显然，倒数(reciprocal)的复杂性依赖于数的形式。

对于由级数定义的函数，比如黎曼 zeta 函数 $\zeta(s) = \sum_{n=1}^{\infty} \frac{1}{n^s}$，其中变量 s 是复数；该函数的倒数也可以表示为级数形式，$\frac{1}{\zeta(s)} = \sum_{n=1}^{\infty} \frac{\mu(n)}{n^s}$，其中的 $\mu(n) = (1, -1, 0)$ 为莫比乌斯函数，分别对应 n 是有偶数个质数因子但不含平方数因子、有奇数个质数因子但不含平方数因子、有平方数因子这三种情形。看到有人能发现这样的函数，实在佩服。

在实验和物理理论使得有必要引入洛伦兹变换(属于球几何的内容)之前，就有关于球到球变换的变换群和球几何的研究了，那里就有 reciprocal 的内容，比如 Möbius 几何中的 transformation by reciprocal radii 和 Laguerre 几何

---

① 什么双曲？Hyperbolic 是说话有点过头的意思。

中的 transformation by reciprocal directions。这些都是 Lie 球几何的特例[3]。Transformation（mapping）by reciprocal radii，半径倒数变换（映射），是 inverse geometry 里的对象，显然这里的 reciprocal 会和 inversion（反演）相联系。关于半径为 r_0 之圆的反演是这样的：圆外某点 P，距离圆心 O 为 r；连线 OP 上有点 P'，距离圆心 O 为 r'；若 $r' = \frac{r_0^2}{r}$，则说点 P 反演到点 P'（图3）。关系 $r' = \frac{r_0^2}{r}$ 写成笛卡尔坐标，为 $x' = \frac{r_0 x}{x^2 + y^2}$，$y' = \frac{r_0 y}{x^2 + y^2}$。电磁学里的镜像法就用到了半径倒数变换（映射）。

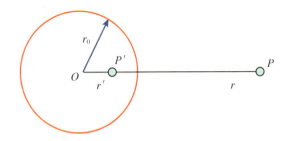

图3　关于球面的半径倒数变换，$r' = \frac{r_0^2}{r}$

　　镜像法（method of mirror image），电磁学上会具体为镜像电荷法（method of image charges），是解微分方程的一个工具，此方法中解函数的定义域被扩展了，添加了原定义域关于一个超平面的镜像。其要求是，这样做使得因为镜像的存在边界条件自动得到满足。考虑导体球外一电荷 q 所产生的电势，假设该电荷对导体球的感应作用（球上有感应电荷）等价于某个 q'（有时是某些个电荷），要求电荷和镜像电荷产生的电势满足特定的边界条件。比如，若导体球接地，$\Phi_{\text{sphere}} \equiv 0$，此时假设有一镜像电荷 q' 在球内，且在电荷 q 和球心连线上，$r' = \frac{r_0^2}{r}$，$q' = \frac{-r_0 q}{r}$，满足球面上 $\Phi_{\text{sphere}} \equiv 0$ 的条件。又，若导体球为悬浮的，$\Phi_{\text{sphere}} \equiv \text{const.}$，其上感应电荷应为零。由上个问题的解，再加一个在球心处的正电荷 q''（加在球心可确保整体效果是球面上再加上一个对称分布的电势），$q'' = q' = \frac{r_0 q}{r}$，就能满足球面上感应电荷为零且电势为恒定值的条件。

4. 对立量与可逆性

Reciprocal 有 opposite 的意思，这在谈论复数和可相抵消的物理量时会遇到。"Magnitudes which are **opposed** to **each other** in this way **reciprocally** cancel an equal amount in **each other**（这种互为对立面的特征抵消对方同样的量）"，这让人想起同样数量的两种极性电荷间的中和以及同等数量的正反物质之间的湮灭。在谈论负的物理量时，记得 reciprocal 一词对于正确理解相关内容是有益的。物理量的抵消伴随一些可逆过程，因此 reciprocity 和 reversibility 有关。克拉贝隆定义的卡诺循环中的可逆过程，其关键处是"逆过程进展 reciprocally，且遵循同样的规律；其把原过程中产生的作用给吸收了，reciprocally，且是以同样的数值"[4]。原过程消耗高温热源的热量 Q_1，向低温热源注入热量 Q_2，并做功 $Q_1 - Q_2$，可逆的反过程则消耗低温热源的热量 Q_2，向高温热源注入热量 Q_1，并要求外界做功 $Q_1 - Q_2$。这是对可逆过程的宏观描述，而可逆循环中的可逆过程，其每一个微小步骤都是可逆的，是可用微分描述的。

5. 数学中的互反关系

数学中，reciprocal 或者 reciprocity 常指向一种互反关系，比如 quadratic reciprocity（二次互反律）。考察恒等式 $x^2 \equiv p \pmod{q}$，$x^2 \equiv q \pmod{p}$，p，q 是奇素数，这里 q，p 调换了角色，此乃 reciprocity 的本义。二次互反律指出除了 p，q 都是除以 4 余 3 的数以外，这两个恒等式要么同时有解要么同时无解。二次互反律由欧拉 1783 年第一次提出，高斯 1796 年第一次给出正确证明。高斯一人就给出过关于二次互反律的 7、8 种证明[5]。据说二次互反律目前有 200 种不同的证明，有兴趣的读者可以研究研究。类似 quadratic reciprocity，关于恒等式 $x^3 \equiv p \pmod{q}$，$x^3 \equiv q \pmod{p}$ 解之间的关系就是 cubic reciprocity（三次互反律）。

贝叶斯（Thomas Bayes，1701—1761）定理反映的也是一种互反关系。贝叶斯定理是统计中一条关于条件概率的重要定理，$P(A|B) = P(B|A) \cdot P(A)/P(B)$，它也能写成 $P(B|A) = P(A|B) \cdot P(B)/P(A)$ 的形式，这两个表述之间的 reciprocity 可以说是一目了然。这两个条件概率成立是因为

$P(A|B) \cdot P(B) = P(B|A) \cdot P(A) = P(A, B)$。这里，$P(A)$ 是事件发生的概率，$P(A, B)$ 是两事件同时发生的概率，$P(A|B)$ 是条件概率[6]。

6. 简单的往复运动

机械运动包括四种：rotary motion（转动），linear motion（线性运动），reciprocating motion 和 oscillating motion（摆动，振荡）。Oscillating motion 是如挂钟钟锤那样从一边到另一边的来回摆动。Reciprocating motion①，汉译往复运动，一般是指在一条线上的来回运动但有时又不限于如此。往复运动见于 reciprocating engine（往复式引擎），其中活塞的前后运动导致了曲柄的转动进而带动轮子的转动。当然了，reciprocally，转动也可以转化为 reciprocating motion（图 4）。这个圆周运动和往复运动间的互相转化是热机驱动世界的基础。第二次工业革命的基础发电机和电动机之间也是 reciprocal 关系。在如下这句 "At microscopic length scales and therefore at low Reynolds numbers, reciprocal motion is absent as a potential means of locomotion（在微观尺度上，因此是在小雷诺数条件下，缺乏作为驱动方式的 reciprocal motion）"中，reciprocal motion 似应译为反冲运动②。

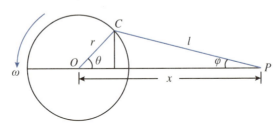

图 4　若 CP 是硬连接，则 C 点在圆上的转动造成 P 点在水平轴上的往复运动

---

① 洋人也闹不清 reciprocating motion 和 oscillating motion 之间该有啥区别。笔者猜测前者强调空间上的变化，后者更强调随时间的变化。
② 反冲常被用来翻译 recoil，recoil = back + cul（culus, 屁股），译为后座力似乎更合适。

7. 傅里叶分析、倒空间与倒格子

物理学中最重要的函数就是 $e^{i\omega t}$（所谓的振荡）和 $e^{i(k\cdot x-\omega t)}$（波）了，其中 k 称为波矢，it has dimension of reciprocal length（量纲为长度的倒数）。The space of wave vectors is called reciprocal space（波矢所在的空间称为倒空间）。物理学研究物理量随时空的变化，将任意的函数 $f(r,t)$ 作变换 $G(k;\omega) = \int_V dr \int_0^\infty f(r;t) e^{i2\pi(k\cdot r-\omega t)} dt$，得到函数 $G(k,\omega)$，ω 反映的是时间周期，所谓的波矢 k 反映的是空间周期。在空间任意一点上测量波动现象，得到的只是振动信号，表现为一个时间序列（time-series）。如何从测量到的时间序列构造出远处波源的信息，需要很多的理论、假设和计算，其可信度令人生疑。

傅里叶在研究热传导时发现函数可以写成三角函数无穷级数和的形式，从而引出了傅里叶分析这门数学分支。函数 $f(x)$ 的傅里叶变换的形式为 $g(k) = \int_\Omega f(r) e^{-2\pi i k\cdot r} d^n r$，其逆变换为 $f(r) = \int_{\Omega'} g(k) e^{2\pi i k\cdot r} d^n k$，$n$ 是空间的维度。傅里叶分析是知识的宝藏，包含太多的内容。比如，函数 $f(r)$ 的 support，即不为零的区域，同函数 $g(k)$ 的 support 之间存在互逆关系，这个互逆关系在物理中被演绎成了不确定性原理（uncertainty principle），而高斯分布被拿来举例说明不确定性原理的正确性不过是因为高斯分布具有在傅里叶变换下形式不变的性质。物理学拿着个简单的数学内容反复刺激自己的想象力，想来也是可怜。

如果函数 $f(r)$ 是周期性分布的狄拉克 δ 函数——这可以用来理想化对晶体中原子分布的描述，则函数 $g(k)$ 也是周期性分布的狄拉克 δ 函数，也即构成一个晶格，称为倒格子（reciprocal lattice），此乃对偶空间中的点阵。在物理学中，晶体对一束粒子的散射作为一级近似被当作傅里叶变换处理，透射电镜中获得的晶体电子衍射花样证明了这种近似的合理性。对于三维情形，设晶格结构的基矢为 (a_1,a_2,a_3)，即若在位置 r_0 上有晶体基元（motif）的话，则在 $r = r_0 + n_1 a_1 + n_2 a_2 + n_3 a_3$ 的位置上也必有基元。倒格子的基矢由下式给出：$b_1 = \dfrac{2\pi a_2 \wedge a_3}{a_1 \cdot a_2 \wedge a_3}, b_2 = \dfrac{2\pi a_3 \wedge a_1}{a_1 \cdot a_2 \wedge a_3}, b_3 = \dfrac{2\pi a_1 \wedge a_2}{a_1 \cdot a_2 \wedge a_3}$。面心立方结构的倒格子是体心立方结构，而体心立方结构的倒格子是面心立方结构，简单立方或方格子的倒格子还是简单立方或方格子，这也是一种 reciprocal relation。注意，一些教科书上把格子及其倒格子画到一起（图5），是会引起误解的。倒格子和格子，它们不在一个空间里——倒格子定义在格子所在空间的对偶空间（dual space）里。虽然有 $\boldsymbol{a}_1 \cdot \boldsymbol{a}_2 = 0$ 和 $\boldsymbol{a}_1 \cdot \boldsymbol{b}_2 = 0$，但其中涉及的算法不是一回事——一般的固体物理教科书弄不清这一点，所以常造成误解。Duality（对偶），又是一个和 reciprocity 相关的概念。

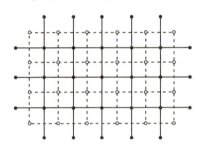

图5　方格子和它的倒格子

8. 电磁学、相对论中的 reciprocity

Reciprocity 关系在电磁学中表现最多、最震撼，那里充斥着耦合（coupling）、互感（mutual inductance）、交换（exchange）等容易联想到 reciprocity 的词。奥斯特发现电能产生磁。法拉第中了牛顿的"作用等于反作用"的魔咒，坚信磁也能产生电，而且还真产生了电。

电磁学中很多形式的 reciprocity 基于角色互换而关系不变的意义上。比如，在静电学中有 Green's reciprocity：设有电荷分布 ρ_1 和 ρ_2，其产生的电势分布分别为 φ_1 和 φ_2，分别满足方程 $\nabla^2 \varphi_1 = -\rho_1/\varepsilon_0$，$\nabla^2 \varphi_2 = -\rho_2/\varepsilon_0$，则有互反关系 $\int \rho_1 \varphi_2 dV = \int \rho_2 \varphi_1 dV$。此互反关系成立，是因为算符 ∇^2 是厄密算符，$\int \varphi_1 (\nabla^2 \varphi_2) dV = \int \varphi_2 (\nabla^2 \varphi_1) dV$。对于内积空间，算符厄密性由关系 $(\varphi, \hat{O}\psi) = (\hat{O}\varphi, \psi)$ 定义。

在电路层面，reciprocity 存在于某处的振荡电流和另一处测量到的电场之间。一个天线既可以用于发射，也可以用于接收电磁波，其辐射和接收样式（radiation and receiving patterns）是相同的，也是很酷的 reciprocity。赫兹实现电磁波发射和验证的实验装置中，发射部分是和电路连起来的两个锌球，接收器则是简单地用一根导线连起来的两个锌球。在光学层面，最容易理解的 reciprocity 是对于光学系统的 Helmholtz reciprocity："你能看到我（的眼睛），我也能看到你（的眼睛）。"

麦克斯韦方程组中的 reciprocality，即变换的电场产生磁场，变换的磁场产生电场，意味着电磁波的存在。有人认为"Maxwell equation does not possess the symmetry expected of the reciprocity between magnetism and electricity（麦克斯韦方程不具有从电、磁之间的 reciprocity 所期望的那种对称性）"，从而引入了磁荷（磁单极）的概念去把方程组弄成视觉效果上的对称，实在不是好物理。麦克斯韦方程组中方程所含项数不同（第四个方程多了位移电流一项）并不妨碍电、磁之间的 reciprocity，就像辐射场中电子跃迁的速率方程，项数不同不妨碍受激辐射和光吸收之间的 reciprocity。Reciprocity is symmetry over symmetry，此为一例。

研究麦克斯韦波动方程的变换不变性，会得到洛伦兹变换。"This remarkable **reciprocity** of Lorentz transformation"，是感叹其逆变换也是洛伦兹变换。这是相对性的本义，也正是（变换）群的特征之一。洛伦兹变换构成群，群元素的乘法就能得到所谓的速度相加公式，进一步可得出光速 c 是（洛伦兹变换中）速度 v 的上限的结论。其实，光速 c 是这个变换里的一个标量常数，速度是表示相对运动的一个矢量，虽然（作为矢量的）速度之值的上限是光速 c，但把标量的光速 c 同相对运动速度放在一起讨论可能真有不合适的地方。

在狭义相对论的语境中，reciprocal 出现的频率很高。如讨论孪生子佯谬时，两参照系间的时间比较应该是互逆的，"this situation is reciprocal for two frames"。又，在 B 点的钟与在 A 点的钟调同时了，则在 A 点的钟与在 B 点的钟也就同时了。This is reciprocality[7]。

9. 理论物理中的互反定理

考察谐振子的哈密顿量 $H = q^2 + p^2$，其在 $q \rightarrow p, p \rightarrow -q$ 变换或者 $q \rightarrow -p, p \rightarrow q$ 变换下形式均不变。但是，在 $q \rightarrow p, p \rightarrow -q$ 变换下哈密顿运动方程 $\dot{q} = \partial H/\partial p, \dot{p} = -\partial H/\partial q$ 形式也不变（这变换同时让泊松括号不变）。对称

变换就是一类特殊的保守运动方程的变换：它不只保守运动方程的形式，它还保守哈密顿量本身的形式。自这一个性质可得出一个引人注目的结果：一个对称变换的生成元，可称其为 S，是一个守恒量。这是期待已久的对称性和守恒律之间的联系，这个联系是由女数学家 Emmy Noether（1882—1935）证明的。这个对称性与守恒率联系的根源是一个漂亮的互反定理（theorem of reciprocity）：哈密顿量 H 是在生成元 S 产生的变换下的不变量，此一事实意味着生成元 S 是在哈密顿量 H 产生的变换下的不变量：两个性质有同样的数学表述。但是哈密顿量 H 产生的变换是系统的时间演化，因此生成元 S 是一个不随时间变化的运动常数[8]。

在量子力学中，还有个简单的互反关系也被称为 theorem of reciprocity，关系式 $|\langle \xi_1' \cdots | \eta_1' \cdots \rangle|^2 = |\langle \eta_1' \cdots | \xi_1' \cdots \rangle|^2$ 被诠释为：（一组）力学量 ξ 在（一组）力学量 η 具有本征值 η' 的状态中，其具有本征值 ξ' 的几率与（一组）力学量 η 在（一组）力学量 ξ 具有本征值 ξ' 的状态中具有本征值 η' 的几率相同。这其实是内积空间的基本性质[9]。

玻恩也试图基于 reciprocity 发展物理学，故有 Born reciprocity 的说法。上节中提及，对于经典的哈密顿方程 $\dot{x} = \partial H/\partial p, \dot{p} = -\partial H/\partial x$，其在变换 $x \rightarrow p; p \rightarrow -x$ 下是不变的。玻恩在二十世纪四十年代注意到对自由粒子波函数的表述在变换 $x \rightarrow p; p \rightarrow -x$ 下也是不变的。玻恩假设这样的对称性对于狭义相对论的四矢量也是成立的，即在变换 $t \rightarrow -E; E \rightarrow t$ 下也是不变的。玻恩还参照狭义相对论的不变度规算符 $x_k x^k$ 构造了八维"相空间"中的不变度规算符 $x_k x^k + p_k p^k$ [10,11]。度规 $x_k x^k + p_k p^k$ 在 group of quaplectic transformations 是不变的。玻恩的这套 principle of reciprocity 在经典力学和量子力学中并不总是成立，且由于数学层面上的困难，所以并没能走多远①。

---

① a) 由粒子坐标和动量构成的空间是相空间，phase space；再加上一维的时间 t 则构成扩展的相空间。玻恩的这个相空间还要加上能量维度。b) 所谓的 quaplectic，是根据 symplectic 构造的。symplectic group 是关于哈密顿方程的对称性。c) 把一个新想法纳入一个理论体系，是非常困难的。在狭义相对论中，也许可以把 $x_k x^k + p_k p^k$ 中的八个量同等对待，但在量子力学语境中，这八个坐标中却有七个是算符。玻恩的野心是 unifying quantum theory and relativity，但是如何在相对论和量子力学的语境中平等地看待这八个量就是没解决的问题。在量子力学中，坐标是算符而时间是参数，在量子场论中它们都是参数。在狄拉克的相对论量子力学中，坐标也失去了算符的角色。相对论和量子力学哪一天能实现图像和语言的统一？

在量子力学的视角下,还有这八个坐标中只有七个为算符的尴尬。

10. AB 效应与 AC 效应

在 AB(Aharonov-Bohm)效应中,绕通电线圈运动的带电粒子,其波函数获得一个与磁通量成正比的额外相位;在 AC(Aharonov-Casher)效应中,带磁偶极矩的粒子绕带电粒子运动,其波函数获得一个正比于电荷的相位。这两种效应正好反着,表现出某种意义上的 reciprocity。

11. 昂萨格倒易关系

昂萨格(Lars Onsager,1903—1976)1931 年因为发现了 reciprocal relations 而获得 1968 年的诺贝尔化学奖[①]。昂萨格的互反关系式乃是不可逆过程热力学的基础,被誉为"热力学第四定律"。在偏离平衡态的系统中,考察同时出现的多种流与驱动力之间的比例关系。以热流和质量流为例,内能和粒子数各自关于熵的共轭强度量是 $1/T$ 和 $-\mu/T$,即 $dS = \frac{1}{T}dU + \left(-\frac{\mu}{T}\right)dN$。热流和质量流单独出现时,或者说按定义,有

$$J_u = kT^2 \nabla(1/T) \quad J_n = D' \nabla(-\mu/T)$$

当两种驱动力同时出现时,形式上有

$$J_u = L_{uu} \nabla(1/T) + L_{un} \nabla(-\mu/T)$$
$$J_n = L_{nu} \nabla(1/T) + L_{nn} \nabla(-\mu/T)$$

方程右侧的系数是 positive semi-definite and symmetric,即矩阵元不为负且矩阵是对称的,有等式 $L_{un} = L_{nu}$。这就是所谓的昂萨格倒易关系[12]。昂萨格倒易关系是微观动力学可逆性的结果:平衡时任何类型的微观运动,其逆过程都有同样机会发生。昂萨格倒易关系的前驱包括开尔文爵士 1854 年得到的公式 $\Pi = T\sigma$,其中 σ 是 Seebeck 系数,Π 是 Peltier 系数[13]。Seebeck 效应是温差引起电流的现象,而 Peltier 效应是电压差引起热流的现象。

人们早就注意到,物体的弹性、电、磁和热性质之间可以是耦合的。除了我们熟知的热电效应以外,还有比如磁电效应,指外加磁场引起电极化或者电场

---

① 对称性与守恒率之间联系这样的伟大发现,却没得奖,幸好不妨碍其伟大。

引起磁化[14]。此效应是居里于 1894 年在对称性（reciprocity）基础上提出的，而磁电是德拜 1926 年造的词[15]。一种外场引起非共轭的其他物性变化是一种普遍的现象，可以一般地加以考察。在一阶近似下，关于物性与驱动力之间有线性的本构关系 $J = \sigma E$，若是多种驱动力同时作用激励多种流，则流与力之间由一个线性的输运系数矩阵相联系。一般地，此矩阵是对称的，此即前述的 Onsager reciprocal relations。

可以作如下推导。从热力学主方程（cardinal equation）出发，把熵 S 也归入一般的力学广延量，则主方程的形式为 $dU = X_i dY_i$。力学广延量如电偶极矩对电场、压力和温度等刺激因素的线性响应可记为 $Y_i = K_{ij} X_j$[①]，系数 K_{ij} 反映物质的性质。由 Legendre（勒让德）变换得到新的热力学势函数 $\Phi = U - X_i Y_i$，可得 $d\Phi = -Y_i dX_i$，由全微分的性质，有 $\partial Y_i / \partial X_j = \partial Y_j / \partial X_i = -\partial^2 \Phi / (\partial X_i \partial X_j)$，因此有 $K_{ij} = K_{ji}$，这是热力学层面的内在对称性，与具体物质本身的对称性无关（物质自身的对称性表现在诸如 $J = \sigma E$ 这样的关系中）。它是 reciprocity relation 的基础。举例来说，考察恒温条件下电位移（矢量）、磁感应（赝矢量）和形变（二阶张量）对电场、磁场和应力的耦合响应，应有方程

$$D_i = k_{ij} E_j + \lambda_{ij} H_j + d_{ijk} \sigma_{jk}$$
$$B_i = \lambda'_{ij} E_j + \mu_{ij} H_j + Q_{ijk} \sigma_{jk} \quad \varepsilon_{ij} = d'_{ijk} E_k + Q'_{ijk} H_k + s_{ijkl} \sigma_{kl}.$$

由此可得两个 reciprocity relations：$\lambda'_{ji} = \lambda_{ij}$；$d'_{pqr} = d_{rpq}$。[16]

另外，线性响应的关系中还有一类 anti-reciprocal 关系，即 $x = gy$，$y = -hx$。

12. 受激辐射的 reciprocity 基础

1853 年 Anders Jonas Ångström 指出炙热气体发射的光线与其吸收的光线具有同样的折射度（refangibility），即有相同的频率。也就是说，如果一个元素能发射某些特定波长的光，也就一定会吸收那些特定波长的光；此论断反过来也成立。斯托克斯和开尔文爵士也注意到此现象。据信基尔霍夫是基于热力学考虑得出了吸收谱线在发射谱线处的结论[17]。

白炽灯泡选择炭作为灯丝材料是因为低温下越黑的材料在高温下越亮。

---

① 此处的下标只是不同种类驱动力（或者强度量）的指标。驱动力本身可以是不同阶的张量。

这个 reciprocity 反映了光的吸收和发射是两个能级之间的事情，它和巴耳末公式的形式（两项差）是吻合的。玻尔据此给出跃迁的概念，原子的光吸收或者发射是同电子的两个状态而非一个状态相联系的。既然是两个状态，就有 reciprocity，光的吸收是光发射的逆过程，存在某些 reciprocal 的关系，也就可以理解了。

Reciprocality 作为一种对称性之上的对称性指导物理学的研究，体现在受激辐射此一概念的提出上。爱因斯坦研究原子中电子跃迁与发光和光吸收之间的关系，如同麦克斯韦研究电磁定律一样，发现少了点什么。一个光子能被吸收，应该也影响发射过程，于是就有了辐射定律中的受激辐射这项。光吸收和受激辐射是相反的过程。这个吸收和发射的本领只和这两个能级的性质有关。考察两能级体系，对光的吸收几率 $\propto B_{12}\rho(\nu)N_1$，而受激发射的几率 $\propto B_{21}\rho(\nu)N_2$。Reciprocity 就反映在关系 $B_{12}=B_{21}$ 上。此关系得到的方式，人谓之"deduce by reciprocation（从 reciprocation 导出）"。在受激辐射概念的基础上，人类才有了激光。

与爱因斯坦研究光场与原子作用时同时考虑光被吸收和诱发辐射类似，印度人萨哈（Meghnad Saha，1893—1956）在处理分子离解和原子离化过程时同时考虑分离和复合过程，从而得到了 Sara 公式，很好地理解了气体密度对电离度的影响，而这是理解恒星光谱强度分布的关键。此也可看作是 deduce by reciprocation 之一例。

13. Reciprocality——物理学和做物理的原则

Reciprocity 的表现形式是多样的。本文介绍了许多在数学、物理领域中见到的一些 reciprocal relations，但只能涉及少数的例子。具有 reciprocity 的现象比比皆是，比如水与乙二醇可互为溶质、溶剂，也是一种 reciprocity，这在这两种物质混合物之玻璃化行为随组分的变化中会表现出来。加速器物理的出现也是基于 reciprocity：原子核反应事件伴随有高能粒子的发射，说明高能粒子可以进入原子核的内部。

Reciprocity 是一种强的联系，reciprocity is a symmetry over symmetry。Principle of reciprocity 如同热力学的原则，其可靠到足以用来检验实验是否

正确,而非通常情形下的用实验来验证某些定律。基于 reciprocity 的考虑还可极大地减少计算量,比如关于固体响应行为的计算就是这样。考虑 reciprocity 的存在不妨成为研究自然现象的一种自觉①。康德的哲学三要素包括 substance(本体、物质、存在)、cause(原因)和 reciprocity,其中的 reciprocity 是被理解为 relation of being 的,其重要性可见一斑。哲学可以指导科学,这话就 principle of reciprocity 来说,确实没错。这句话之所以在此地广受怀疑,是因为那些本地产的趾高气昂的所谓哲学家既没有掌握任何可指导科学的哲学,也未曾掌握任何可供哲学指导的待发展的科学。

退一步说,reciprocity 作为习惯性的带哲学味的表述方式,也是很有表现力的。东方的哲学家庄子,他弄不清是他梦到自己是蝴蝶,还是醒来的他只不过是一只在做梦的蝴蝶。西方的哲学家蒙田(Michel de Montaigne,1533—1592),他弄不清当他跟小猫一起玩耍的时候,是他在玩小猫还是小猫在玩他。王国维论诗人的自由,云"诗人必有轻视外物之意,故能以奴仆命风月。又能重视外物之意,故能与花鸟共忧乐",物理学家对于实验和理论的态度,亦当如此!如果从理论深处着手,必须从实验研究中着眼;而如果从实验研究中着手,则又必须从理论深处着眼。只执一端,都远离物理真趣味。物理学家也喜欢用 reciprocal 的句式,比如有一本科普书就叫《不可能性:科学的极限与极限的科学》[18]。赫兹在其《力学原理》第一页上写道:"We form for ourselves (internal) images or symbols of external objects; and the form which we give them is such that the necessary consequents of the images in thought are always the images of the necessary consequents in nature of the things pictured.(关于外在事物我们形成了(内在的)图像或者符号;我们赋予外在事物的形式应该是这样的:我们思想中图像的必然后果总是我们所图形之事物之必然后果的图像。)"[19] 莫说他证实了电磁波的存在,仅凭这一句,我就愿意相信赫兹是一位了不起的、有思想的物理学家②。

一直想说说自然与物理学之间的关系,苦于不知如何 reciprocally 表达。

---

① 也应注意到一种现象(phenomenon),其看似因为另一现象的发生而发生但又不见相互间的影响(reciprocal effect),人谓之 epiphenomenon。
② 在证实引力波的喧闹中,我倾向于相信那只表明某些人"思想的苍白"。电磁波的证实只需要在用金属丝连接的两个锌球缝隙间看到火花,即便是最富嫉妒心的文盲也无法否认它的可信。

木心有句云："美术是宿命地不胜任再现自然的。自然是宿命地不让美术再现它的。"仿此，我要说："物理学是宿命地不胜任再现自然的。自然是宿命地不让物理学再现它的。"这 reciprocal impossibility 让真正试图理解自然的物理学家们不愁没活干，想来好不令人感到欣慰。

补 缀

1. 磁生电现象比电生磁现象晚发现十年。两者若被理解为 reciprocal，可能只是表面上的，电与磁不在一个层面上，电场和磁场的特征物理量具有不同的数学性质。

2. 这篇文章发表后，才读到 Franz Lemmermeyer 的 *Reciprocity Laws：from Euler to Einstein*，Springer（2000）。还是那句话，不抖落不知道自己浅薄。

3. Sadi Carnot 在其 1824 年的热力学奠基性文章 *Réflexions sur la puissance motrice du feu* 中写道："Réciproquement partout où l'on peut consommer de cette puissance, il est possible de faire naître une différence de température, il est possible d'occasioner une rupture d'équilibre dans le calorique." 反过来说，凡是能消费这种能力的场合，就能产生温差来，就能造成热平衡的打破。

4. "…which（Dirichlet）Riemann reciprocated with respectful gratitude（黎曼对迪里切利回报以充满敬意的感激）"，这里的短语 reciprocate with 对应《诗经》中的"报之以琼琚"中的"报之以"。

5. 法语中，相互作用为 action reciproque，见于如下的一句话："J'ai continué à m'occuper de la théorie de Einstein, …Pour le moment c'est à peine si j'ai préparé…une mémoire préliminaire de géométrie différentielle sur la courbure riemannienne des variétés: vous savez que c'est justement cette courbure qui joue un rôle prépondérant dans les lois des actions réciproques entre phénoménes physiques et espace environnant（我一直在忙于爱因斯坦的理论……我刚刚准备好了一个初步的备忘录，讨论流形之黎曼曲率的微分几何：您知道恰是此一曲率在描述物理现象与空间环境间相互作用的规律中扮演重要的角色）。"—Levi-Civita to George Birkhoff, 9 January 1917, George Birkhoff Papers, Harvard University Archives.

6. An operator is reciprocal if its twofold application leads to identity，即若满足 $P \cdot P = I$，则算符 P 是 reciprocal。

7. From early 1850s, Hermite started working on the theory of quadratic forms, for which he had to study invariant theory. While doing so, he discovered a reciprocity law concerning binary forms, finally creating theory of transformations in 1855. 厄米特发现了二次型的互反律，最终导致他于 1855 年创立了变换理论。

   Charles Hermite，1822—1901，法国数学家。Hermite 的名字有厄米、厄密、厄米特、厄密特等多种汉译。Hermitian operator 厄密算符，hermiticity 厄密性，都源自这位数学家，也有不同的汉译。请读者注意。
8. 关于多米诺铺排也有 reciprocity theorem。
9. 法语的逆像为 l'image réciproque。
10. 在互反的情景中也许能够看出世界的荒唐，见图 S1。习惯性地逆向思考，即思考问题里的 reciprocity，也容易理解很多事物的合理性。比如描述电离平衡态的 Sara 离化方程。一个氢原子电离，是它自己的事情，与密度无关。但是，反过来，一个质子和一个电子想结合成氢原子，首先得有碰面的机会才行，显然密度越大，碰面的机会越大。所以平衡时，离子(电子)密度、原子密度之间有个关系。

图 S1　斑马世界里道路上的人线

11. 薛定谔曾发表过《论自然定律之逆》的文章，见 Erwin Schrödinger，*über die Umkehrung der Naturgesetze*，Sitzungsberichte der Preuss Akad. Wissen. Berlin，Phys. Math. Klasse 144-153（1931）。

参考文献

［1］Jennifer Coopersmith. Energy：the Subtle Concept［M］. Oxford，2010：37.

［2］Leonard Shlain. Art & Physics［M］. Harper Perennial，2007：23.

[3] Harry Bateman. The Transformation of the Electrodynamical Equations[J]. Proceedings of the London Mathematical Society, 1910(8): 223-264.

[4] 原文为法文,英文译文照录如下:Here the gas passes successively, but in an inverse order, through all the states of temperature and pressure through which it had passed in the first series of operations; consequently the dilatations become compressions, and reciprocally, but they follow the same law. Further, the quantities of action developed in the first case are absorbed in the second, and reciprocally; but they retain the same numerical values, for the elements of the integrals which compose them are the same.—Emile Clapeyron, Puissance motrice de la chaleur, Journal de l'École Royale Polytechnique, Vingt-troisième cahier, Tome XIV, 153-190 (1834).

[5] Manin Yu I. Mathematics as Metaphor[M]. American mathematical society, 2007: 207.

[6] Thomas Bayes, Richard Price. Philosophical Transactions of the Royal Society of London, 1763, 53 (0): 370-418.

[7] Albert Einstein. Zur Elektrodynamik bewegter Körper [On the Electrodynamics of Moving Bodies][J]. Annalen der Physik, 1905, 322(10): 891-921.

[8] Giovanni Vignale. 至美无相[M]. 曹则贤,译. 合肥:中国科学技术大学出版社,2013: 153.

[9] Dirac P A M. The Principles of Quantum Mechanics[M]. 4th edition. Oxford University Press, 1958: 76.

[10] Max Born. A Suggestion for Unifying Quantum Theory and Relativity[J]. Proceedings of the Royal Society of London A, 1938, 165: 291-303.

[11] Max Born. Reciprocity Theory of Elementary Particles[J]. Review of Modern Physics, 1949, 21(3): 463-473.

[12] Lars Onsager. Reciprocal Relations in Irreversible Processes. I. [J]. Phys. Rev., 1931, 37: 405-426.

[13] Raymond Flood, Mark McCartney, Andrew Whitaker (Eds.). Kelvin: Life, Labours and Legacy [M]. Oxford University Press, 2008.
[14] Pierre Curie. J. Physique, 1984, 3: 393.
[15] Peter Debye. Z. Phys. 1926, 36: 300.
[16] Nowick A S. Crystal Properties via Group Theory[M]. Cambridge University Press, 1995.
[17] Schlom Sternberg. Group Theory and Physics, Appendix F[M]. Cambridge University Press, 1994: 390.
[18] Barrow J D. Impossibility: The Limits of Science and the Science of Limits[M]. Oxford University Press, 1998.
[19] Heinrich Hertz. The Principle of Mechanics Presented in a New Form[M]. Dover Publications, Inc., 1956: 1.

七十九　阶级与秩序

> 圣谛尚不为，何阶级之有！
> ——青原行思禅师
>
> Order without liberty and liberty without order are equally destructive.
> ——Theodore Roosevelt [①]

摘要　阶级秩序次幂等是数学、物理中常见的标签，胡乱地对应英文的 level，order，degree，grade，rank 等词。对使用和翻译上的混乱略加澄清，或可使我们的理解更多一点 order and clarity。

1. 引子

笔者来自穷乡僻壤，因此家乡话里就保有一些化石级的文化痕迹。旧时待客，主人会根据客人的阶级层次决定接待规格，俗谓看人下菜碟。对于拥有这种自觉的人，文化点的表述是具有较高的阶级觉悟，俺们老家的土话就说这人"长就一对阶级眼"，属于天赋异禀的一类。阶级繁杂且森严，是中国文化的精

[①] 没有自由的秩序和没有秩序的自由同样具有破坏性。——西奥多·罗斯福

髓。历史上不仅是对官员,就连嫔妃、奴才、太监和教授都分成三六九等,都有系统科学的标识和具体而微的待遇安排。比如,汉朝是个有文化的朝代,帝妇初分为皇后、夫人、美人、良人、八子、七子、长使、少使八等,后又引入婕妤、娙娥、容华、充依、五官、顺常和无涓(共和、娱灵、保林、良使和夜者),共十五等。清朝帝妇则分为皇后、皇贵妃、贵妃、妃、嫔、贵人、常在和答应,从命名上就能看到文化的缺乏。不同阶级之间,有递补、提拔、贬谪与自甘堕落,但平时一般各以本分,这正应了原子中电子的隧穿、受激向上跃迁、受激向下跃迁和自发向下跃迁,以及大多时间在稳定状态上的无所事事。

用来区分人或物之不同等级的汉语词包括阶—级、秩—序、品(秩)、次(幂)等词,用这些词加以翻译的英文词有 level, order, degree, grade, rank, 等等。这些词在数学、物理中频繁出现,且意义多有不同甚至混淆,中西文皆然。中文的阶级,其中的阶(墄)见于"台阶""庭阶寂寂",是实体;而级,见于"拾(shè)级而上",由计数(enumeration)而来,有抽象的内容。容易理解,台阶是一种实用的但也被故意符号化了的存在,许多建筑都在面前筑起多层次的台阶,陡然而出威严(图1)。阶—级、秩—序这种得自自然和日常生活的词必然散布于数学物理的表述中,弄不清 level, order, degree, grade, rank 这些词的用法,看数学、物理和看宫斗剧一样有点稀里糊涂。学物理者,将一双阶级眼用在这里,正得其宜也。

图1　中山陵的台阶

2. Level

谈到汉译为阶级的词，容易想到的一个便是 level，见于 energy level（能级），但这可能是误解。英语的 level，来自拉丁语的 libra，与平、衡有关。水平的线或者面，即为 level，如 sea level（海平面），on a level line（水平线上）。牛顿流体在重力场下的静止状态，其表面的法向应该是重力的方向，此即 water seeks its level 之意。利用这个事实，可以制作水平仪（level，见图2），这是工程中必不可少的工具。Level 不是级，而是阶、阶之面。在日常用法中，level 不仅表示层面，还暗含平衡之意，如 high-level talk，不仅是说会谈的层面高，而且是对等的。Level 还有 equally advanced in development & even or uniform in some characters（等间距的、均匀分布的），因此 level 暗含 "equal in importance, rank, degree, etc." 的意思，这也可能是我们愿意拿级来翻译 level 的原因。但是，把 energy level 翻译成能级还好，习惯性地把 atomic level, sub-levels 中的 level 也翻译成"能级"这就麻烦了，它掩盖了轨道（也许就是个数学的函数）自身的排列问题，这里的 level 强调的也许只是轨道可分辨这个事实。在类似 levels of consciousness, levels of difficulty 这样的概念中，谈论的都是抽象概念的分层次，没有定量的成分。许多时候，把 level 译成层次、层面也许是更合适的，哪怕是 energy level。比如加速器的 energy level，如在例句 LHC experiments run at the highest energy level 中，就应该译成"能量水平"，目前欧洲大型强子对撞机就运行在 13 TeV 的能量水平上。此外，如 *The macroscopic level of quantum mechanics*[1] 一文，显然讨论的是量子力学的宏观层次。

图2 Level，水平仪

3. Degree

Degree,来自拉丁语动词 degradare,就是英文的 degrade,是一串台阶 (steps or stages)的意思,注意它更多地强调了降序的排列,这一点从 a cousin in the second degree(二度表亲,拥有同一个太爷爷、太奶奶辈分的前辈)一词中很容易看出来。Degree 和 grade (gradus) 意义相同,两者可连用。我们在学校里学习的难易程度也是分级的(同学,你物理是第几 grade 的?)。如果是沿着不易觉察的台阶或者刻度一点一点向前(向上)推进,这就是一个 gradual (逐渐的)过程。达到一定程度就能 graduate(毕业、爬到头了),就可以 receive a degree(获得一个学位,拿到一个刻度标记)了。常用的摄氏温标(temperature scale)的量度名称为 degree Celsius(摄氏度),也称 degree centigrade(100 刻度制),后一词透露了其是如何被定义的。将标准大气压(维也纳夏季的气压)下冰水混合物的温度定为 0 ℃,把水的沸点定为 100 ℃。利用稀薄空气在等压条件下体积随温度线性变换的假设,可以根据稀薄气体体积相较于 0 ℃ 下的增量给 0 ℃ 到 100 ℃ 之间的任意温度赋值。这就是摄氏温标的定义。注意,对于稀薄空气,在 0 ℃ 到 100 ℃ 之间温度每增加 1 ℃,体积增加约 1/267。明白了这一点,也就明白了作为对摄氏温标之拓展的绝对温标,其唯一的定标点(水的三相点)为什么会定为 273.16 K 了。一般中文教科书中论及摄氏温标,只含含糊糊地来一句"标准大气压下冰水混合物的温度定为 0 ℃,水的沸点定为 100 ℃,此为摄氏温标",显然漏掉了太多的信息。编书者当年囿于条件不能知道细节可以理解,但根本没注意到定义的不完整就让人不能理解了。早期的来自物质体积变化的、直观的一排刻度,那真是 degree,如今的电子式的温度计,显示的就是"一个"数值,则需要符号°C、°F 的提醒才会想起 degree 来(图 3)。

Degree 可用作对一般程度的或者干脆就是直观存在的度量。一个圆,其上可以划上刻度,分为 360°,那是对每年天数的取整,不具有绝对的意义①。在反射光的 degree of polarization(偏振度)概念中,degree 反映的是程度,其取值

---

① Degree(度)可以往下细分。就角度和小时而言,1 degree = 60 minutes(分),1 minute = 60 seconds(秒)。钟表盘面一圈分为 12 个大刻度,每个大刻度分为 5 个小刻度。Minute, small part 的意思;second 来自 pars minuta seconda,是第二级的意思。

图3 有可视标度的是真 degree，纯数字的就靠外加符号的提醒了

在 0 到 100% 之间。Degree 或者 grade 还被用来衡量抽象概念的程度，如马克思的《政治经济学批判》一书中有句云："Der Tauschwert der Waren, so als allgemeine Äquivalenz und zugleich als Grad dieser Äquivalenz in einer spezifischen Ware, oder in einer einzigen Gleichung der Waren mit einer spezifischen Ware ausgedrückt, ist Preis. (商品的交换价值，作为一般等价以及在某特定商品中此**等价的程度值**，或者表达为该商品同某一特定商品的等值关系，是价格。)"在 degrees of degeneracy（简并度）、degrees of freedom（自由度）等概念中，degree 是个正整数。简并度[2]，即对应同一能量之不同状态的数目，在德语中简并度的说法为 Entartungsgrad，可见 degree 就是 grade。自由度就是描述体系所需的独立变量数。仔细体会这个定义，"描述体系所需的独立变量数"，则自由度的多少取决于如何描述。描述一个粒子在三维空间中的位置需要 3 个变量，则描述由 N（$N \geq 3$）个粒子组成的刚体的构型就需要 6 个独立变量，或者说刚体运动的自由度为 6。在热力学和统计力学中有所谓的能量均分定理，谓每一个自由度对比热的贡献都是一个 $R/2$，R 是气体普适常数。如果不深入了解这个能量均分定理成立的条件，许多人都难以理解水分子 H_2O 何以有 18 个自由度，而水（蒸汽）的比热也一直是温度的函数。就比热问题而言，自由度是能量表示涉及的自由度，这包括动能涉及的动量自由度和势能涉及的位置自由度。有趣的是，某些晶体的晶格可看作是两套或多套亚格子（sublattice）套构而成的，这也可以看成是一类自由度。炭单层的六角晶格是由两套三角格子构成的，其中电子的波函数可以比照电子自旋写成两分量的形式。

Degree 作为函数或者方程的指标,汉译为次(次幂)或者阶。比如,函数 $P_l(x) = \frac{1}{2^n n!} \frac{d^n}{dx^n}[(x^2-1)^n]$ 是 l th-degree Legendre polynomial,汉译 l 阶勒让德多项式。The degree of a monomial,汉译单项式的次幂,是变量指数的和,比如项 $x^2 y^3$ 的 degree 是 5。单变量的代数方程(univariate polynomial equation),以变量的最高次幂命名,简称为一元二次方程(a second degree monic polynomial equation)、三次(third degree)方程等。当然了,这类方程有专门的、简单的称谓 quadratic, cubic, quartic, quintic, sextic polynomial equations,分别为二次、三次、四次、五次和六次代数方程。五次以上的多项式方程不存在代数解(unsolvable by radicals)[3],对这个问题的理解带来了群论的诞生。群论对物理学的影响,怎样高度评价都不为过。物理学最深刻的学问,所谓的 the fearful symmetry(了不起的对称性),来自对一元代数方程的摆弄。对一元多项式解的探索,是一场惊心动魄的天才的游戏。与解方程有关的还有 topological degree theory。如果方程有某个容易得到的解,degree theory 可用来证明其他非平凡解的存在。Degree theory 看起来和 fixed-point theory (固定点理论),knot theory(纽结理论)有关,具体内容笔者不懂,此处不论。

4. Order

Order 简直就是一个充斥数学和物理学领域的词。Order 的西语本义也是"放成一溜儿(straight row, regular series)"的意思,可作为名词和动词使用。Order frequently refers to orderliness, a desire for organization. 存在总是表现出某种意义上的 order,这让认识世界成为可能。Objects should be ordered in order to bring in some order and clarity(为了有序和明晰,应该为对象排序),这几乎成了科学家的共识。排序、分类是研究的前期准备。

Order 是个用得太多的词,可以想见它的汉译会花样繁多。Order 在物理语境中一般被译成序,如 order parameter(序参量), topological order(拓扑序), off-diagonal long-range order(非对角长程有序),等等。过去分词形式 ordered 用作形容词,如晶体就是 ordered structure(有序结构)。Order 的对立面是 disorder, formless,最无序的存在是 chaos(混沌),指 the disorder of formless matter and infinite space(由无形的物质和无限的空间一起构成的无序)。混沌被当作有序之宇宙出现之前的状态,也就是说当前的有序状态是自完全无序中发生的，order out of chaos[①]，哈，多哲学！

Order 出现的语境，更多的还是和排序有关，比如 lexicographical ordering（字典编纂采用的排序），electrons are always added in order of increasing energy（电子按照能量递增的顺序被加进来），the order of differentiation or integration（微分、积分的次序），等等。微分、积分以及乘积的顺序有时候没关系（immaterial），有时候关系重大，结果依赖于顺序的就意味着别样的数学结构和对象的物理，比如非交换代数或者物理里的非对易算符。有时候，有些源自 order 的词从我们的角度来看，会以为排序的意思不明显，比如 coordinates 和 ordinate 就给译成了坐标和纵坐标（vertical ordinate），但请记住这里的关键是这些数值具有排序的含义在里边。有些地方把笛卡尔坐标系的 x 轴称为 horizontal ordinate（水平坐标），但其实有时候 x 轴的对象不是可排序的量，如职工工资分布图，工资是可排序的，职工则无所谓序。当我们把 y 轴理解为 ordinate 时 x 轴有专有名词 abscissa，是个标记（锯痕?）而已。此外，如 linear dimensions are of the order of L，汉译为线性尺度在 L 的量级，字面上可看到的意思是若排列的话，该尺度应该可与 L 等量齐观的。Order of magnitude，量之大小在序列中的位置，汉译干脆就是数量级。

数字的用法分为 ordinal numbers（序数）和 cardinal number（基数），前者明显与 order 有关，而后者也不免和 order 有关。一个集合的元素数目，是集合的 cardinality（集合的势），而群的元素数，当然也是 cardinality，又被称为 order of group，汉译"群阶"。与此同时，群元素 g 的 period（周期），即使得 $g^m = 1$ 成立的最小整数 m，也称为该群元素的 order。群阶和元素的阶反映了群的内在结构。大致来说，一个群，其群阶的因子分解越复杂，这个群的结构就越复杂。不仅群和群元素有 order 的概念，群的特征标（character）也有 order 的说法。

Order 在许多场合下有排序的意思，与其连用的数词应是序数词，如 second-order differential equation（二阶微分方程），third-order recurring sequences（三阶递归序列），first-order approximation（一阶近似），等等. 物

[①] I. Prigogine 曾著有 *Order out of Chaos* 一书，汉译《从混沌到有序》。

理学的方程被限制在(第)二阶(偏)微分方程的层面[①],学会了解二阶(偏)微分方程,一个纯数学家也许比许多物理学家更象物理学家。量子力学以及后继的发展被有些人频繁地以革命誉之,属不通之论,其 governing equations 模样可以变得复杂可怕,但属于二阶微分方程却是不变的。

5. Rank

中文的秩,序也,次也,可连用为秩序、秩次(官阶的高下),还有秩叙(次序)、秩然(秩序井然)、秩如等词。秩既然用来表示官阶的高下,相应的标识就有秩服(区别官阶的服饰)、秩俸(分级别的俸禄)等委婉语。秩被用来翻译英文数理概念中的 rank,日常表述的 rank,如 military rank(军阶)还是用阶级加以翻译。中国古代的官员有华丽花哨的秩服,今天各国军队的 military rank 则用花里胡哨的徽章(insignia)加以标识。

Rank,与 range,arrange 同源,意为 to arrange in order,特别是排成行。作为及物动词和非及物动词用,rank 一般是排序的意思,如 to rank third on a list(位列第三),qualitative ranking of various ions toward their ability to precipitate a mixture of hen egg white proteins(根据使得鸡蛋白沉淀的能力把离子定性地加以排序),Alfred Nobel 在设立诺贝尔奖时将物理学排在第一位(ranked physics as the first one),等等。Rank 作为名词表示次序,汉语的翻译比较随意,比如 people from all ranks of life(各阶层人民),a poet of the first rank(一流诗人),等等。Rank 作为排序的意思强调是排成行,国际象棋棋盘上空格的行与列,英文用的即是 rank 与 file;相应地,对于矩阵的行与列,英文用的是 row 与 column(图4)。

[①] 我们把描述各种物理过程的方程限制在二阶(偏)微分方程的层面,愚以为主要是关于解的难度与多样性不得不做的妥协——三阶微分方程太难了,也太复杂了。以为大自然必须遵从我们能解的那点二阶微分方程,那就有点傲慢了。一些由做了很多近似得到的一类特殊二阶微分方程所导出的什么波的概念,比如引力波,说说就算了,不必太当真。以为依其能破解自然奥秘的人,离物理之门远矣。

图 4　矩阵的行(row)与列（column）和国际象棋棋盘的行(rank)与列（file）

Rank 作为科学概念，我们知道有 rank of a matrix（矩阵的秩）的说法。Rank 是矩阵的一个基本特征。把矩阵的行(列)看成一组矢量，这组矢量中线性无关的矢量的数目即是所谓的 rank，也即行(列)矢量所张空间的维度。对于一个矩阵，行和列具有相同的秩，也就是矩阵的秩[4]。考虑到矩阵同线性方程组和线性变换（算符）相联系，因此矩阵 A 的秩是线性方程组 $A \cdot x = c$ 非简并性①的度量，也是线性变换 $y = A \cdot x$ 之像空间的维度。

在物理上，我们知道能量是标量(scalar)，动量、位置是矢量(vector)，而角动量 $\hat{L} = \hat{r} \times \hat{p}$②是赝矢量，等等，这些可以用张量(tensor)的语言统一处理。张量是描述张量之间线性关系的几何对象（有点循环定义的味道哈），张量的 rank（也叫 order 或者 degree）就是用来表示张量的数列的维度，也即所需指标的个数。由此可知，能量、动量（位置）和角动量分别是 rank 0、rank 1 和 rank 2 张量。针对某个标量（质量、电荷）的空间分布定义的四极矩张量，$Q = \int_\Omega \rho (3 r_i r_j - |r|^2 \delta_{ij}) \mathrm{d}^3 r$，就是无迹的 rank 2 张量。电位移 D（矢量）对应力张量 σ（rank 2 张量）的响应，或者应变张量 ε（rank 2 张量）对电场 E（矢量）的响应，相应的系数就是 rank 3 张量[5]。

涉及线性行为的代数、变换和算符等概念都会有 rank 这个特征，因此有

---

① 正确译法应是非退化程度，见参考文献[2]。
② 再次强调，叉乘只在三维空间中是完好定义的。不要求唯一性也可以出现在七维空间中。

(李)代数的秩、(不可约)张量算符的秩等说法。Module（模式）概念也有秩的说法，比如 rank 2 的自由 Z-module 不过是 $O_k = Z \oplus \omega Z$ 的一种装酷的说法而已，其中 $\omega \in O_k$，O_k 为一代数整数集合[6]。对椭圆曲线 $y^2 = x^3 + Ax + B$ 也有 rank 这么一个量，比如椭圆曲线 $y^2 = x^3 - 2$ 和 $y^2 = x^3 - 4$，其 Mordell-Weil rank 就是 1。这种秩有什么意思，怎么计算，笔者不懂。

6. 结语

阶级秩序次幂等等是数学、物理中常见的标签，是对诸多现象分别知见的基础。然而，这一切的区别和区别的习惯，早在有数学、物理之前就进入人类的文明中去了，因此不管是中文还是西文，相关词汇的使用略显混乱是必然的。对付这种情况，把各个概念纳入其不同意义的具体使用语境下理解是不二法门。毕竟，数学、物理还是有自己的抽象语言表示的。

后 记

Power 一词在数学中被译为次幂，但此词有更多、更胡乱的物理上的应用，本篇不加讨论。

补 缀

Such a tensor is said to be of order or type (p, q). The terms "order", "type", "rank", "valence", and "degree" are all sometimes used for the same concept. 张量的秩原来可以有 order, type, rank, valence, degree 这么多种说法。群也有类似问题，degree of a group，order of a group。

[1] Goorge C, Prigogine I. The Macroscopic Level of Quantum Mechanics [J]. Nature, 1972, 240: 25-27.
[2] 曹则贤. 物理学咬文嚼字 057: 简并[J]. 物理, 2013, 42(9): 672.
[3] Joseph Louis de Lagrange. Réflexions sur la résolution algébrique des équations, Œuvres complètes, tome 3: 205-421（拉格朗日全集，法语）.
[4] Wardlaw W P. Row Rank Equals Column Rank[J]. Mathematics Magazine, 2005, 78 (4): 316-318.
[5] Nowick A S. Crystal Properties via Group Theory[M]. Cambridge University Press, 1995.
[6] Franz Lemmermeyer. Reciprocity Laws: from Euler to Eisenstein[M]. Springer, 2000.

特别二的物理学

之八十

> 道生一，一生二，二生三，三生万物。
> ——老子《道德经》
>
> Omnibus ex nihil ducendis sufficit unum.
> —Gottfried Leibniz

摘要 "二"贯穿物理学，two, dual, squared, binary, second-order, quadratic 等修饰的各种概念，构成了物理天地之大部分。

1. 引子：二哲学与不二哲学

道家哲学谓三生万物，西洋哲人莱布尼茨（Gottfried Leibniz, 1646—1716）谓 omnibus ex nihil ducendis sufficit unum（自无导出万物，一足矣），皆属谬误之论，前者失于过繁，后者失于过简。以笔者所观数理哲诸般书籍而论，二即一切, or two is involved in everything of interest，才是正论。其实，老子和莱布尼茨应该也是明了"二才是一切"的道理的。老子在"三生万物"之后紧接着的一句是"万物负阴而抱阳，冲气以为和"，而莱布尼茨说出 sufficit unum 是在他自《易经》悟出二进制数字（binary number）对着 0（nihil）和 1（unus）的有感而发，而不管是阴阳还是 binary number，关键词都是"二"。

二的影子散见于物理、数学各处，触手可及。以英文而论，就有以 two, binary, double, second-order, rank-2, dual, 以及字面是 4 而实际在说 2 的 squared, quadratic, quadic 等词修饰的各种概念，此外还有 interaction, coupling, correlation, conjugacy 这种暗含 2 的概念。有趣的是，人们似乎对 2 都有嫌多的情绪。东方有所谓的不二哲学[①]，西方有强调整体的一元论（monism）。一旦遭遇两种面目或者选择，人们就会变得含糊、游移不定，中文谓之"有点二乎"，西文的动词怀疑（英语的 doubt, 德语的 zweifeln），形容词令人起疑的（dubious），其字面上都是二。与二相关的各种概念，构成了物理天地之大部分。

2. 带平方的定律

拉丁语的 4 是 quattuor，这在法语的 quatre（第四，quatrième）、意大利语的 quattro（第四，quartto）、西班牙语的 cuatro（第四，cuarto）还都能看出来。方块有四角，所以谈论方形会和 4 联系起来是自然而然的事情。一个边长为 x 的正四边形，面积为 x^2，德语的说法是 x quadrat，英文就说 x squared。Square，其前缀为 ex-（不同语言中有写成 s-, es-或者 é-的），意思为 out；词干是动词 quadrare，与数词 quattor 同源。x^2 就是 x 的二次幂，中文读成 x 的平方，而平方按照字面理解就是平的方块。

数的平方在数学和物理上足以带来充分多和充分复杂的内容。在数学上，quadrature 因为历史的原因就是求面积的意思。一个为人熟知的 squaring 问题就是 squaring the circle（化圆为方），也称为 quadrature of the circle，是古时候一段时间里非常挑战智力的几何问题。有兴趣的读者可以翻翻数学史关于这个问题的论述。以 $y = kx^2$ 形式出现的物理定律有很多，比如焦耳定律，电阻的功率和电流平方成正比；自由（或者无摩擦沿着斜面）下落，下落高度（路程）与时间平方成正比，下落高度与获得的速度平方成正比，等等。其实，当年焦耳、伽利略和 Willem's Gravesande 分别得到这些定律时的数据都是很粗糙的。但是，真实的科学就是这样做的：当把两个数据的关联（correlation）画到一张纸上时，人们首先看是否成线性关系；如果不是，就会想到平方关系。这种数据之间的线性或者平方关系只要大致有个差不多就行了，才不需要在意有多大误差呢。由下落高度与获得的速度平方成正比，Émilie du Châtelet 女士引

[①] 奇怪的是，中国人偏偏敬重关二爷、秦二哥和武二郎。是巧合，还是因为普适性的恐惧造成的？

入了 vis viva（活力）mv^2 这个量，其后贝努里（Johann Bernoulli）引入了因子 $\frac{1}{2}$，这才有了 $\frac{1}{2}mv^2$ 这种形式的动能概念。

整数之于平方似乎情有独钟，方程 $x^2 + y^2 = z^2$ 有整数解，但换成 $x^3 + y^3 = z^3$ 或者更高次幂的形式就没有整数解了，这就是所谓的费马大定理。在近代数学家几百页的证明和费马所说的书边角写不下的证明之间，我选择后者。即便费马当时吹牛了，我也相信存在费马大定理的简单证明。

人们初学物理时就会学到两个平方反比律（inverse square law），一个是物体之质量造成的牛顿万有引力 $f = G\frac{m_1 m_2}{r^2}$，一个是物体之电荷造成的库仑力 $f = \frac{1}{4\pi\varepsilon_0}\frac{q_1 q_2}{r^2}$。初学时，觉得这两个力的表达可高深了。后来知道，这只不过是强调了我们是生活在 3D 空间这个事实而已。在 3D 空间中，一个半径为 r 的球其表面积为 $S = 4\pi r^2$。任何一个物质流自一点向外各向同性地向外辐射，其流是守恒的，则其流密度总是和 $4\pi r^2$ 成反比（图1）。至于流的源对应的物理量，比如一棵桂花树上桂花的数目，同造成的场之强度，比如在远处闻到的花香浓度，可以引入一个比例因子（它的功能是平衡方程两边的量纲，它的数值比较起来就不那么重要了），从而将它们写成一个方程的形式。把牛顿引力写成 $f_{1\to 2} = 4\pi G\frac{m_1}{4\pi r^2}m_2$ 的形式，库仑力写成 $f_{1\to 2} = \frac{1}{\varepsilon_0}\frac{q_1}{4\pi r^2}q_2$ 的形式，场的概念就跃然纸上了，且由系数的选择能看出后者要比前者晚。后者理解了那 4π 的来由，一个比例因子 $1/\varepsilon_0$ 简洁轻便，而万有引力常数不得不经常和 4π 结伴而行，比如爱因斯坦引力方程 $R_{\mu\nu} - \frac{1}{2}Rg_{\mu\nu} = 8\pi G T_{\mu\nu}$ 就有它的身影。

在一些文献中有库仑用挂在马槽上的铝球壳实验得到库仑力表达式的说法。想想 Charles-Augustin de Coulomb（1736—1806。为啥不译成"德·库仑"呢）生活的年代，马槽上的铝球壳能得到什么精密的结果？更有甚者，验证牛顿万有引力是否是严格的平方反比形式 $f = G\frac{m_1 m_2}{r^2}$ 在某些地方堂而皇之地成为了实验研究的课题。倘若依据所谓的精密实验数据，得到的牛顿引力形式为 $f = G\frac{m_1 m_2}{r^{1.9999999964\pm(18)}}$，库仑力形式为 $f = \frac{1}{4\pi\varepsilon_0}\frac{q_1 q_2}{r^{2.000000072\pm(23)}}$，这样的物理学你愿意学？类似地，在动能定义 $\frac{1}{2}mv^2$ 中，$\frac{1}{2}$ 是分数，2 是整数，不是实数。对于如今追求所谓的精确测量,然后用计算机拟合曲线的赝物理学家来说,他们的世界里动能的形式说不定是这样的,$E_k = 0.4999872(\pm 32) mv^{2.0000000013(\pm 27)}$。这种丑陋的公式如今随处可见,让人无语。

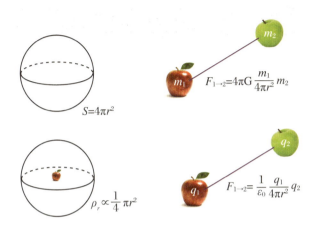

图1　平方反比律。图中公式的表达形式反映的是笔者自己的理解

掀开量子时代面纱的是一个和自然数平方有关的规律。氢原子在可见光范围内的光谱,从右向左可见间距渐小的四条分立的谱线(眼尖的读者可以看出第五条,等有了理论的帮助有些人能看见第六条。见图2)。这分立的四条谱线的波长分别为 6562.10 Å(红色)、4860.74 Å(绿色)、4340.10 Å(蓝色)和 4101.2 Å(紫色)。1885年,瑞士人巴耳末发现这四个波长近似地是常数值 $b = 3645.6$ Å 的 9/5,4/3,25/21 和 9/8 倍。进一步地,可将这四个分数写成 $3^2/(3^2-2^2)$,$4^2/(4^2-2^2)$,$5^2/(5^2-2^2)$ 和 $6^2/(6^2-2^2)$,这是公式 $n^2/(n^2-2^2)$ 的 $n = 3, 4, 5, 6$ 四项,由此可见光谱线是有规律的[1]。有了这个公式,可以计算 $n = 5$ 对应的波长为 $b * 7^2/(7^2-2^2) = 3969.6$ Å,回头去看光谱图,这第五条谱线赫然就在那个地方。现在换个角度看,会发现波数,就是波长的倒数,可以表示为 $\tilde{\nu}_B = R\left(\frac{1}{2^2} - \frac{1}{n^2}\right)$,$n = 3, 4, 5, \cdots$,其中的 $R \approx 10973731$ m^{-1} 被称为里德堡常数。这个公式后来被进一步扩展成更一般的形式 $\tilde{\nu} = R\left(\frac{1}{m^2} - \frac{1}{n^2}\right)$,其中 m,$n (>m)$ 都是正整数。1913年,玻尔看出了巴耳末公式或者说里兹公式中的奥秘,两项相减的光频率公式可以诠释为发光是电子从一个能级到一个较低能级的跳跃过程的伴随现象,光的能量量子为原子中两电子能级之差。在经

典角动量量子化的假设下,可以得到氢原子中电子的能级确实是正比于 $1/n^2$ 的。玻尔的原子理论完美地解释了氢原子谱线(的位置)。量子力学的时代真正开始了。

图2　现代光谱学获得的氢原子在可见光范围的光谱,可以清晰地看到五条谱线

四次方或四次方倒数形式的公式也有。前者有 Stefan-Boltzmann 公式,谓黑体辐射积分能量之体积密度正比于温度的四次方,后者是说两平行板之间的 Casmir 力与板间距的四次方成反比。同样是公式,前者是扎实的物理,后者是来自量子场论的比较率意的推导。后者被诠释为来自真空零点能的神奇效应。当有个实验者用扫描力学显微镜探针的振荡信号往这上凑,说有一段是满足这个关系从而可能是来自 Casmir 效应时[1],这个不靠谱的结果反过来被一些对实验不熟悉的人当成了救命稻草,被说成了这个推导成立的实验证据。

3. 二元数、两体势与相互作用

形容词 binary,来自 bis,放在名词前面表示该事物 made up of two parts or things, twofold, double(由两部分组成的,或者是双重的)。任何由两个单元组成的体系都是 binary system[2],比如 binary star system,即由绕质心转动的两颗恒星组成的体系。两个通过万有引力相互作用的物体的运行轨迹是经典力学的标准问题。只考虑两个单元相互作用的碰撞是 binary collision。

只有两个数字0和1的数系是二进制数,英文为 binary numbers。在数学

---

[1] 把一条实验曲线分成几段解释是实验文章中常见的错误处理方式,虽然并不总是错误的。把一个实验结果往某个理论的东西上靠是实验工作的通病,反过来,非要到哪里找个实验证据是理论研究心虚的表现。一个不好的消息是,当一个理论和一个实验结果 fit very well 时,两者都错的几率最大。

[2] 一个常见的化学概念是 binary compounds(二元化合物)。Binary compounds 的定义有点乱。如果只指由两种元素组成的化合物,$NaNO_3$ 就不是二元的。如果是指由两种构成单元构成的物质,酸根算一个单元,那么 $NaNO_3$ 就是二元的,考虑其晶体结构的几何单元更能认同这种观点。不过,若从晶体结构的几何单元来看,Fe_3O_4 就不是二元的。

中一个拥有 two-component 的数是复数。复数定义为 $z = x + \mathrm{i}y$，其中 i 是单位虚数（imaginary number），$\mathrm{ii} = -1$，x 和 y 都是实数，分别是复数的实部和虚部。其实，没有理由认为这其中有什么古怪的虚数，将复数 z 看作是具有两个部分（part，segment，component）的数，记为 (x,y)，则只要满足算法 $(x_1, y_1) + (x_2, y_2) = (x_1 + x_2, y_1 + y_2)$，$(x_1, y_1) \times (x_2, y_2) = (x_1 x_2 - y_1 y_2, x_1 y_2 + x_2 y_1)$，那就再现了复数的算法。可见，所谓的复数，尤其是那个单位虚数 i，带入数学的是一种新的代数。这样的二元数，就是 binarions[2]。复数有两个单元，还暗含全新的代数，这样我们就容易理解了，为什么一个扩散型的方程 $\partial_t C = D \partial_x \partial_x C$，扩展成了 $\mathrm{i}\hbar \dfrac{\partial \psi}{\partial t} = \left[\dfrac{\hbar^2}{2m} \dfrac{\partial^2}{\partial x^2} + V(x) \right] \psi$ 形式的复函数方程，现在它被称为（1D）薛定谔方程，就演绎出了那么多的幺蛾子。

物理上两粒子间的势能被选为如下形式的粒子间距离的函数，即 $V_{12} = V(r_1, r_2) = V(|r_1 - r_2|) = V(r_{12})$，而一个多粒子体系的总势能是两体势能之和，即 $V = \sum\limits_{i<j} V_{ij}$。这样的势能形式被称为 binary potential，我们的物理学中采用的都是 binary potential。对于三粒子体系，$V = V_{12} + V_{23} + V_{31}$；不知道存在三体势 $V_{123} = V(r_1, r_2, r_3)$ 的世界，物理是什么样儿的。

Binary potential 反映的是 interaction 的思想。牛顿第三定律云：Actioni contrariam semper et æqualem esse reactionem；sive corporum duorum actiones in se mutuo semper esse æquales et in partes contrarias dirigi（反作用"总是相反"且等于作用，或者说两物体相互间的作用总是相等且作用到相反的参与方）。既然 action 和 reaction 是 mutual 的，那就是在谈论 inter-action。愚以为相互作用不是粒子间影响对方运动的游戏，而是其自身存在的方式。

认识到 interaction 在物理学中的地位是物理学上的一大革命。重力（gravity）问题，早期关切的是物体的 weight or lightness，此前被认为是物体自身的性质。不知是否是航海贸易中发现货物重量莫名其妙的增减让人们认识到了物体的重量是物体和地球两者的事情。Interaction，在牛顿和库仑的力之表示中，都落实为物质（粒子）某个指标的乘法，后来引入的关于基本粒子的强、弱相互作用也是换汤不换药。这似乎能解释群论在物理学中的地位——群论是只保留了乘法部分的代数。

4. 二次型

前面已经说过，quadrature 与四边形和面积有关。振子相位差为 90°，即 $2\pi/4$，从方位上讲是从指向正方形的一边转到邻边，则被说成是 in quadrature。形容词 quadratic 和 quadrature、quadrate 同源，也被理解为平方的意思。Univariate quadratic equation，$ax^2 + bx = c = 0$，就是一元二次方程。如果一个多项式的每一项都是二次幂的，即 homogeneous polynomials of order two（二阶齐次多项式），比如 $x^2 + axy + by^2 + cyz + dxz + z^2$，这就是 quadratic form（二次型）。二次型对物理学具有特别的意义。

一个 n 变量的二次型有标准形式 $q(x_1, x_2, \cdots, x_n) = x^T A x$，其中 A 是实的对称矩阵。对称矩阵 A 总可以被对角化，也就是说二次型总可以化成只包含各个变量平方的形式，即 $q(x_1, x_2, \cdots, x_n) = \lambda_1 x_1^2 + \lambda_2 x_2^2 + \cdots + \lambda_n x_n^2$。如果再引入坐标尺度变换，则总可以使得系数 λ_i 是 1、-1 或者 0。此三个值在一个给定二次型中各自的个数，是这个二次型的标签（signature）。一个重要的定律是 Sylvester's law of inertia，它说的是一个二次型的标签是变换的不变量[3]，即将二次型 $q(x_1, x_2, \cdots, x_n)$ 变换成 $q(y_1, y_2, \cdots, y_n) = \gamma_1 y_1^2 + \gamma_2 y_2^2 + \cdots + \gamma_n y_n^2$ 形式，系数 λ_i 和 γ_i 中总有相同数目的 1、-1 和 0。

对于一个 n 变量的空间，点到原点距离的平方为 $\lambda_1 x_1^2 + \lambda_2 x_2^2 + \cdots + \lambda_n x_n^2$，其中 p 个系数是 1，q 个系数是 -1，这样空间就可以标记为 $R^{p,q}$。对于具体的物理问题，比如转动惯量矩阵，也即将绕某方向的转动惯量表示成方向余弦的二次型中的系数构成的矩阵，对角化后的本征值都是正的。当然，这是因为我们生活的空间是欧几里得空间 $R^{3,0}$ 的原因。狭义相对论的时空是 $R^{3,1}$，点到原点距离的平方为 $-c^2 t^2 + x^2 + y^2 + z^2$①。不同空间其几何性质的不同，研究一下距离平方为 $x^2 + y^2$ 和 $x^2 - y^2$ 的两个 2D 世界就能找到一点感觉，比如试着写出这两个空间中表示矢量转动的矩阵。

---

① 我总觉得 i 是物理学内禀的一个对象，蕴含许多物理学的奥秘。把物理学中的 i 简单地当作 $x^2 = -1$ 的根，正如在流行的相对论文献中那样，宁愿写成太数学的 $ds^2 = -c^2 dt^2 + dx^2 + dy^2 + dz^2$ 而不是写成有点物理的 $ds^2 = (d(ict))^2 + dx^2 + dy^2 + dz^2$ 形式，可能流失了一些物理的内容。

只有两个变量的二次型是 binary quadratic form。谐振子的哈密顿量可写成 $H = q^2 + p^2$ 的形式，是两变量的标准二次型。由麦克斯韦方程组得到的电磁场的哈密顿量也是这样的标准二次型，这是理解黑体辐射模型中引入谐振子模型的关键[①]。$H = q^2 + p^2$ 形式的二次型和数学意义上的 $x^2 + y^2$ 不同，物理的坐标 q 和动量 p 在量子力学中存在对易（共轭）关系 $[q, p] = i\hbar$。由谐振子的哈密顿量形式可引入产生算符和湮灭算符，这为谐振子的描述提供了一套别样的语言，这套语言被肆意滥用到各种物理问题。有人甚至断言说理论物理 75% 的天下不过就是谐振子模型，那么理解 $H = q^2 + p^2$ 形式的二次型之重要性就不言而喻了，只是这看似简单的二次型所包含的数学还真不是一般人能掌握的。即便是整数域上的 binary quadratic form $x^2 + y^2$，那也是数论的专门研究对象，是高斯都要花点功夫的学问。

空间是有度规的连续统。没有连续就没有几何，而度规（距离函数）则意味着二次型的计算。空间的概念中，其实不是距离，而是某个平方定义了距离，所以必涉及秩为 2 的度规张量，其实就是上文中二次型表示中的对称矩阵。狭义相对论中，距离微分的平方 $ds^2 = -c^2 dt^2 + dx^2 + dy^2 + dz^2$ 又可以写为 $ds^2 = g_{\mu\nu} dx^\mu dx^\nu$。这些是微分二次型，其变换不变性研究想必更复杂[3]。广义相对论涉及关于一般二次型度规空间的二次微分方程，不能够原谅自己不理解的人那就要多花点功夫了！二次型、微分二次型，以及它们的变换不变性，都有系统的数学工具，这些系统的工具我们都没掌握，想学到相关物理的精髓自然无从说起。

5. 二阶微分方程

牛顿发明了微积分。牛顿对物理学的贡献之一，是确立了用 second-order 微分方程描述物理世界的基调。牛顿关于运动的第二定律说 Mutationem motus proportionalem esse vi motrici impressae, et fieri secundum lineam rectam qua vis illa imprimatur[②]（运动的改变正比于所受驱动力，且在驱动力所在的直线方向上）。把运动的改变表示为坐标对时间的二阶微分，而力被限

---

① 当年笔者读到相关问题时总是疑惑，空腔里哪来的谐振子？呃，原来是类比。
② 一次次地引用拉丁文是希望读者能对着原文理解牛顿的伟大。那些不明就里的英文和中文翻译大大减损了这个效果。

制为时空和速度的函数,则牛顿第二定律可形式地表示为 $\frac{d^2 x}{dt^2} = f(t, x; dx/dt)$,这为此后的物理学定下了基调:物理学的动力学定律采取二阶微分方程 (second-order differential equation)的形式。为什么要采取二阶微分方程的形式呢？因为一阶微分方程太简单,而三阶微分方程太复杂。

麦克斯韦方程组关于电场和磁场的微分方程形式看似一阶微分方程,因为那里只出现了电、磁场关于时空的一阶微分(differentiated once)。引入了标量势 φ 和磁矢势 A,麦克斯韦方程组也被写成二阶微分方程的形式——那里出现了场对时空的二阶微分(differentiated twice)。这个二阶微分方程,注定了观察者位置与观察者速度的被超越,因此就有了相对论的两层意思——无去来处,动静等观。量子力学的动力学方程为薛定谔方程 $i\hbar\partial_t\psi = H\psi$,这是一个关于复函数的二阶微分方程。因为 $H = \frac{p^2}{2m} + V(r)$,且根据量子化条件 $p_x = i\hbar\partial_x$,薛定谔方程是关于空间二阶、关于时间一阶的偏微分方程(扩散方程)。动能项的本征值问题,即 $d^2\psi/dx^2 + n^2\psi = 0$,为我们提供了傅里叶分析出现的另一场景。有趣的是,我们所谓的数学物理方程课,讨论的大多都是这个本征值问题在不同维度、不同对称下的变种,提供了可与三角函数类比的其他可作为正交归一基的、L^2 范数的各种函数。笔者一直困惑的是,为什么复函数的方程,其解的径向函数似乎总是实函数,复数的性质只由角变量部分来表现,太诡异了。

物理学的动力学方程为我们描绘了一个二阶微分方程统治的世界[1]。自然真的是由二阶微分方程描述的吗？关于这一点,笔者有些含糊。自然是否可以未经某些物理学家的同意就遵循更高阶的微分方程或者干脆别的形式的方程呢？

6. 二象性与对偶

Duality,词根 dualis 是 2 的意思,根据不同的语境汉译为对偶性和二象性,有点拔高的意味,其实就是"二乎"。比如,量子力学关于粒子的本性就有波

---

[1] 狄拉克方程形式上是一阶微分方程,但那里的主角,作为时空的函数,就不再是简单的实函数或者复函数啦——那样就太简单了。

粒二象性（wave-particle duality）的说法，一般教科书会诠释为既是粒子又是波，因此还有 wavicle（wave + particle）的说法。笔者以为这种说法未说到点子上——我们构造的波与粒子的形象是电磁波在频率标上的两个极端。波长过百米的无线电波，怎么着也难以想象它是粒子，而能量为 MeV 的 γ 光子，很难想象它会表现出什么波动性。居于两个极端之中间地带的，比如可见光和 X 射线，就会同时表现出我们以为的那种波和粒子的特性。特征 X 射线就同时有将其当成波的 WDX（wavelength dispersive X-ray analysis）分析模式和将其当成粒子的 EDX（energy dispersive X-ray analysis）分析模式；而可见光部分的所谓量子力学实验中，有些实验者可能无意中在实验路途的不同地带上不停地变换着关于电磁波的认识而不自知。出现连续-分立二象性的地方是关于量子力学的测量问题，一方面，我们要求因为测量诱导了一个量子事件，某个测量的结果以恰当的几率突然出现；另一方面，对于一个孤立的、未置于测量之下的体系，我们又要求体系按照薛定谔方程连续地、决定性地演化着。这种翻手为云、覆手为雨的手法对应一种 duality in dynamics（动力学二象性）。存在这些有点儿"二乎"的观念，反映出量子力学是一个四面透风的理论。

　　Duality 是数学中常遇到的概念，投影几何中把点与线的角色对调，欧拉多面体公式中顶点与面的对调，都是一种 duality。数学中的矢量空间，有一个对应的 dual space（对偶空间）。以简单的代数对偶空间为例，对于定义在域 F 上的空间 V，存在对偶空间 V^*，对偶空间 V^* 中泛函 φ 和空间 V 中的元素 x 定义一个非简并（退化）的双线性（bilinear）映射 $\varphi(x) = \langle \varphi, x \rangle : V^* \times V \to F$。对于 V 为有限维空间的情形，基为 $\{e_i\}$，对偶空间 V^* 有相同的维度，且可以构造相应的基 $\{e^i\}$，使得 $e^i \cdot e_j = \delta^i_j$。在固体物理学中，晶体中原子占据的空间是离散的空间，为 lattice 结构；其对偶空间被命名为倒空间（reciprocal space）或者倒格子（reciprocal lattice）。学习量子力学时会遇到的希尔伯特空间，即具有内积结构（由此可定义距离或者长度）的抽象矢量空间。希尔伯特空间是一个完备的内积空间，其基在量子力学中是自伴随算符的本征矢量；希尔伯特空间的 dual space 也是一个完备的内积空间。内积空间的 Schwarz 不等式是可以引入波函数几率诠释的数学基础。

7. 二值性

　　二值性，two-valuedness，付诸实验验证，是最能得到明确结论的情形。当一束银原子经过非均匀磁场后它会分成两束(图3),分开多远、各自多宽以及边缘处根本没分开①,这些都不重要。当将其中一束经过一个与前置的非均匀磁场垂直的非均匀磁场后,发现这一束又被分成了两束,物理学家凌乱了。

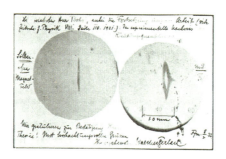

图3　银原子束在非均匀磁场中的劈裂

银原子束在磁场中暴露出的 two-valuedness,大自然早就显示了,钠黄色双线(doublet)就是一例(图4)。钠的黄色双线揭示了电子波函数的基本二值性。电子波函数的二值性又不得不进行第二次倍分以便同相对论的原理相调和,扩展电子波函数的四值性被狄拉克漂亮地解释为一个新粒子——反电子,如今被称为正电子。一次又一次,当我们被意料之外的观测逼入死角的时候,一个凑巧的加倍(double)——一个理论结构到自身的折叠——又恢复了我们的理解,或者说由其而来的幻觉。本征值为 1 和 −1 的算符有很多,包括手性(chirality)、螺旋性(helicity)、镜面反射与反演(mirror reflection and inversion)等,都可以归入二值问题。

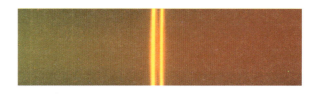

图4　钠双黄线

Double 有个意思相近的动词 bifurcate。Bifurcation(分叉),前缀 bi- 来自 bis,和 binary 同源。在研究 Logistic 方程 $x_{n+1} = rx_n(1 - x_n)$ 时人们发现,

---

① 薄薄的一层银原子落到金属板上,肉眼是看不见的。烟鬼手头的劣质烟卷将它熏黄了。

迭代结果随着控制参数的增加,开始时稳定在一个值上,然后稳定在 2, 4, 8, …个值上,就这样一直加倍下去。这样的分叉进行下去,由 2^n 达到的无穷大的后面是 3,因此有周期 3 意味着混沌的说法。

8. 二元一次方程组

二元一次方程组(two-variable linear equations, system of linear equations with two unknows)是初二学生都会解的,然而,就是这样简单的二元体系,其蕴涵的科学内容却是非常深刻的。笔者此前读到所谓热力学第一定律和第二定律是耦合的,百思不得其解。近期翻译热力学早期文献,并配合着线性方程的研究,方始有所觉悟。考察卡诺循环,热机在一个循环内从高温热源 T_1 处吸收热量 Q_1,向低温热源 T_2 处放出热量 Q_2,其间净做功 W,根据热力学第一定律,有 $Q_1 - Q_2 = W$。因为是在两个热源间工作,做功是目的,$Q_1 - Q_2 = W$ 可看作是两变量 Q_1, Q_2 的一个方程。这个方程不足以把一个卡诺循环确定下来;反过来说,关于卡诺循环必然还有另一个关系,这就是 1850 年代克劳修斯和开尔文爵士揭示的关系 $Q_1/T_1 - Q_2/T_2 = 0$。这个关系才是对第二定律的正确表达。从二元一次方程联立求解的角度来看,热力学第一、第二定律是耦合的说法,就好理解了。对一个物理定律的正确表达,应尽可能采取严格的数学表达,那种文字上的表达,比如热力学第二定律的开尔文表述和克劳修斯表述,只会带来认识上的混乱。热力学第二定律的出现比第一定律早,从第二定律数学表达的微分形式容易导出熵(entropy)的概念。基于熵的概念,热力学第二定律在公理化的热力学里有了更严格的表述:对于 1-form $TdS + y_i dX_i$,其中 $y_i dX_i$ 是力学量定义的、量纲为能量(功)的 1-form, $TdS + y_i dX_i$ 总可以表达为某热力学函数的全微分,即有 $dU = TdS + y_i dX_i$。

笔者注意到的从二元一次方程组的角度更容易理解的一项伟大科学成就是化学家拉瓦锡的工作。通过称量反应物与生成物的质量,拉瓦锡确立了化学反应的质量守恒定律,比如对反应 $A + B \rightarrow C$,有关系式 $m_A + m_B = m_C$,这和 $Q_1 - Q_2 = W$ 如出一辙。同样的问题是,一个方程 $m_A + m_B = m_C$ 不足以确定这个化学反应,一定还存在另一个关系!拉瓦锡经过仔细分析发现,对于一个化学反应,反应物和生成物的质量之比总是小的整数比,比如对于反应 $C + O_2 \rightarrow CO_2, m_A : m_B : m_C \approx 3 : 8 : 11$。这是一个普适性的观察,如何理解拉瓦锡推论?原子的化学性质是不同的,但是原子质量是由下一层次的单元构成的,而下一层次的提供质量的单元是同一的。拉瓦锡用天平称量物质的质量研究化学反应,是他天才的思维能力让他由此洞察了原子核的秘密。那种以为物理学说到底是实验科学的说法,实在是浅薄之见。

9. 结语

本篇介绍了平方(反比)律、二次型、二元数、二阶微分方程、两体势、对偶性、二值性、二元一次方程组等诸多与"二"有关的数学、物理内容,虽然内容繁多,可能有助于读者学到一点物理学的实质内容,实则只能提供一个挂一漏万且必定如蜻蜓点水般的介绍。有太多的关于"二"的内容,比如对物理学很重要的 dyad, quadric 概念,就没能介绍。显然,有更多的内容我根本就不知道。Rank-2 张量在物理学中的作用我拟专文介绍,而 order-2 算子的本征值问题及其在量子力学中的作用笔者则刚开始做相关的研究。就深度而论,所发议论也是令人遗憾地浅薄,象(x,y), $x+\mathrm{i}y$, $\langle\psi|\varphi\rangle$, $(\psi_\uparrow,\psi_\downarrow)$里涉及的 two components 的内在关联是怎样的, polarity, duality, coupling, conjugacy, complementarity, correlation 这几个二元观念的异同,笔者都没有能力加以深入讨论。有兴趣的读者,不妨于闲暇时自己参详一二。

补 缀

1. 孪生素数问题是否也缺少那个第二个方程,即可表示为
$$\begin{cases} n - m = 2 \\ f(n,m) = 0 \end{cases}$$
只是函数的形式不知道而已。谈论素数问题时,除法是什么意思?若代数只有乘法,除法的意义我们清楚吗?

2. 结构就是一切。狄拉克方程系数矩阵的反对易关系 $\alpha_i\alpha_j + \alpha_j\alpha_i = 2\delta_{ij}$ 中的 2,就是它所暗含的电子自旋 $\hbar/2$ 中的 2。学习有结构的数学和有结构的物理方程。

3. Hodge duality. 一个 k-form 度量 k 维空间平行多面体的 projected 体积。但是,一个平面既可以用一对基(α,β)的方向也可以用一个法线方向 γ 加以定义。因此,对于任意矢量对(u,v),寻找一个 1-form,满足 $\gamma(u\times v) = \alpha\wedge\beta(u,v)$。

这就是 Hodge duality 背后的思想：一个 n 维空间里的 k 维体积既可以用 k 个方向表示，也可以用 $n-k$ 个方向来表示。也就是说，对于 n 维空间，k-form 和 $(n-k)$-form 有天然的对应。在三维空间中，我们有 0-form；1-form，dx^1, dx^2, dx^3；2-form，$dx^1 \wedge dx^2$，$dx^2 \wedge dx^3$，$dx^3 \wedge dx^1$；3-form，$dx^1 \wedge dx^2 \wedge dx^3$。从这个角度去看热力学的数学，简单明了。三维空间中 1-form 和 2-form 的对应，不如说是混淆，造成了许多人对物理量的错误认识，比如角动量 $J = r \times p$ 常被误当作矢量。

4. 在弯曲空间中，体积 n-form 定义为 $\omega := \sqrt{\det(g)} dx^1 \wedge \cdots \wedge dx^n$，其中 g 是空间的度规。这个体积元在变换下的符号变化与宇称相关。

5. 关于平方反比律。引力，因为质量是 non-polar 的，所以内部引力为零要求严格的球壳状质量分布；而关于静电学，电荷是极性的，导体壳内部电场为零不要求导体壳为球形，它甚至不要求是闭合的。后一问题的严格数学处理我没见到。

6. Freeman J. Dyson 的文章 *Why is Maxwell's theory so hard to understand*? 指出，出自麦克斯韦理论世界观的世界是两层结构（two-layered structure）。基本构成那一层是满足线性方程的场；第二层面是我们能触摸和测量的事物，包括力与能量。第二层的物理量是第一层物理量的 quadratic or bilinear combinations（二次型或者双线性组合）。类似地，量子力学的宇宙也分为两层。第一层是波函数的，遵循线性方程；第二层是概率的，第二层上的物理量是波函数的二次型或者双线性形式。

参考文献

[1] Steinberg S. Group Theory and Physics[M]. Cambridge，1994：399.

[2] Kevin McCrimmon. A Taste of Jordan Algebras[M]. Springer，2004：64.

[3] Oswald Veblen. Invariants of Quadratic Differential Forms[M]. Cambridge University Press，1908.

之八十一　物理学中的括号文化

> 思想的准确会造成语言的准确。
> ——福楼拜[①]

摘要　形状各异的括号提升了文字的表达能力。在物理表述中,恰当定义的括号让复杂的内容变得清晰明澈。

1. 漫说括号

在语文和算术课上我们曾遇到过形状各异的括号。汉语的括是两手相对叉开的形象(此为摸鱼的标准动作),作动词有捆束、结扎的意思,见于"囊括""概括""括约"等词。括号包括小括号( ),英文为 round brackets 或者 parentheses;中(方)括号[ ],英文为 square brackets;尖括号⟨ ⟩,英文为 angled brackets;大(花)括号{ },英文为 curly brackets or braces。这几个西文词里面,parenthesis,原意是 to put aside,意思是说它是用来强调附加内容

---

① 据说是法国作家 Gustav Flaubert 说的,未见原文。

的,parenthesis 单指（或者）,复数形式 parentheses 才是（ ）。Brace,来自希腊语的 brachys[①],形容词,意思是短;brace 指代人的上臂,作动词用为 to brace, to embrace 就是抱的意思,( ) 就是这个动作的形象。那个可以对应所有括号的英文词是 bracket,作为名词其本义为弯角状托架、支架（any angle-shaped support, especially one in the form of a right triangle）,例如壁突式烛台（sconce）就是 a bracket attached to a wall for holding candles。Bracket 被引申为括号,是因为"对称地加上弯曲的支撑"就是〈 〉或者［ ］的形象。相应地,bracket 也就有了"归为一类"和"一路货色"的意思,比如 bracketed in history（在历史上被归为一类）,in the super-smart bracket（跻身于巨颖者流）,等等。

括号可是人类文化史上的重大发明。一开始人们只发明了字符,一堆字符连在一起,时间长了就弄不清楚如何断句了。语言作为文明的载体,文明的进步要求载体的升级。新的词语不断被造出来,辅助性的符号也逐步被加到文字当中。据说远在甲骨文、青铜器铭文时代,中国就已有标点符号的萌芽了。［清］章学诚《丙辰札记》考证:"点句之法,汉以前已有之。"如今通用的西文标点符号,是在清末输入中国的。括号突出强调解释某些内容,不同的括号有稍显不同的功用。当作者想添加内容而又不想改变句子的意思或结构的时候,就会用到括号。括号提升了文字的表达能力,也为数学、物理带来了简洁的记号。夸张点说,数学、物理中存在着独特的括号文化,谁要是不引入一个括号都不好意思说自己是大物理学家。本文论及的括号,英文文献一般都是用的 bracket 一词。

2. 数学括号

数学中引入括号的基本功能是要强调括号里的内容。小时候背算法口诀,清楚记得有句"先做括号里,后做括号外",而且是按照( ),［],{ }的顺序。再稍后些学了点初等数学,知道 bracket 还真是括号,它把一些具有某种性质的对象给约束到一起,构成集合（set）或矩阵（matrix）之类更复杂的数学对象。

[①] 那个我总也记不住的 brachystochrone curve 明明是最短时间曲线,却偏偏被人给译成了速降线。Brachystos + chrone 是希腊语 βράχιστος χρόνος 的拉丁语转写。

括号在数学里特别重要的一个用法是作为某些算法的简记,这些括号有不少,笔者基本不懂甚至会选择主动回避,但有些括号可是学物理的人不得不面对的。比如矢量空间上的内积,空间及其对偶空间(dual space)之间元素的配对(pairing),其算法常可以表示成括号。比如,空间 V 中的一个元素 x 和其对偶空间 V^* 中一个函数 φ 的配对,就可以表示成括号的形式 $\varphi(x)=[\varphi,x]$。这样的括号比较简单,只具有记号的功能。

一个随处可见却让我等学物理者感到畏惧的括号是矢量场的李括号(Lie[①] bracket)。对于一个 n 维流形 M 上的任意两矢量场(假设在某个局域坐标系下)$X=a^i(x^1,\cdots,x^n)\partial_{x^i}$,$Y=b^i(x^1,\cdots,x^n)\partial_{x^i}$,可定义李括号 $[X,Y]=XY-YX$[②],也即对于定义于流形 M 上的任意函数 f,有 $[X,Y](f)=X(Y(f))-Y(X(f))$。从定义上看,李括号 $[X,Y]=XY-YX$ 是个二阶微分算符,但是这里的减号使得它实际上仍是一阶微分算符,即结果还是一个矢量场。不过,必须指出,如果不是单看数学的形式而是从一开始就加入物理的量纲作为指标的话,则 X,Y 是一阶的,李括号 $[X,Y]$ 总是二阶的,不可(轻易)混淆。李括号的这些性质,可以用量子力学中角动量的对易关系 $[J_i,J_j]=i\hbar\varepsilon_{ijk}J_k$ 加以参详。李括号,又叫 commutator[③],它把流形上的矢量场的集合给变成了李代数(Lie algebra)。注意,对于 $[X,Y]=XY-YX$ 这样的表示,其中涉及的算法各有不同。对于一个矩阵李群,其李代数的元素也都是矩阵,则李括号 $[X,Y]=X*Y-Y*X$,涉及的就是矩阵乘法。

对李括号的一个推广是 Frölicher-Nijenhuis 括号,其对象是取值为矢量的微分形式。

---

① Sophus Lie (1842—1899),挪威数学家。
② $AB-BA$ 这样的表述,英语的读法可以是 AB minus the flipped term(减去调换顺序得到的项)。
③ 动词 commute 的字面意思是共变、来回变。Commutator 在电磁学中是换向器,改换电流的方向;在量子力学中被翻译为对易子。若 $AB-BA\equiv 0$,不管具体算法是如何定义的,则 A,B 两者 commutate。有人宣称 commutator $[A,B]=AB-BA$ 可衡量关于可对易性的缺失(lack of commutativity),但事情没那么简单,许多时候,比如在角动量的情形,它带来新的代数。另,$[A,B]=AB+BA$ 称为 anticommutator,反对易子。

3. 经典力学中的泊松括号

在哈密顿力学中，有一个重要的二元操作（binary operation）就是泊松括号（Poisson[①] bracket）。哈密顿力学采用正则坐标系（canonical coordinate system），即由正则坐标 q_i 及其对应的正则动量 p_i 所组成，它们满足正则方程（Hamilton's canonical equation）：

$$\dot{q}_i = \partial H/\partial p_i$$
$$\dot{p}_i = -\partial H/\partial q_i$$

这样，对于任意的定义在扩展相空间上的函数 $f(q_i, p_i; t)$，其哈密顿运动方程为 $\frac{\mathrm{d}}{\mathrm{d}t}f = \{f, H\} + \frac{\partial}{\partial t}f$，这其中的括号 $\{\ \}$ 定义为，对函数 f, g，有 $\{f, g\} = \frac{\partial f}{\partial p}\frac{\partial g}{\partial q} - \frac{\partial f}{\partial q}\frac{\partial g}{\partial p}$，这就是泊松括号。泊松括号是正则不变量，是相空间之几何性质 symplectic[②] structure（辛结构）的代数对应，相空间上的函数构成的矢量空间是关于泊松括号的李代数。泊松括号通向量子化之路，量子化将泊松括号变形为 Moyal 括号。

4. 量子力学里的狄拉克括号

1925 年，年轻的海森堡试图找出决定原子谱线强度的物理。他从谐振子模型[③]出发，结果得到了两个表达式：

---

① Siméon Denis Poisson（1781—1840），法国数学家。Poisson 的发音应是普瓦松，如果记不住拼法，请记住这个法语词的意思是鱼。
② Symplectic 被按照 sym-的发音给译成了"辛"，反映了我国科学家把科学严肃认真地不当一回事的悠久历史。Symplectic，是 Hermann Weyl 1939 年根据 complex 一词仿造的，词干相同，而前缀 sym-和 com-都有"一起"的意思，其本义为编织到一起（braided together）。想想复数有按照一定算法联系到一起的两个部分，而 symplectic geometry 和哈密顿正则方程（两个）有关，就容易记住了。
③ 谐振子啊谐振子，有人说谐振子模型撑起了理论物理 75% 的天下，绝不为过。笔者注意到，谐振子包含着深刻的矛盾，它的势能是绝对的，但又会把势能的相对性表现出来。

$$\sqrt{2}x(0) = \sqrt{\frac{h}{2\pi}} \begin{pmatrix} 0 & \sqrt{1} & 0 & 0 & \\ \sqrt{1} & 0 & \sqrt{2} & 0 & \\ 0 & \sqrt{2} & 0 & \sqrt{3} & \\ & 0 & \sqrt{3} & 0 & \\ & & 0 & & \cdots \end{pmatrix}$$

$$\sqrt{2}p(0) = \sqrt{\frac{h}{2\pi}} \begin{pmatrix} 0 & i\sqrt{1} & 0 & 0 & \\ -i\sqrt{1} & 0 & i\sqrt{2} & 0 & \\ 0 & -i\sqrt{2} & 0 & i\sqrt{3} & \\ & 0 & -i\sqrt{3} & 0 & \\ & & 0 & & \cdots \end{pmatrix}$$

图1 Ernst Pascual Jordan (1902—1980),其对量子力学的贡献未获充分的认可

这是什么东西?怎么往下继续?海森堡没主意了,他把这些初步结果往玻恩教授的桌上一扔,去英国开会去了。玻恩发现,由这两个无穷阶矩阵可得到关系式 $xp - px = i\hbar$[1]。这样的非对易的(non-commutative)关系,即 $xp - px \neq 0$,让 x, p 不再是经典意义下的物理量,它们后来被称为 q-numbers。进一步地,约当(图1)发现若 $xp - px = i\hbar$ 成立,则有 $[p, x^n] = -i\hbar nx^{n-1}$,这相当于说可将 p 当成算符,记为 $\hat{p}$, $\hat{p} \mapsto -i\hbar \partial_x$ (Commutation is analogous to differentiation)。[2] 这个动量算符相当于对坐标 x 求一阶微分的等价关系,使得来年出现的薛定谔方程自然而然是一个二阶微分方程,这和由构造包含 $(\partial_x)^2$ 项的拉格朗日量从而经过 Euler-Lagrange 方程来得到一个二阶微分方程形式的运动方程,有异曲同工之妙。哪能不异曲同工呢,本来都是冲着构造一个二阶微分方程去的。物理学,还能有啥?

---

[1] 在后来的矩阵力学语境中,考虑到这里的 x, p 被当成矩阵或者算符,则正确的表达应该是 $xp - px = i\hbar I$,其中 I 是单位矩阵或者恒等算符。

[2] 细节请参阅著名的矩阵力学创立三篇,即署名为海森堡、玻恩+约当和玻恩+海森堡+约当的 Trilogy of matrix mechanics。

玻恩、海森堡和约当引入了 x 和 p 在量子力学下的对易关系 $[x,p]=\mathrm{i}h$ 后，接下来的问题是，对于任意两个物理观测量来说，这个对易关系该是什么样的？1926 年，狄拉克天才地从两对算符乘积的泊松括号出发得到了这个关系式。由泊松括号 $\{u_1u_2,v_1v_2\}$ 出发，可得 $\dfrac{u_1v_1-v_1u_1}{\{u_1,v_1\}}=\dfrac{u_2v_2-v_2u_2}{\{u_2,v_2\}}$，这说明 $[u,v]=uv-vu=k\{u,v\}$，其中 k 是个普适的常数。注意到 $[x,p]=\mathrm{i}h,\{x,p\}=1h$，因此可认定 $k=\mathrm{i}h$，从而对任意的算符对，其量子对易式和经典泊松括号间有关系 $[u,v]=\mathrm{i}h\{u,v\}$。这段内容从数学的角度看，没有什么正确性的保证，但它却是构造物理理论的典范。这个量子力学中的对易式 $[u,v]=uv-vu$ 被称为狄拉克括号。狄拉克得到这些结果与他熟悉经典力学的内容有关①。根据哈密顿力学中对时间微分的 $\dfrac{\mathrm{d}f}{\mathrm{d}t}=-\{H,f\}$（假设 f 不显含 t），可导出对空间的微分应该是 $\dfrac{\mathrm{d}f}{\mathrm{d}q}=\{p,f\}$。将泊松括号 $\{\}$ 换成狄拉克括号，则得到 $\dfrac{\mathrm{d}f}{\mathrm{d}t}=\dfrac{[H,f]}{\mathrm{i}h};\dfrac{\mathrm{d}f}{\mathrm{d}q}=\dfrac{-[p,f]}{\mathrm{i}h}$。[1] 从这两个括号的角度来看，经典力学与量子力学之间是类比的关系[2]，哪里有什么革命之说！

泊松括号和正则对易子，即狄拉克括号，是量子化的形式基础。不过，1946 年 Groenewold 指出，量子对易关系和泊松括号之间一般性的、系统的对应关系并不成立[3]。考虑到正则动量定义带来的对相空间的约束以及其他约束条件的存在，别说狄拉克括号，实际上泊松括号就不是个简单的问题，此处不论。

5. 量子力学之狄拉克 bra-ket 记号

聪明的狄拉克继续拓展符号的用途。他把量子力学波函数的内积 $\int_\Omega \varphi^*\psi \mathrm{d}V$ 简记成 $\langle\varphi|\psi\rangle$，把积分 $\int_\Omega \varphi^* A\psi \mathrm{d}V$ 简记成 $\langle\varphi|A|\psi\rangle$，其中 $|\psi\rangle$ 可理解为波函数 ψ 的另一种写法，$\langle\psi|$ 为波函数 ψ 之复共轭 ψ^*。进一步地，利用这个括号加上量子数可看作是对波函数的简记，比如对应量子数 n,l,m 的电子波函数可以直接写成 $|n,l,m\rangle$，这让量子力学的推导省力多了。实际上，这个

---

① 笔者在攻读博士学位期间习得的经典力学知识，恐只是刚触到经典力学的毛发梢。

括号里可以加入任何关于状态的标签,比如$|\downarrow\rangle$(自旋向下态),$|\uparrow\rangle$(自旋向上态),$|\text{ground}\rangle$(基态),$|n\rangle$(粒子数为 n 的状态),等等。把$|\rangle$理解为一列($1\times n$ 矩阵),$\langle|$理解为一行($n\times 1$ 矩阵),则$|A\rangle\langle B|$可当作一个线性算符。把$|A\rangle\langle B|$作用到一个右矢量$|P\rangle$上,假设结合律成立的话,则有$|A\rangle\langle B||P\rangle = c|A\rangle$,结果为右矢量$|A\rangle$。量子力学中的归一化条件则是$\langle\psi|\psi\rangle=1$,而用本征态表示单位算符,形式则为 $\sum_{n}|n\rangle\langle n|=I$。

Dirac 的这套记号非常方便,给量子力学的数学推导带来了清新的风格。狄拉克把英文的括号一词(bracket)拆分开来分别命名$\langle|$(bra)和$|\rangle$(ket),风格轻灵还带点儿谐谑。Bra 是 bracket 的前半部分,它也是名词 brassiere[①] 的前半部分,而 bra-ket 的图示$\langle|-|\rangle$正好是 bra 的形象。为了这一对词的翻译,中国学者可是伤透了脑筋。通行的译法为左矢、右矢,此前有一个译法为包矢、括矢,这两种译法都明确地告诉我们它们代表的是$\langle|$和$|\rangle$中的哪一个,但形象上偏离较远。为了考虑$\langle|$和$|\rangle$的左右对称性,愚以为"孑、孓"和"丬、片"也是不错的选择。还有人建议用"彳"和"亍",我看也许"行"。一些文献中将$\langle|$和$|\rangle$译成刀矢、刃矢,不知是出于什么考虑。个人观点,用左矢、右矢的译法凑合就挺好。

6. 量子力学之南部括号

1973 年,南部阳一郎[②]针对奇数维相空间的哈密顿力学,提出了一个推广的哈密顿演化方程$\frac{dF}{dt}=\frac{\partial(H_1,H_2,F)}{\partial(x,y,z)}$,此方程的右侧为函数 H_1, H_2, F 关于相空间坐标 x, y, z 的雅可比行列式[4]。它可以改写成$\frac{dF}{dt}=\{H_1,H_2,F\}$的形式,右侧的括号即为南部括号,定义为$\{A,B,C\}\equiv\varepsilon_{ijk}\partial_i A\partial_j B\partial_k C$。这样的括号

---

① Brassiere 一词 1907 年首次出现在 *Vogue* 杂志上。Brassiere, an undergarment worn by women to support the breasts or give a desired contour to the bust(一种女性用来支撑乳房或者给胸部塑形的小衣)。

② 南部阳一郎(1921—2015),日本物理学家,2008 年度诺贝尔物理学奖得主。

满足 skew-symmetry[①]，即 $\{A_1, A_2, A_3\} = (-1)^{-\varepsilon(p)}\{A_{p(1)}, A_{p(2)}, A_{p(3)}\}$，其中的$(p(1), p(2), p(3))$是$(1,2,3)$的一个重排。南部括号及其量子化的内容，笔者不懂，此处不论。

7. 雅可比恒等式

前述的括号表示的二元操作，如泊松括号、李括号、狄拉克括号等，都满足雅可比恒等式（Jacobi identity），即对于$(a, b) = ab - ba$一类的括号，括号$(a, (b, c))$的各偶交换项之和为零，即$(a, (b, c)) + (b, (c, a)) + (c, (a, b)) = 0$。从泊松括号、李括号的反对称性出发，容易证明它们都满足雅可比恒等式。

在论述类似反对易括号的各类文献中，一般都会提及该括号满足雅可比恒等式。但是，满足雅可比恒等式有什么意义，却未见提及。笔者想不通雅可比恒等式有什么意义，就更想不通各类作者为什么总是提那么一句而没有下文。不过，笔者最近终于看到了数学家阿诺德给出的雅可比恒等式的一个几何意义："因为存在雅可比恒等式，所以三角形的三个高交于一点。"

8. 结 语

物理学的目的是试图理解这个世界，因此它说到底也是一门语言。物理研究的过程，一定意义上是一个构造一门通用语言的过程。这门语言的字词和部分语法是数学的，但物理学要费心构造自己的文法和最终文本。狄拉克说，物理学的进步需要理论表述越来越先进的数学[5]。实际上不仅是更先进的，狄拉克还强调它应该是更抽象的。各种括号的引入，就是物理学语言中的一个惯用结构模式。

顺便说一句，括号的泛滥是物理学"二"的表现。本篇中涉及的关键概念，如乘积、对易、二元算符或者操作、双线性（bilinearity），里面贯穿的一个词都是"二"。

---

① Skew 有歪的、斜的等意思。Skew-symmetry 被译成斜对称性、反对称性都没能说出它真正的意思。Skew，原意有 altered 的意思，指的是 ε_{ijk} 的值随着(ijk)的重排交替地为 1 和 -1。个人建议将 skew-symmetry 译成交替对称，反对称应该留给 anti-symmetry 一词。

补 缀

1. $i\hbar\partial_t \mapsto \hat{H}$ 也是来自泊松括号,还是牛顿第二定律。
2. [清]王宗炎尝云:"学兰亭如读经,浅者见浅,深者见深。"诚哉斯言。就物理而言,恒如是。泊松括号,或者别的类似 $[X,Y]=X\circ Y-Y\circ X$ 型的括号,人皆知其反对易性和满足雅可比恒等式。然而,得其三昧者,狄拉克可算一人。由 $[u,v_1v_2]$ 和 $[u_1u_2,v]$ 去计算 $[u_1u_2,v_1v_2]$,要求循两路必须得相同结果,可得 $\dfrac{[u_1,v_1]}{u_1v_1-v_1u_1}=\dfrac{[u_2,v_2]}{u_2v_2-v_2u_2}$。由此建立起经典泊松括号和量子反对易关系式之间的关系,实乃神来之笔。高人同俗人之间其实只差那么一点点,只是这一点点俗人无法跨过去而已。

参考文献

[1] Coutinho S C. The Many Avatars of a Simple Algebra[J]. The Amer. Math. Monthly,1997,104:593-604.

[2] Dirac P A M. On the Analogy between Classical and Quantum Mechanics[J]. Review of Modern Physics, 1945, 17 (2-3):195-199.

[3] Groenewold H J. On the Principles of Elementary Quantum Mechanics[J]. Physica, 1946, 12 (7):405-460.

[4] Nambu Y. Generalized Hamiltonian Dynamics[J]. Phys. Rev. D, 1973,7:2405.

[5] Goddard P. Magnetic Monopoles // Taylor J G. Tributes to Paul Dirac[M]. Adam Hilger,1987.

之八十二 超的冲动

> 你不是一般人①。
> ——《武林外传》

摘要 Super-，hyper-，ultra-，transcendental，甚至 meta-，在汉语里大都会被译成"超"，间或也有别样的译法。物理学中随处都是"超"字头的概念。

与今天忙着卖力忽悠民众不同，科学曾经有过一段努力超越前贤的高品味时光。然而，即便是从前，夸张也是科学家们压抑不住的冲动。夸张习惯的后果之一就是在数学、物理中留下了大量的、以夸张性的前缀，如 super-，hyper-，ultra-，甚至 meta-等，加以修饰的概念。中文翻译多以"超"字对付，偶尔也会用"过""外""上"等词。

1. Super-存在

Super-可能是一个被物理用滥了的前缀，几乎各个专业都不肯放过它。凝

---

① 一般人，啥也轮不到他说了算的人，是 rank-and-file（行列中的一员）。与此相对的是 ultra-elite。

聚态中有 superconductivity（超导）、superfluidity（超流）、superexchange interaction（超交换作用）、superlattice（超晶格）、supersaturation（过饱和）、supercooling（undercooling，过冷）、superheating（过热）、supercritical phenomena（超临界现象）；别的领域有 supersymmetry（超对称）、supergravity（超引力）、supernova（超新星）、superliminal（超光速的）、super-cluster（超星系团）、Lie supergroup（超李群），等等。如果愿意搜罗，能搜罗到一大箩。

Super-，拉丁语前缀，意思是 above, over，与之相对的是 sub-，意思是 below, within。在相当多的词汇中，super-/sub- 就是普通的上、下，如 superscript（上标）、subscript（下标）、superstructure（上层建筑）、substructure（底层建筑）。Super-作为前缀在德语中被写成 supra-，所以德语中超导体是 Supraleiter，超流体是 Supraflüssigkeit。Super 还可以单独作为一个感叹词使用，意思类似"盖了帽了"。Supreme 算是 super-的最高级，上帝据说是 supreme being（至高无上的存在），数学家 Paul Erdös 说它是 supreme Fascist（至高无上的法西斯）。在 surrealism（超现实主义）、surface（表面）等词语中的前缀 sur-，其实也是 super-。不过要注意的是，sur-也可能是 sub-，如在 surrogate（代替）一词中。

2. Hyper-存在

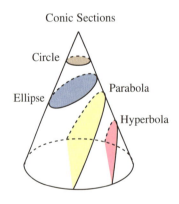

图 1　圆锥曲线：圆（circle）、欠一点（ellipse，椭圆）、刚刚好（parabola，抛物线）和有点过（hyperbola，双曲线）

Hyper 是希腊语 υπέρ-的转写，"在……之上或之外"的意思，相对的是 hypo-（υπο-）。比如论及合金的共晶点，我们会说某个合金是过共晶的（hypereutectic）或者亚共晶的（hypoeutectic）。Hyperoxides 被译为过氧化物，在过氧化物如 KO_2、NaO_2 中，氧是 $-\frac{1}{2}$ 价的。Hyper-一般也是汉译为"超"的。原子光谱有精细结构（fine structure），后来又有了超精细结构（hyperfine structure）。以氢原子为例，薛定谔方程给出的轨道能量为 $E_{nlm} \propto$

$-\dfrac{1}{n^2}$，考虑自旋-轨道耦合和相对论效应，会引起能级的劈裂，劈裂宽度约在 10^{-6} eV 的量级。超精细结构考虑电子同核自旋之间耦合造成的能级劈裂，劈裂宽度也约在 10^{-6} eV 的量级。

一个在数学和物理中常见的带 hyper- 的词是 hyperbola（hyperbolic）。Hyper-在 hyperbole 一词中也不妨译成"过"，hyperbole 就是过头话、夸张（exaggeration），parabole（parable）是说得得体、合适，故引申为寓言。在圆锥曲线或者行星绕恒星运动的经典力学等问题中，我们会遇到 hyperbola（双曲线）、parabola（抛物线）、ellipse（椭圆）、外加圆（circle）、直线（straight line）和点（point）这一套组合内容。这一套组合的几何对象可以看作是切胡萝卜的结果。参照图 1，可见若刀面刚好和胡萝卜的一侧平行，则得到一个 parabola（刚刚好。注意 parabola 可定义为到一点和一条直线的距离之比刚好为 1 的点的集合）。如果在 parabola 的开口一端将刀朝向刚才取平行的胡萝卜一侧偏一个角度，那就欠了那么一点，就得到了 ellipse（欠一点，椭圆）；偏到和中心轴垂直时得到的是圆。西文字典里一般把椭圆 ellipse 理解为相较于圆的完美差那么一点（to fall short of a perfect cirlce），愚以为不确。欠缺（ellipse）和过（hyper-）都是相对于刚刚好（para-）的才对。如果在 parabola 的开口一端将刀离开刚才取平行的胡萝卜一侧偏一个角度，那就过了那么一点，得到的就是 hyperbola。Hyperbola，汉译为双曲线，是因为切的是交叉线旋转而来的对顶圆锥，可设想为两根尖对尖放置的胡萝卜，此时的切法会同时切到两根胡萝卜，从而留下两条曲线。从西文字面上，容易理解双曲线、抛物线、椭圆之间的关系，也就能理解双曲线、抛物线、椭圆、圆，直线、点之间作为被恒星吸引的行星轨道是按照动能与势能之比递减的关系。抛物线作为行星轨道对应的是动能刚好等于总能量（负的）的绝对值的情形。

动能不足以维持圆周运动的行星应该还会螺旋式下落，不知那是否对应胡萝卜的滚刀（斜）切法？

3. Ultra-存在

Ultra-被译成"超"，出现在 ultrasonic 一词中。Ultrasonic wave，超声波，指频率在 20000 Hz 以上的声波，这样的声波人类耳朵不能够辨别。Ultra，拉丁语词，是 beyond, unusual，在（范围）之外的意思，这体现在 ultraviolet（紫外)的翻译中。Ultra-的拉丁语反义词是 infra，是 below，"在……之下"的意思。Ultraviolet 对应的 infrared 被译成了红外，但 ultrasonic 对应的 infrasonic 却被译成了次声（波），这有点儿乱。

Infra-作为 structure 的前缀时，infrastructure 对应的也是 superstructure。Superstructure 被译成上层建筑，infrastructure 按说是指底层的或者作为组成部分的建筑或者机构，把 infrastructure 翻译成基础设施、基础建设应该算是没把握住这个抽象名词的内涵。

4. Transcendental 存在

一个实数或者复数（二元数），如果是整数系数的多项式代数方程的解，则被称为代数数（algebraic number）；若不是，则被称为 transcendental number（超越数）。最著名的超越数是 e 和 π，在欧拉方程中它们碰面了，$e^{i\pi}+1=0$。此外，还有欧拉数 $\gamma=0.577215\cdots$，费根鲍姆（Feigenbaum）数 $\alpha=4.69920\cdots$，等等。超越数其实不少，代数数才是可数的少数，超越数的超越性大概表现在非常难证明它们是超越数。相应地，超越函数就是不能满足代数方程的函数。Transcendental 与 supernatural 同义，所谓的超越，应该是对代数的超越。有人问过普朗克常数是不是超越数，这问题很不恰当。普朗克常数只是从实验测量值计算而来的，可不是个定数，这一点它与欧拉数、费根鲍姆数完全不同。

5. Meta-存在

Metamaterial，当前有人将之译为超颖材料，不知出于何种考虑。Meta-来自希腊语，也是 mediterrean 中的 me-，method 中的 met-，有"一起""后""介于"等意思[1]。在 metamaterial 一词中，它应该如同在 metaphysics 中一样也是"后"的意思。Metamaterial 的性质取决于介观甚至宏观尺寸结构的花样，与材料的化学和分子层面的结构无关。

6. 多余的话

细品学术界用词，发现学术界还真是个"不夸张，毋宁死"的行当，人性之劣比别的行当一点也不逊色。"超"字标签用得乱，用得随意，就是这种哲学的表现之一。动辄选择"超"字作为招牌,会引起许多的不方便。一是若缺乏远见,会使得后来的命名无法延续。一堆星系团(galaxy clusters)聚成一堆被称为 supercluster。可是,象我们银河系所在的 Laniakea supercluster 就有好多的 supercluster 邻居,如后发座超星系团(coma supercluster)和英仙座-双鱼座超星系团(perseus-pisces supercluster),这些 superclusters 的总和又该如何称呼? A super-supercluster? 二来有时随着认识的深入,会发现原来使用"超"字标签不过是因为浅薄。以空气中水的过饱和(supersaturation)为例。不同曲率的液面上水分子的近邻数是不一样的,邻居越少越容易蒸发,因此同小液滴达成平衡的环境中水分子密度就要比同平直液面的情形要高。因为相对湿度是针对纯水的平直液面定义的,因此同小液滴达成平衡的空气的湿度自然就超过100%,云彩里从来都是这样的,there is nothing "super" about it(何"超"之有!)。三是使用"超"字的动机本来就不纯,比如所谓的超光速(superliminal),越执着于这事就越显得是个笑话。还有一种情形,"超"字的用法本无可厚非,但细想起来却也有些小妨碍,比如超导(superconductivity)。本来超导态指的是电阻率为零的状态。电阻率已然为零,这导电性也就不能更 super 了。可是,后来有人又说迈斯纳效应,即超导状态下的抗磁性(图2),才是超导的根本性质。这个说法也未见得高明到哪里去,因为电和磁本来就是同一种相互作用形式。这两个性质应该有统一的解释。"超导"的说法,会把超导性研究的注意力不经意间给引导到导电性质上,却容易忽视超导从根本上说是一种热力学现象。萨特说,对事物的命名意味着占有。就物理来说,对一个概念的命名可能意味着对研究方向的预设。这一点,不能不引起我们的警惕。

图2 超导体将磁场排斥在体外,故而能将磁体悬浮起来

带"super-"的形容词还有 supernatural（超自然的），我不知道这个宇宙里发生的什么事情会是超自然的。一个有趣的例子是，有物理学家认为自然界里不存在反物质，只有人类在实验室里制造出的正电子+反质子的反氢原子。这就怪了。人类的活动不是一种自然现象？人类制造出的反氢原子不是这个宇宙中自发过程的结果？以为自己是自然界以外的存在，这种物理学家想必是拿自己当 superphysicist 了。

补 缀

1. 拉丁语 ne plus ultra，nothing more beyond，意思是无法超越，也作 nec plus ultra 或者 non plus ultra。由此产生一句最高程度的赞美："一直被模仿，从未被超越。"神圣罗马帝国的查理五世的令牌（heraldic emblem）上去掉了否定词，成了 plus ultra，意思是更加杰出、不断超越。
2. 拉丁语谚语 ne supra crepidam sutor iudicaret，a shoemaker should not judge beyond the shoe，一个人不要到自己专业领域以外去胡说八道。这种智慧在讲究赢者通吃的地方显得十分迂腐。
3. 超导的说法似乎也比较有误导性。愚以为超导的低温下零电阻率和 Meissner 效应，首先是个热力学问题，而非仅仅是电磁学问题。在超导研究中把温度 T 当作一个无关痛痒的参数，或许妨碍了对超导的理解。热力学形式与电磁学形式在数学意义上统一的那天，可能才是超导机理初露曙光的时刻。

参考文献

[1] 曹则贤. 物理学咬文嚼字 068：形色各异的 meta 存在[J]. 物理，2015，44(1)：51-56.

简单与复杂

> La semplicità è l'ultima sofisticazione.①
> ——Leonardo da Vinci

> 对于真正的知识来说,危害最大的就是使用含混不清的概念和字眼。
> ——托尔斯泰

摘要 简单性从来不简单,复杂性一如既往地错综复杂。Complex, complicated, complexity, complexion, complexification, 还有 symplectic, quaplectic, 都在说什么?

1. Simple

不知何时起,笔者经常能读到关于物理学之简单性(simplicity of physics)的论说。对于对物理学始终不明所以的笔者来说,这简单性一说直如五里雾,让人一时摸不着头脑。简单,单指组成单元只有一个,简的意思是少、少易,这

---

① Simplicity is the ultimate sophistication, 据说是达芬奇说的。此句或对应中文的"大道至简"。

和德语的 einfach（一重）完全一致。英文的简单是 simple，来自古法语，sim-(one) + plo (fold) 字面上也是"一重"的意思。Einfach（一重）的反义词是 mehrfach（多重），simple (one-fold) 的反义词是 manifold。罗素那样懂哲学拿文学诺奖的数学家兼物理学家拥有 manifold wisdom（多重智慧），一个黑白红道通吃的精英人们私下里会夸奖他们是 manifold villain（多面流氓）。有趣的是，名词 manifold 现在在数学上变成了一个重要的概念，对应德语的 die Mannigfaltigkeit 一词。该词由黎曼于 1854 年引入，那时他指的是嵌入在 R^n 空间中的 n 重展开的（n-fach ausdehnt）几何对象。汉译"流形"不知是否出自译者的创意。

世界可以是简单的，但我们对世界的理解可不能满足于简单。头脑简单的人（simpleton）是会遭人嘲笑的。伽利略在他的《关于两种主要世界体系的对话》一书中，给那个为地心说辩护的角色起的名字就是 Simplicio。Simplicio，那就是 simpleton，意大利人哪里会看不出来，所以梵蒂冈的大佬就觉得受到了奚落。伽利略被勒令检讨，而后被软禁在家，这同布鲁诺的遭遇相比，算是捡了个大便宜。国人有嘲弄年轻人 too young too simple 的，遂有今日随处可见的准成语"图样图森破"。数学家用 simple, semisimple 修饰的概念，比如李群（Lie group），一点都不简单。李群（Lie group）可能是让许多人都头疼的概念。李群可根据其代数性质分为 simple, semisimple, solvable（可解的），nilpotent（零势的），abelian（阿贝尔的）。数学家们客气地称一类李群为 simple Lie group，可它竟复杂得没有被普遍接受的定义（unfortunately, there is no generally accepted definition of a simple Lie group）! 目前，一般认为连通的、非阿贝尔的，其每一个闭合连通的正规子群要么是单位元（不变操作），要么就是群本身的那么一类李群，是 simple 的。至于 semisimple Lie group，semisimple 就说明它不是那么 simple。Semisimple Lie group 是其李代数为简单李代数之积的那些李群。

物理学家津津乐道的简单性原理（the principle of simplicity），也同样不易理解。狄拉克 1939 年曾有关于数学与物理的关系的文章，论及简单性和复杂性[1]。数学应用于物理，要求用来表述运动定律的方程形式简单（数学家会不会认为这是因为物理学家数学懂得少的缘故？）。简单形式的方程在经典力学中看似很成功，这为物理学家提供了 a principle of simplicity。这简单性是运动定律的简单性，可不是物理现象的简单性。牛顿的引力理论后来为爱因斯坦的广义相对论所取代。从高级数学的角度来看，爱因斯坦的引力理论比牛顿的要简单，但这要赋予简单性特别的、微妙的意义。相对论的数学对大多数人来说还是蛮复杂的，但我们还是需要它，狄拉克把这归结于其拥有 great mathematical beauty：在狭义相对论时空连续统的变换群从伽利略群变成了洛伦兹群，而后者相对于前者是美的。据说广义相对论比起狭义相对论，美的增加有限。简单性原则为数学美的原则所取代，这两者有时是一致的。所谓的数学美，狄拉克似乎是愿意将之归结为变换的美，虽然变换的美也不好定义。不过，数学的美也罢，简单性也罢，可能不过是那么一说而已。狄拉克方程 $(i\gamma \cdot \partial - m)\psi = 0$ 看起来可简单了，但人们说它是 deceitfully simple 或者 deceptively simple（欺骗性地简单）。玻尔兹曼的熵公式 $S = k \log W$ 也简单，但懂行的会说 it is disarmingly simple（致人麻痹大意地简单）[2]。这些其实都是委婉的说法，对于不愿深究的人来说，一切都是简单的。正所谓浅者见浅，深者见深。

Simple，simplex，字面上是 one-plo（一重的）。依此类推，two-plo 的是 double，duplex；three-plo 的是 triple，triplex。单饼是 simplex 的，千层饼应该是 milleplex 的（图1），而"刘郎已恨蓬山远，更隔蓬山一万重"①中的一万重，那应该是 decamilleplex 了。Googolplex 的意思是 10^{100} 重的。Googol 就是大数 10^{100}，10 自乘 100 次，其正确的汉译就应该是"百度（100次）"。有钱的文盲签支票时把 googol 写成了 google，于是如今就有了 google 这个词。谷歌这个莫

图1　单饼，simplex 饼；千层饼，milleplex 饼

---

① 出自李商隐的《无题》。这首诗最打动我的一句是"书被催成墨未浓"。

名其妙的汉译怎么端详也没有动词的意思，所以人们还是说"google 一下"。中文的"百度"，据说是来自"众里寻他千百度"，如此说反倒失去了和 googol 天然的亲戚关系。如果只是把一些单元组合到一起（compound），而不明指多少重，那就是 compounded 或者 complex 的。

2. Complex

中文的复杂对应英文的 complex 和 complicate。Complex 来自拉丁文的 com + plectere（to weave, to braid, together），而 complicate 来自拉丁文的 com + plicare（to weave, to fold, together）。但是 complex，作形容词和名词，似乎更多强调多单元交织在一起的事实，而 complicate，作动词和形容词，更多强调折叠、纠缠到一起的状态，作形容词时用得更多的是 complicated 的形式[①]。一个 complex 系统由单元间的相互关联（inter-dependencies）来表征，而一个 complicated 系统则由其层次（layers）加以表征。Complex 的用法非常复杂（complicated）。Complex 作为名词在精神分析中指同某个对象相联系的冲动、想法和情感的纠缠体，如弗洛伊德的 Oedipus complex，荣格的 Electra complex，此处 complex 被译成情意结[②]。有人评《功夫熊猫2》，说："火器来了，功夫走了，天朝大国从此萎靡受气，在以华洋交恶之后的近代为背景的武侠中，这是一个巨大的肿块，或曰'情结'。"这情结就是 complex。由 complex 衍生出名词 complexity（复杂性）和 complexion，而 complexion 竟然也可以当动词用，有 complexioned 的说法。Complexion，汉译肤色、脾气、性质，但是必须记住它一直是在说所涉及的对象是 complex 的（多单元的、多侧面的），比如 "put a different complexion on things" 首先应该理解为"事物的构成"全变了。这一点，当 complexion 被用于物理问题时就更明白了，例如在 "each permutation (of 10^{24} degree of freedoms) still counts as a distinct microstate ('complexion') of the system with that energy profile"[2] 这句中，体系的微状态也可以名之为 complexion，就是在强调它是由许多单元构成的一个整体；而在例句 "…They must have pondered matter's irreducible complexions—its

---

① 另有一个词，sophisticated，也被汉译成"复杂的"。这个词源于 sophistry，聪明人的把戏，sophisticated 可理解为 highly complex or refined。
② Oedipus complex，恋母情意结；Electra complex，恋父情意结。

elements（他们肯定想到过物质之不可约的构成——它的元素）"中[3]，这复杂的 complexion 会明确指向元素①。不过，相对于 complex 的元素还是 simplex。庞加莱曾解释（几何上）如何从 simplexes 构造多维的 complexes，他给我们演示了（simplexes）之组装所依据的规则可以用矩阵来描述[4]。

Complex 作形容词对应的抽象名词为 complexity。Complicity 虽然也来自 complex，但它的意思是团伙犯罪、共谋，不要和 complexity 弄混了。复杂性问题的研究是当前的科学时尚，有的研究所干脆就命名为 institute of complexity。

3. Complex number

Complex 强调复合构造，a system with many parts。所谓的复数，complex number，就是有两节的数。如果把复数写成 $z = x + iy$，并且把 i 理解为 $i*i = -1$，则相应的 x, y 就被理解为实部（real part）和虚部（imaginary part）。由此有人会忘记 i 不过就是个记号而陷入关于虚、实的蹈虚讨论，就不能理解为什么 imaginary number is real（虚数是实的）。认识到 complex number 包含两部分，不妨把它写成 (x, y)，则那个 $i*i = -1$ 实际上对应的是这种二元数之乘法规则 $(a,b)*(c,d) = (ac - bd, ad + bc)$ 的一个特例 $(0,1)*(0,1) = (-1,0)$ 而已。

Complex number（或者说 binarion）的两部分是按照一个代数规则拼接到一起的，它就和表示欧几里得平面的坐标组合 (x, y) 有些区别。最简单的，$z = x + iy$ 代表的复平面和欧几里得平面 R^2 就不完全是一回事儿。复平面域上的复变函数 $f(z) = u(x,y) + iv(x,y)$，其解析性的 Cauchy-Riemann 条件为 $\partial u/\partial x = \partial v/\partial y, \partial u/\partial y = -\partial v/\partial x$，从这里应该看到复数乘法规则的身影。量子力学的波函数是复函数，但不是复变函数。有人说 "to turn it into the 'real' world, the norm of the complex number is to be used（为了把波函数带入真实世界，就用上了复数求模）"，有点太单纯（simple-minded）了。复数的各个部分

---

① 元素就是元素。不可以急切地将之等同于今天的化学元素。一个 complexion 整体不妨碍指向其构成的元素，这是英文的一个优点，一个不同于汉语的地方。

本来就是 real 的，就波函数而言，求模也不足以把它带入真实的物理世界——波函数的诠释还一直是一些物理学家在忙着的活计。

由 complex number 中的 complex 还衍生出动词 complexify 和名词 complexification，光看这字就知道它够复杂的。在数学上，一个矢量空间的 complexification，复化，就是将其从实数域扩展到复数域。Clifford 代数 $Cl_{p,q}(R)$ 的复化得到的是 $Cl_{p+q}(C)$，狄拉克旋量就是 $Cl_{p+q}(C)$ 基本表示中的一个元素[5]。

4. Symplectic 与 quaplectic

为了描述一类同 complex 有深刻渊源的数学结构，仿照 complex number 中 complex 的意思，伟大的外尔（Hermann Weyl）①构造了 symplectic 一词。据说构造 symplectic 依据的是希腊语 συμ（sym）+ πλεκτικός（plektikós），不过它的拉丁语转写也应该是 com + plectere，所以可以说 complex 和 symplectic 就是一个词。Symplectic 一词传入中国，其意思未加辨识，只用"辛"字转写了 sym-糊弄了事。笔者初见辛群与辛几何（辛拓扑，describing the geometry of differentiable manifolds equipped with a closed, nondegenerate 2-form），从字面上看是千思不得其解。这样对付科学的态度，足以解释此地科学的现状。

据外尔自述，他一开始论及 line complexes（线簇，线辫？）用的是"complex group"，Dickson 则称之为"Abelian linear group"。Line complexes 是用反对称双线性形式为零来定义的，注意上文提及的 complex number 是用特殊的乘法定义的。但是，complex group 很容易被认为其隐含着同 complex number 之间的联系，因此外尔才自创了 symplectic 一词以示区别[6]。Symplectic 联系的关键词是反对称（antisymmetric），由哈密顿方程经泊松括号，就能建立起哈密

---

① 我愿不厌其烦地提及伟大的外尔，是因为注意到外尔的名气不如爱因斯坦的名气大可能是因为他的学问比爱因斯坦高很多也难理解得多。和爱因斯坦一样，外尔是另一个对相对论和量子力学都有重要贡献的人。当然，外尔对科学的贡献不局限于相对论和量子力学这样不需要多少数学的 simple 问题，他还是顶级的数学家。他的文章一般人看不懂，他的名气不够大，他本人要负全部责任。

顿力学同辛几何的关系了。

与 complex group，symplectic group 有关联的一个概念是 quaplectic group，这是一个和玻恩的互反原理[7]相联系的概念，字面上的意思是四绺辫子群①。玻恩的互反原理要求物理定律在变换 $\{t, e, q, p\} \to \{t, e, p, -q\}$ 或者 $\{t, e, q, p\} \to \{-e, t, q, p\}$ 下是不变的[8]。这要求一个由三维坐标、一维时间加三维动量和一维能量的八维空间。同单粒子的扩展相空间（七维）相比，这里多了一个能量维。玻恩猜想存在关于这个八维空间之线元的不变性，不变变换构成的群就是 quaplectic group[8,9]。这可同四维时空中线元的变换不变性所对应的洛伦兹群作类比。不过，玻恩的这个方案似乎不成功。

5. 结语

中学时学辩证法，实在不知道所谓的矛盾双方的辩证关系在说什么。参详近年来在物理学文献中读到的关于 simplicity 和 complexity 的论述，恍惚对辩证关系有了点了解。复杂性指其组成部分通过多种方式相互作用（interacting in multiple way），遵从局域规则，因为没有合适的高层次的指令定义其中各种可能的相互作用。用大白实话说，就是人们还没能力或者还没找到正确的关于整体的描述方式。而简单性，simplicity, referring to simplex, or as a whole, 这说明简单性需从整体层面上去寻求。举例来说，宝塔菜，如果一点数学不用而只盯着菜头看，它是 complex 的；如果明白其具有自相似结构（self-similarity），且同一尺度上菜瓣儿的排列方式是斐波纳契斜列螺旋花样（Fibonacci parastichous spirals），这样的理解需要两个看似不相干的概念，就是 duplex 的；如果有一天我们能将 Fibonacci parastichous spirals 和 self-similarity 从数学上统一了，那宝塔菜的花样就是 simple 的了（图2）。不过，完美的、理想的数学单纯地描述的，都不是真实的。

物理若能上升为规则、定律就是简单的，但它面对的自然现象是复杂的。这复杂性的源头在体系之内，把宇宙的无限复杂性归咎于初始条件的无限复杂性，这样就将之移出了数学、物理讨论的范围，这种做法无助于对宇宙复杂性的认识。物理学是美学简单性和功能复杂性，其在简单性和复杂性之间取得微妙

---

① 存在辫子群（braid group）的概念。

图2 宝塔菜，romanesco broccoli，乍一看是 complex 的，懂了自相似和斐波纳契它就是 douplex 的。希望有一天它能看起来是个 simplex，是 simple 的

的平衡。复杂性并不必然把物理引向死胡同，恰恰是问题的复杂性才使得其解有简单的途径(But it is precisely the complexity of the problem that allows a simple approach to its solution)[10]。这正是对多粒子体系有统计物理的写照。我们若是弄懂了物理，它就简单了(Physics must be simple once we understand it all)[11]。物理学家面对自己的研究对象时，常常念叨着简单性原则而对复杂的现象一筹莫展，这么多年的超导理论研究大约就是这种局面。没办法，物理学确实太难了。不过，有一类人如外尔，就是"能把简单的事情弄复杂了、把所有复杂的事情弄简单了的人（the man who makes all simple things complicated and all complicated things simple）[12]"。据说把复杂事情看简单了是更具有决定性意义的，这可是真本领！要做到这一点，则要能象外尔一样，总是从根部看问题(always takes up the problem at its root)[12]。谁不想拥有这种本领呢，只是作为这种本领之根基的数学一般物理学家是不具备的，而具有这些数学的数学家如今也是凤毛麟角，何况他们还远离物理的世界呢。

补 缀

1. 1948—1948 年的 Cartan 研讨会的主题是 simplicial algebraic topology and sheaf theory。注意，这里的用词是 simplicial。
2. Natura valde simplex est et sibi consona. Nature is exceedingly simple and harmonious with itself，世界一直是简单的且是组装恰当的。这句话是现代科学的思想基础，牛顿喜欢引用这句，参见牛顿未发表文章集，*A selection from the Portsmouth Collection* in the University Library，Cambridge (1978)。
3. Triplex 在基因学中特指那个 triple-stranded DNA，三辫子的 DNA（图 S1）。

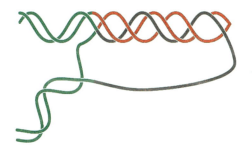

图 S1　Triplex，the three-stranded DNA

4. 哈密顿力学走向了辛群（Hamiltonian mechanics and symplectic group），global analysis（全局分析）的一个分支是 symplectic topology（辛拓扑）。看样子得学点 symplectic 这种比较综合性的学问了。
5. Solo，独奏曲。Symphony 表现的复杂性、多样性和深度，是 solo 所不能比的，但它依然是一个人的作品，产生于 one single mind 中。所谓群体智慧，鄙人愚钝，向来敬而远之。
6. 单纯是一种态度、一种智慧。
7. 艺术之能引人都不是单纯的，即使是单纯的，也是复杂的单纯。——顾随

参考文献

[1] Dirac P A M. The Relation between Mathematics and Physics[J]. Proceedings of the Royal Society (Edinburgh), 1939, 59: 122-129. In A. Pais, 'Playing With Equations, the Dirac Way'. Behram N. Kursunoglu and Eugene Paul Wigner (Eds.), Paul Adrien Maurice Dirac: Reminiscences about a Great Physicist (1990), p.110.

[2] Jennifer Coopersmith. Energy: the Subtle Concept[M]. Oxford University Press, 2010: 345-346.

[3] Philip Ball. Life's Matrix[M]. University of California Press, 2000: 117.

[4] Fauvel J, Flood R, Wilson R. Mobius and His Band[M]. Oxford University Press, 1993: 118.

[5] 维基百科, spinor 条目.

[6] Hermann Weyl. The Classical Groups: Their Invariants and Representations[M]. Princeton University Press, 1939: 165.

[7] 曹则贤. 物理学咬文嚼字 078: Reciprocality——一个基本物理原则[J]. 物理, 2016, 45(7): 469-476.

[8] Stuart Morgan. A Modern Approach to Born Reciprocity[D]. University of Tasmania, 2011.

[9] Govaerts J, Jarvis P D, Morgan S O, Low S G. World-line Quantization of a Reciprocally Invariant System[J]. Journal of Physics A: Mathematical and Theoretical, 2007, 40: 12095-12111.

[10] Giovanni Vignale. The Beautiful Invisible[M]. Oxford University Press, 2011: 53. 中译本为《至美无相》, 曹则贤译, 中国科技大学出版社(2013).

[11] Takehisa Fujita. Symmetry and Its Breaking in QFT[M]. Nova Science Publishers, Inc., 2007.

[12] Richard Foote. Mathematics and Complex Systems[J]. Science, 2007, 318: 410.

之八十四 Energy

> 你师兄叫做悟空,你叫做悟能,其实是我法门中的宗派。
> 　　　　　　——吴承恩《西游记》
>
> 流俗多错误,岂知玉与珉。
> 　　　　　　——李白《古风》五十一
>
> Ex nihilo nil fit-nil fit ad nihilum.①

摘要 Energy 是物理学的基本概念,却不幸被汉译成了能量。Energy 与 force, power, work, action, momentum, potential 等概念有着千丝万缕的联系。悟能和悟空一样不容易。

1. 做工与做功

人类在进化过程中取得优势地位的关键是某一天人类竟然有了做工的自

---

① 没有任何东西来自无,没有任何东西会归于无。此处引用的是拉丁语。此为古希腊的智慧,有不同的描述。

觉性。在汉语中,做工的主角,人中男者,就是田+力,意为 working force in field。做工或者做功,该如何量化呢?一个人或者一匹马,其做工的自然情境就是往高处托举重物(图1)或者拖拉重物前行,所以,度量做功的自然选择是重量乘托举高度或者拉力乘拖行距离。高度与距离是一回事,物重和拉力可以经由对同一物体的拉伸效果等价起来,这样,我们就有了关于功(work, Arbeit, travail, lavoro)的统一度量,即(重)力×长度。功,work,法语词为 travail①,是法国科学家 Gaspard-Gustave Coriolis(1792—1843)于 1826 年首次引入的[1],就是用来描述热机的做工能力的,即看它自多深的矿井提出了多少桶水。

在近代物理中,功的单位是焦耳(Joule)②,对应将 1 kg 质量的物体在加速度为 1 m/s² 的重力场中提升 1 m 所做的功。如果采用 cgs 制,则将 1 g 质量的物体在加速度为 1 cm/s² 的重力场中提升 1 cm 所做的功,为 1 耳格。Erg,来自 ergon,即希腊语的 work,έργο。Ergon 加上前缀 a-,就是 argon,就是不干活、不活跃,这词用来描述第 18 号元素正合适。Argon 被汉译为莫名其妙的"氩"字。

图 1 举重,原初的做功情形

功的量纲是 N·m,但还是用 Joule 好一些,以免和力矩混淆。不过,注意到功($\int \boldsymbol{F} \cdot d\boldsymbol{r}$)和力矩($\boldsymbol{r} \times \boldsymbol{F}$)两者的定义,联想到两矢量的乘积本来就有内积

---

① 法语词 travail 在英文中被保留了下来,用来文绉绉地表示艰苦劳动、辛勤努力,见于 painful travail(艰辛的努力),the travail of giving birth to a child(分娩的艰难),等等。
② 以英国科学家 James Prescott Joule (1818—1889) 的名字命名的。

和外积之说，就能明白力矩和做功之间的关系了。某种意义上说，把功和力矩截然分开可能是不合适的。

2. 做功的能力

能量，energy，是做功能力的度量，欧洲的课本里大约都是这样表述的，如"energia, la capacità di compiere lavoro""énergie, la capacité à produire un travail""Energie, die Fähigkeit, Arbeit zu verrichten"。有人把它表述得稍微细致点，谓 energy constitutes a fundamental limitation on the capacity of a system to perform work（energy 构成一系统之做功能力的上限）。不过，这些都是一般入门教科书中关于 energy 的直观的但却未必普适的定义。

Energy 是一个古老的概念，来自希腊语的 ἐνέργεια，即 en + ergon。前缀 en，意大利人理解为 particella intensive（强调冠词）。法国人把 énergie 直接理解为 force en action（作用着的力），它的对立面是 δύναμις（dýnamis, 今译动力学），其意思是 force en puissance（蕴藏之力）。亚里士多德在公元前四世纪就用到 ἐνέργεια 了，使用的就是完成时，用其表示 la réalité effective（成就的现实），与 la réalité possible（可能的现实）相对照。而按照德国人的理解，Energie 这个古老的词汇具有纯粹的哲学意义（eine rein philosophische Bedeutung），表示活生生的现实与功效（von lebendiger Wirklichkeit und Wirksamkeit）。作用着的力与具有潜能的力，成就的现实与可能的现实，动能与势能，或者作用与势（Akt und Potenz），这些一一对应的几组词或许有助于我们深入理解 energy 这个概念。

Energy，按说将之汉译为"能"就挺好，实际上在动能、势能、热能等概念中就是这么用的。可是，偏偏在尤其是单独讨论 energy 的时候，energy 被译成了"能量"，那应该是给 quantity of energy 保留的翻译好嘛！

3. 活力与动能

一个具有一定向上速度的物体会自动升到一定的高度，这相当于说，一个具有初始速度的物体被自己举起了。反过来说，一个以一定速度落地的物体能把地面砸个坑——如果这速度是自高处下落得来的，则下落高度越高，其所砸的坑就越深。这是说，运动的物体是有干事情的能力的。那么，如何表征一个运动物体的(能)力(the force of a body in motion)呢？这就是经典力学中的经典问题。

图 2　Poleni 的研究自由落体砸黏土的装置

今天我们知道描述一个运动的物体所用的物理量为动量(momentum)，mv 和活力(vis viva, live force) mv^2。量 mv 和 mv^2 的成型(shape up)都有一部曲折的历史。动量 mv 是个来自古代的概念，而 vis viva 则是个相对较新的概念，其演化确实是有迹可循的。Willem Jacob's Gravesande (1688—1742)，荷兰数学家、天文学家和自然哲学家，研究下落的球冲击黏土。他发现当球的速度加倍的时候，其在泥巴中造成的压痕会变成 4 倍深[①]，由此可得出结论，运动物体的活力正比于 mv^2。意大利人 Giovanni Poleni (1683—1761) 也独立发表了此一结果。图 2 是 Poleni 的实验装置[2]。Gravesande 把落体冲击(the impact of falling weights)实验的结果告诉了法国的 Émilie du Châtelet 侯爵夫人，而她又在翻译牛顿的《原理》一书时加入了 Gravesande 关于动能(即活力)的发现。有文献说，vis viva 这个概念是莱布尼茨(1646—1716)于 1686 年最先推测其存在的。后来，Johann Bernoulli 用牛顿力学研究力带来的 vis viva 的改变，发现 $\frac{1}{2}mv^2$ 才是更合适的概念。之所以欧洲人用"活力"这个词，是因为那时候人们认为一个物体能对外引起的作用来自其内在的力量。据说 Thomas Young 于 1807 年用 energy 一词代替了 vis viva，

---

① 别信这个！就算这是真的，也可以有别的解释。物理学的建立，关键方法包括蒙、猜、试、类比等不好意思明说的把戏。再者，那时候没任何人有精确数据可支持这个正比关系。其实，也没这个必要！所谓的精确测量，技术意义可能大于对物理学的意义——实验能引起对新现象的注意才是第一要义。

所用的 energy 是我们当下理解的意义。Gaspard-Gustave Coriolis 在其 1829 年的 *Du Calcul de l'Effet des Machines* 书中论述了动能的数学[1]，而"动能"这个词，kinetic energy，是开尔文爵士在 1849—1851 年造的[3]。

Vis viva, mv^2，是 moving power（动量随时间的变化）和长度的乘积，在这个意义上，vis viva is latent（是一种潜在的力）。与 vis viva 对应的有 vis insita, vis inertiae, 现在通用的英文词为 inertia，即惯性。其实，energy 和 inertia，就是汉语的勤与懒。

必须提及的是，运动物体的 v^2 受到关注有另外一条线索，即碰撞。惠更斯（Christiaan Huygens，1629—1695）在牛顿发展力学之前就曾证明，碰撞过程中某个正比于 v^2 的量是守恒的。一般教科书中，都会把 $\frac{1}{2}mv^2$ 说成是某个粒子或者物体的动能。注意到速度 v 是相对的，$\frac{1}{2}mv^2$ 从来就不是哪个单一粒子的性质。

4. 势能与潜能

Vis viva（活力）的另一个反义词是 vis mortua（死力），dead force，force doing no active work，but only producing pressure（不做功，但是产生压力）。设想一个被压缩的弹簧，一动不动，所以它没做功，但是显然能感觉到它产生的压力。这个死力，应该就是今天所说的势能。势能，potential energy，该词由苏格兰科学家 William Rankine（1820—1872）于 1853 年所造。

势能，potential，以及可以用来正确描述势能的势函数，是物理学的基础内容[4]。热力学中的几个重要概念（内能、自由能、焓），都是热力学势——这就是为什么笔者说不涉及庞加莱引理和外微分的热力学教科书不够深入的原因。势能与相互作用的构型有关，potential energy is "energy of configuration in a space"。Coopersmith 云热是统计能（Heat is statistical energy）[2]，应该也是这个意思。

力学中的势能比较好理解。压缩一个弹簧,若胡克定律①成立,在压缩长度达 x 时,外力对弹簧做功为 $\frac{1}{2}kx^2$。压着的弹簧一动不动(motionless),但若是撤去约束,弹簧可是会迅速回弹的,这说明其是有能力(potential)释放出运动的。这个过程是可重复的②,容易想到储藏的能量就是外力曾对弹簧做的功 $\frac{1}{2}kx^2$。再者,考察重物下落,观察表明物体下落高度同下落速度的平方之差成正比,即 $H_2 - H_1 \propto (v_1^2 - v_2^2)$,加比例系数将之变成等式,$mg(H_2 - H_1) = \frac{1}{2}m(v_1^2 - v_2^2)$,移项得 $mgH_1 + \frac{1}{2}mv_1^2 = mgH_2 + \frac{1}{2}mv_2^2$。咦,这好象是某种守恒关系。这个量 mgh,就是举重过程做功的度量啊。由 mgh 可得运动的力(the force of matter in motion),它就是某种 potential energy。

Potential,potent,有个近义词 latent(潜藏,潜行)。热力学中有 latent heat(潜热)的说法。Latent energy 也是物理学中的概念,而且由其能导出质能关系,而这与相对论无关(见下)。

5. Energy 的转换与守恒

由对自由落体的观察得到了关系式 $mgH_1 + \frac{1}{2}mv_1^2 = mgH_2 + \frac{1}{2}mv_2^2$,这被解释为机械能守恒。何时能量守恒成了力学中的 mantra(颂歌,咒语),这一点笔者一时还没能理清楚。Julius Robert von Mayer 1841 年曾有表述"能量既不能被创造也不能被消灭",1842 年他指出有机体的能量来源是化学过程(氧化),也是他指出了植物把光转化成化学能。常被理解为能量守恒定律的热力学第一定律,其发展过程长达半世纪。1850 年,克劳修斯和 William Rankine 率先给出了表述:"在热力学过程中,一个封闭体系的内能变化等于其积聚的热加上其所做的功。"这些能量守恒定律奠基人曾受到哲学思想的长期浸淫[5]。

---

① 实话说,胡克定律就不是个定律。它和别的类似定律,比如欧姆定律等,一样,反映的是一种信念,即当刺激很小时,响应总是正比于刺激。这个刺激-响应之间的比例系数就是所研究体系的性质。各位现在明白了线性代数为什么在物理学中那么重要了吗?

② 能够恢复原状的(resilient)弹簧在力学建立过程中的作用应该给予充分肯定。它的过程是可重复的,而可重复性(reproducibility)是建立物理学定律的前提。

比如，对 Mayer，这句以拉丁语流传的古希腊智慧 Ex nihilo nil fit-nil fit ad nihilum 就有深刻的影响。对于开尔文爵士来说，他所受的教育是"上帝是永恒的创造者"，无法想象人类怎么创造或者摧毁什么[6]。毁灭机械功这种事是上帝的特权，而在人类的热机中，消耗的功一定还在，不过是换了种形式。此一思想显然要求物理的世界，进而物理的理论，表现某种守恒或者稳定性。

把热力学第一定律和其他物理学领域中能量守恒定律相混淆，笔者以为可能有点儿不合适的。力学中的能量守恒，后来成了 Noether 定理的结论。由拉格朗日量描述的力学系统，若拉格朗日量具有时间平移对称性，则其能量是守恒量。这里，能量是时间的共轭量。但是，在（平衡态）热力学中，不论及时间。

能量是否守恒，或者一个力学体系是否可用某种形式的拉格朗日量描述，某种意义上说，是一种信念。神圣的能量守恒定律（sacrosanct principle of energy conservation）作为一种信念，且不论对其使用的形式与过程是否正确，曾结出了累累硕果。硕果之一是中微子概念的提出。考察β衰变过程，即通过弱相互作用放出电子的过程，其能量和动量，还有角动量，都不守恒，所放出电子的能量是宽谱的连续分布。玻尔用统计版的能量守恒来和稀泥，而泡利则认为能量守恒的。他于 1930 年提出存在 neutrino①（中微子）的概念。把中微子计算在内，则守恒律是成立的。1956 年中微子被实验探测到。

把能量守恒用于原子核衰变现象得出重大物理结论的是意大利人 Olinto de Pretto。几乎静止的原子核裂变后，其碎片的动能动辄都是 MeV 量级的，如果能量守恒的话，这些能量是打哪儿来的？原子核就那么小，那么单纯，它能藏着掖着能量的地方只能是它自身。Pretto 认为，原子的质量整体上是在振动着的，其振动表现的速度就是以太的振动速度 v，即光速。这样，质量为 m 的粒子，其潜藏的能量（energia latente）就是其以以太速度运动的 vis viva，mv^2。这个质能关系发表于 1903 年（图 3），比爱因斯坦 1905 年的文章早两年，且无涉相对论的思想[7]。爱因斯坦得到质能关系的出发点是"对于任何运动的光源，观测者测量到的是同样的光速"，考察一个原子发出两个方向相反光子的过程，

---

① 泡利用的词是 neutron，1932 年查德威克用这个词描述中性的核子，即中子。1932—1933 年间，费米把泡利的 neutron 改成 neutrino，中性的小家伙，即今天所谓的中微子。中微子这类粒子，都是理论，包括测量理论，齐备的时候才会被探测到的。

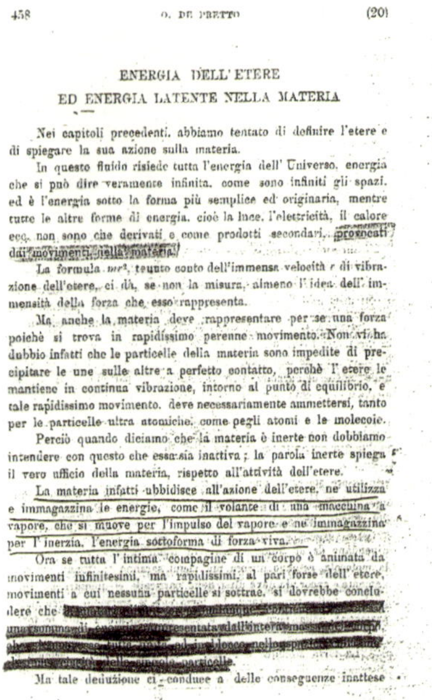

写下在静止坐标系和运动坐标系下的动量守恒和能量守恒方程,相减得 $E = \Delta mc^2$,即两光子的能量等于原子质量亏损乘上光速的平方。招牌式的相对论质能关系 $E = mc^2$,其意义是说质量 m 等价的 latent energy(不是什么粒子的 rest energy)是 mc^2。这个公式用于电子-正电子湮灭时,可以写成 $E = mc^2$,不过左边的能量是发射光子的能量,而右边的 mc^2 是电子质量对应的 latent energy。质能关系用于不同物理过程时有不同的写法,希望读者把握好公式同物理图像的对应。质能关系的一个 naïve 的推论,就是相信能量是质量的起源——因为每一层次粒子都等于下一层次粒子质量与结合能之和——并认定此逻辑链条的终端是无质量的某种粒子。质能关系把物质、能量,相应地还有空间与时间,给联系到一起了。其深意,应该还有待挖掘的地方。

图 3　意大利人 de Pretto 的论文"以太的能量与物质的潜能"

关于能量守恒,常见的表述是能量既不能被产生也不会被毁灭。能量只是被转换或者传递(converted or transferred)。这种表述,不是给物理学家准备的。这个宇宙中真实发生的是物理过程,对这些过程我们提取出了不同的同量纲物理量,统一名之为 energy,加以方便地描述(图 4)。能量是一个用来方便描述的量,quantity! 人们应该学会理解具体的物理过程,而不是用不着调的"能量转化"或者"能量传递"大而化之地一笔带过。能量是一个抽象的、普适的量,它不转化! 然而,对能量转换的迷

图 4　形形色色的能量概念[取自文献[2]的封面]

信,可以说到了失心疯的地步！类似 Dampfmaschinen wandeln Wärme in mechanische Energie um（蒸汽机把热转化成了机械能）或者 Ein Feuer wandelt chemische Energie in Wärme um（火把化学能转化成了热)这种话随处可见。火把化学能转化成了热能,那火是什么？化学能是啥？热是啥？火还发光呢,还往外吹热风呢,还噼啪作响呢！费曼曾嘲笑过美国中学物理课本中"energy 驱动自行车"的说法,而这只需指明按照这个逻辑,把自行车逼停的也是 energy! 这种表述不在于有什么错,而是啥有用的也没说。

6. Dark energy

Dark energy（暗能量）,以及与之焦不离孟的 dark matter（暗物质）,这两个概念超出笔者的理解能力之外。想起了徐一鸿的一句话："我是物理学家,不是玄学家。"把抽象概念"能量"当成具体的、可以和物质并列的且只就一个可能并不正确的引力方程而言才有语境的存在,这样的物理,笔者不太相信其是物理。一个谐振子就是一个谐振子,我们可以引入 $\frac{1}{2}m\dot{x}^2$ 和 $\frac{1}{2}kx^2$ 方便地描述谐振子,甚至我们借助算符 $\hat{H} = \frac{1}{2}m\dot{x}^2 + \frac{1}{2}m\omega^2 x^2$ 能进入更加抽象的世界从而得到更多的知识,但这都不意味除了运动着的谐振子以外还存在一个冷眼旁观的 Mr. Energy。

7. Exergy 和 anergy

Energy 来自 en + ergon, 前缀 en- 的反义词是 ex-,于是有人于 1956 年造了个词 exergy,用以表示一个系统和环境从初始的非平衡状态开始到达到平衡时系统对环境做的功,所以也叫 availability, available energy（可用能）[8]。不过,据说这个概念吉布斯在 1873 年就开始琢磨了。显然,exergy 不是某个系统的性质,而是系统和环境两者联合决定的一个量。有人为 exergy 造了个新汉字"烟",估计是仿照"熵"的。一个系统的 exergy 是其 energy 的对环境做功的那部分,剩下的部分称为 anergy[9]。Exergy 还被称为 exergic energy 或者 essergy。笔者猜测,热力学被创立的过程中,thermo-dynamis, entropie 这些词都是应时而造的,显然,做学问的最高境界是自创领域自造词,这让人有模仿的冲动。不过,exergy 不过是 available energy 或者 maximum work（可用能或者最大功），而 anergy 不过是 wasted heat（废热）而已。为这样的概念生造一个词，以为由此可获得开尔文爵士和克劳修斯那样的地位，想法未免天真了些。至于 The second law implies that the universe is running out of exergy（热力学第二定律意味着宇宙在不断耗尽其㶲）这样的句子，不过反映研究宇宙热力学的学者常犯的错误。宇宙是个孤立体系，接触几何才是热力学的正解（exergy 是系统及其环境两者决定的量！），热力学和宇宙学如何搭上话，还要拜托有此志向的"物理学家们"多动点脑筋。

8. 结语

历史上，force，vis viva，work，momentum of force，mechanical power，energy，potential，action 等词都曾被胡乱地使用过，甚至被同一个作者在同一篇文章中胡乱使用过。它们都是 anthropocentric concepts（人本的概念）。今天，经典力学和热力学已臻完备，至少其话语系统已经确定了下来。这些概念如今还都被用到，但是角色分明，不应该再被混淆了。在经典力学中，action，量纲为［能量×时间］（角动量也是这个量纲），在一个层次；能量，势，功，后两者的量纲与能量同（力矩也是这个量纲），在一个层次；功率和力在一个层次，功率的量纲为［能量/时间］，力的量纲为［能量/长度］。而在热力学中，内能，焓，自由能等是各种热力学势，量纲为［能量］；功和热量的量纲也是［能量］，但它们是一组特定的广延量和强度量的积，而强度量是其对应的广延量关于能量的共轭，这个共轭关系是非常强的限制。这些决定了热力学概念体系与经典力学的不同。这一点，学习热力学的读者应该格外留心。

学物理者，对物理学抱有一点敬畏心应该不是太过分的要求。看着 dark energy 和 exergy 这类词，我觉得物理学还是没能赢得足够的尊重，还有一些人总是随心所欲而心中无矩。别的一些也时常标榜为物理学的领域，那里面的随心所欲更多吧！

补缀

在 the force of a body in motion 中，force 就是今天所说的能量。

[1] Gustave Coriolis. Du calcul de l'effet des machines, ou considérations sur l'emploi des moteurs et sur leur evaluation[M]. Carilian-Goeury, 1829.

[2] Jennifer Coopersmith. Energy: the Subtle Concept[M]. Oxford University Press, 2010: 97, 333.

[3] Crosbie Smith, M. Norton Wise. Energy and Empire: a Biographical Study of Lord Kelvin[M]. Cambridge University Press, 1989: 866.

[4] 曹则贤. 物理学咬文嚼字 067: 势两立[J]. 物理, 2014, 43: 835-837.

[5] Bohn. On the History of Conservation of Energy, and Its Application to Physics[J]. Phil. Mag. Series 4, 1865, 29(195): 215-219.（原文只注明作者是 Prof. Bohn.）

[6] Flood R, Mccartney M, Whitaker A. Kelvin: Life, Labours and Legacy[M]. Oxford University Press, 2008: 294.

[7] Olinto de Pretto, potesi dell'etere nella vita dell'universo, Atti del Reale Istituto Veneto di Scienze, Lettere ed Arti, Anno Accademico vol. LXIII, parte II, pp. 439-500（1903—1904）. 译文见曹则贤, 非英文数理经典译评之五——德·普莱托: 以太能与物质的潜能.

[8] Zoran Rant. Exergie, Ein neues Wort für 'technische Arbeitsfähigkeit' [J]. Forschung auf dem Gebiete des Ingenieurwesens, 1956, 22: 36-37.

[9] Honerkamp J. Statistical Physics[M]. Springer, 2002: 298. 原句为: The maximum fraction of an energy form which (in a reversible process) can be transformed into work is called exergy. The remaining part is called anergy, and this corresponds to the waste heat.

八十五 重与轻

> 艳色天下重,西施宁久微?
> ——王维《西施咏》
> 依本分,只落得人轻贱。
> ——无名氏《志感》

摘要 重感和下落是人的第一层感觉。物理文献中涉及重的词汇有 weight, gravitation, gravity, graviton, gravitino, gravific particles, barometer, baryon 等。相关讨论还会涉及 levity, levitation, lepton 和 lightness 等关于轻的概念。

1. 引子

生命从水中上岸后,除了要对抗干燥和短波长光照以外,还要抵抗重力。当动物学会了仅用两个下肢就能维持身体平衡①时,解放出来的上肢就能做更多的事情从而让该动物变得聪明起来,这一类的动物有獴、松鼠和猿。与獴、松鼠和猿不同,虽然有些恐龙也解放了前肢,但似乎前肢没能演化为手,恐龙也就

---

① 平衡是对 equilibrium 的好翻译。德语的平衡,gleichgewicht,字面意思是等重。

没能变得聪明起来。他们硕大的身体遭遇的巨大重力，可能才是其灭绝的原因。恐龙灭绝的另一个可能原因是笨死的。笨重，笨重，太重了就笨。笨重的反义词是轻灵。

那种由猿解放了双手变来的动物，他们现在管自己叫人类，甚至聪明到可以用广义相对论描述重力（gravity）的地步。陆上的动物要为自己建造巢穴，这个活动中遇到的一个关键干扰因素就是重力。一部人类建筑史，首先是抵抗重力的历史。劳动的双手让人类变得越来越聪明，越来越聪明的人类把思考的对象扩展到了整个宇宙[①]。这其中，重量的问题，物体下落的问题，成了物理学的本源问题。

与重相关的物理学词汇包括 weight, gravity, gravitation, graviton, gravitino, gravific particle, barometer, baryon 等。重的对立面是轻，相关的词汇包括 lightness, levity, levitation, lepton, 等等。

2. 重力现象与重力理论

古希腊哲人认为世界是由土、水、火、气四种元素组成的。这四种元素分别拥有某些性质的正反面，比如说土和水拥有 gravity（重）会下沉，而火和气拥有 levity（轻）会上升。这有点类似中国古代哲学里清浊的概念——开天辟地以后，浊气下降而清气上升。与轻重相伴随的还有亚里士多德的关于运动的观点：物体的运动是要寻找其自然的归宿。此外，亚里士多德还认为在两个下落的物体中，更重的那个下落得快。亚里士多德的观点遭到了其同时代人斯特拉托（Strato）的质疑[②]。斯特拉托从对屋檐滴水过程的观察发现，下落速度是个变化的量，从开始到触地这段时间间隔内速度应该是越来越快的：屋檐落下的水开始时是连续的，后来才变成间隔越来越大的雨滴。他由此认为物质只有重（gravity）这一个性质，而不是有轻、重两种性质。气和火看似上升是不如更重的物体下落得快受挤压造成的。Gravity 和 levity 是拉丁语词汇，形容词分别为 gravis 和 levitas。

[①] 物理学史上德国人非凡的物理直觉来自哪里？我的答案是手。
[②] 我也是刚知道有这回事的。

所有蹒跚学步的小孩都曾因重力摔倒过，且有不少人一生中会被落下的物体砸到过头，他们中一定有很多人为此感到困惑过。传说 1666 年的某一天，一颗苹果砸到牛顿的头上，让他悟到了重力的奥秘。Gravitation is universal! 地球拉着苹果，也拉着天上的月亮。牛顿用平面几何的知识证明了，如果这个重力是和距离的平方成反比的，则行星绕太阳的轨道就是以太阳为焦点（之一）[①]的椭圆，这即是开普勒的第一定律。牛顿的万有引力公式可表述为 $F = G\dfrac{m_1 m_2}{r^2}$，其中的 G 为万有引力常数。G 是 gravitation 的首字母。

Universal gravitation 被汉译为"万有引力"有点别扭，因为我们时常会遇到类似 gravitation is always attractive 这样的句子，翻译成"引力总是吸引的"？古代中国可是把 gravitational theory 翻译成重学的。此外，当我们谈论 gravitation 的时候，实际上谈论的是两物体仅仅因为有质量就有的那种作用，其涉及的内容博大精深（惠勒的大部头 gravitation，光目录就九页）[1]，将 gravitation 翻译成"引力"是不对的。引力，或重力，应该是留给 gravitational force 的。

涉及 gravitation 的内容博大精深，源于爱因斯坦的引力理论，即广义相对论。要求时空的每一点上满足洛伦兹变换，且引力等价于弯曲时空的曲率，这样得到的高度非线性引力方程确实更多具有的是哲学价值。引力波方程，不过是作弱场近似返回来掏出了此前塞进去的满足洛伦兹变换的波动方程这只兔子。至于引力的量子化问题，有很多有趣的、徒劳的尝试。人们应该先弄明白谐振子问题为什么是可以量子化的。能够被量子化的问题很少，引力如果最终不能量子化，没什么好惊讶的。

英文谈及重量，用的名词为 weight，该词作为动词是加重的意思（统计物理中，weighted average 被汉译为加权平均），weigh（德语为 wiegen）才是称重的意思。英语重量的单位 pound，磅，来自拉丁语的重，ponderosus，英文说人笨重就用形容词 ponderous。重力是由物质的质量这个性质决定的。但质量，英文 mass，实际上是一大块的意思。英文的 massive，不是只说质量用 kg 表示的值很大，而且还很占地方。当然，在粒子物理语境中，一个 massive particle 就

[①] a) 天上只有一个太阳；b) focus 的意思不是焦点，是炉子；c) 椭圆有只有一个焦点的定义。

是说该粒子是有质量的或者强调其是有较大质量（相对于电子）的。

光子是无质量的（massless），无质量的粒子不参与 gravitational interaction（引力相互作用）。在光子之前，人们曾设想过存在热质（caloric）传导热量。为了让热质免受水往低处流的烦恼，人们设想热质是无重的，因此有 weightless caloric 的说法。不过，weightless 常被理解为测量不到重力的，比如在 gravitational field（引力场）中（和秤一起）自由下落的物体是 weightless，但它一直受到引力场的作用。

3. Microgravity & levitation

深受重力之苦的人类特别羡慕那些能自在翱翔的鸟儿。杜甫的"飘飘何所似？天地一沙鸥"，岑参的"白发悲花落，青云羡鸟飞"，满满的都是羡慕之情。试图借助外力实现升空的人，西方神话中有自制翅膀的 Daedalus，中国明朝有用火箭绑椅子的万户。飞天的形象（图1），是老祖宗欲飞升而不得之长期郁闷的结晶。令老祖宗想不到的是，他们的想象如今已变成了现实，人类已经能够挣脱地球 gravity 的羁绊，可以在空间站中尽展飞天的曼妙舞姿（图1）。

图1 飞天和空间站中的宇航员

引力源于质量，则因为质量的不均匀分布，空间各处的重力水平是不同的。以地球表面的重力加速度为基准（记为 $1g$），则火星表面约为 $0.96g$，月球表面约为 $\frac{1}{6}g$。而在星际之间的广袤空间里，引力（或曰重力加速度）约为零（zero gravity）。在空间站中，重力水平约为 $10^{-6}g$，这个或更低的重力水平被称为微重力（microgravity）。人类在空间站中可以象飞天一样自在地生活？不！象飞天那样自由翻滚可以,但生活可艰难了。人类生活在地球表面,人类的内在运动和外部环境中的运动都是 1g 重力水平下的过程。在微重力环境中,一切都走样了:水不再往下流,火苗不再往上蹿(图 2)——喝水、抽烟都成了难题。尤为恐怖的是,微重力环境下骨质流失(bone demineralization)很快,这是航天员执行任务有时间上限的原因①。什么叫"天人合一"?人要生活在 1g 水平的空间中,这就是天人合一的一个侧面。另一个大家都熟悉的、符合"天人合一"原则的现象是人要睡觉,要习惯世界的黑暗。

微重力环境下物体可以漂浮着,这对于做一些涉及流体的实验太有利了,因为可以避免同容器的接触,可以免除重力引起的对流等问题。人们在地面上也想让物体悬在空中(held aloft),这可以通过光学、空气动力学或者电磁学的方法实现这一点。比如,因为超导体的抗磁性,在超导体上方的磁铁不能完全落下来,就可以悬浮着。这即是所谓的 levitation。Levitation 和 levity 同源,本义是轻,动词 levitate 是类比 gravitate 造的词,有 rise and float 的意思。汉译悬浮是从 floating 的形象而来的。

图 2　地球表面上(左)和微重力条件下(右)的烛焰对比

4. 重子与轻子

关于轻重这种自然现象,西语中自然少不了来自希腊语的词。希腊语的重

---

① 星际航行三年?拉倒吧,三个月你也坚持不了。

是βαρύs，barys，基于这个词构造了许多含有重的意思的词汇。比如 56 号元素，barium，1774 年被确认，汉语音译为钡，其意思就是重，虽然作为一种金属其密度只有 3.51 g/cm³ 而已。源自βαρύs的物理词汇还有 barometer，被汉译成气压计、晴雨表，其实就是个重量计量器件：抽真空后的玻璃管内充入水银，根据所支撑水银的高度（单位面积上的重量）来度量气压。与 barometer 字面意思相同的是 gravimeter，不过这是比重计或重力加速度计。在标准粒子模型中，由三夸克组成的费米子如 n，p，Λ，Σ⁺，Σ⁰，Σ⁻ 等粒子被称为重子，baryon。与重子相对的有轻子（lepton）六种，分别为电子、缪子（muon）和陶子（tau），以及各自对应的中微子（neutrino）（图 3）。轻子比重子质量要小得多，比如电子质量只是最轻的重子（质子和中子）的 1/1836。轻子 lepton，来自希腊语形容词 λεπτόs，但这个字的本义是小、细、精致。Lepton 是希腊货币的最小硬币，复数形式为 lepta。

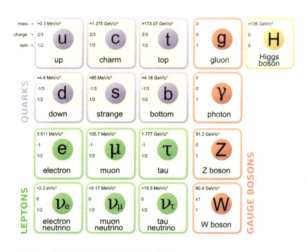

图 3　标准模型中的夸克和轻子

5. 重粒子 gravific particle

Gravific 是个和 gravity 相联系的形容词，太罕见了，笔者的 Webster 大词典都不收录。但是，gravific particle（重粒子）是科学史上非常重要的概念，它曾是连接重学和热功学（thermo-dynamics）之努力的关键。

"民科"赫帕特（John Herpath，1790—1868）自重力现象（gravity）出发研

究热。此一研究方式是热功学得以建立的自然选择。Thermo-dynamics 关注的是热如何转换成功,卡诺就是参考水车的原理(工作于两个高度上)才认定热机需要在两个温度上工作的,而能量就是用热机自矿井的提水能力加以定义的。赫帕特试图为 gravity 找到一个解释,他提议存在一种微妙的以太,由 gravific particles 组成,其在接近天体时会因高温而变得稀薄。此种以太的低密度使得 gravity 可以随处起作用。这一模型还让赫帕特建立起了温度同粒子速度之间的关系,从而建立起气体的动力学理论[2]。前面提到,与此相对应,热力学历史上的热质说认为,热是由一种称为 caloric 的流体携带的,而 caloric 是没有重量的(weightless)。

6. 引力子与引力微子

因为笃信所有相互作用的本质都是交换(exchange),1934 年人们也为引力相互作用引入了相应的 force carrier,名之为 graviton(引力子),其可类比于电磁场的 photon(光子)、强相互作用的 gluon(胶子)和弱相互作用的 W-、Z-玻色子。因为引力的源是应力——能量张量,引力子就想当然地被认为是自旋为 2 的粒子;因为引力是长程力,引力子又想当然地被认为是无质量的。自旋为 1 的光子,其和光波(束)是什么关系,人们还弄不太清楚。那所谓的引力波(假设真被探测到过),它和 graviton 之间的关系是什么呢?据说从引力波探测的结果可以算得引力子的引力质量上限为 1.2×10^{-22} eV/c^2。此外,在超引力理论中,还有引力微子的概念,是引力子的规范费米子超对称伴侣。Gravitino(引力微子,也译成超引力子)一字应该是参照 neutrino(中微子)所造的。

围绕引力(子)有许多吓死人的著作,比如《引力与超引力的规范理论》《二维量子引力与高温超导》《热核与量子引力》,其中理论笔者不懂,故不敢评论。不过,西文文献中总冒出类似 there is not a complete theory for graviton(关于 graviton 没有一个完整的理论)/most theories containing gravitons suffer from severe problems(大多数涉及 graviton 的理论都遭遇严峻的问题)之类的评论,可资参考。那么问题出在哪儿呢?就物理来说,把 gravitation 同别的相互作用等量齐观可能本身就是个问题;至于那些不着调的引力理论,前不着村后不着店、上不达云霄下不接地气是其致命的弱点。

7. 引力元素 gravitonium

把 graviton 加个拉丁语词尾则变成 gravitonium。引力元素 gravitonium，符号为 Gr，原子序数为 123，原子质量为 308（图 4），是漫画书《神盾局特工》(*Agents of S.H.I.E.L.D*)中虚构的元素①。据说这个元素太稀有了，也太重了。该元素的聚集体能干扰它自己产生的重力场，从而使其形状是 ondulating and amorphous（波动的、无定型的）。如果受到电流的刺激，元素 gravitonium 构成

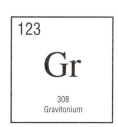

图 4 元素 Gravitonium 在元素周期表中的可能模样

的物质会固化为均匀的球形，向外散发重力场，因此可以拿它来建造小型重力场发生器（miniature gravity field generator）。在此物质附近，重力场会改变引力的规则，比如会反转重力的方向把靠近它的物质给悬浮（levitate）起来。这个作家不去专门研究引力可惜了。

8. 结语

Gravity 是被人类自然感知的现象，也是最早被科学地表述了的现象，不想最后竟然成了最难理解的现象，这可真没地方说理去。对重力、对沉重感的无力，让科学家和文学家都转而拿轻来说话。在瑞士的流亡生活，让捷克作家昆德拉写成了《不能承受的生命之轻》(*L'Insoutenable Légèreté de l'être*)；对质量起源和重力问题的思考，让诺奖得主维尔切克写出了《存在之轻》(*The Lightness② of Being*)[3]，两本书就差一个形容词。维尔切克用轻松的笔调阐述了一个沉重的事实：Is gravity feeble? Yes, in practice。Is gravity feeble? No, in theory。重力弱吗？实际上它是，可是理论上它很难缠③。

也许是要对抗重力（gravitation or gravity）给人的沉重、严肃的感觉，美国

---

① 95 号以上的元素是人造元素，目前已合成到了 118 号元素。不知道 123 号元素到底能不能最终也被合成出来。
② Light，轻，在英语中竟然和光 light 是一个词。再说一遍，这是英语转写德语时稀里糊涂造成的讹错。轻 light 对应的德语词是形容词 leicht，光 light 对应的德语词是名词 die Licht。
③ 关于强弱作用的描述会比对引力的描述更让人满意？存疑。电磁学还算差强人意。

物理学网页上竟然有 zero gravity: the lighter side of science 专栏来谈论科学轻松的一面。这 zero gravity 的正确翻译应该是"一点正经没有"。这个栏目发表的一篇文章阐明了好的科学和坏的科学之间的区别。好的科学是:1)苹果落到牛顿头上;2)牛顿发现万有引力定律。坏的科学是:1)苹果落到了牛顿的头上;2)牛顿发表了一篇题为"论一颗重二两四的苹果对头的冲击"的论文,而且其中还配了一张只有一个数据点的图(图5)。这篇文章让人看了会忍俊不禁,不过想想如今科学被做成这个样子,又笑不出来。

研究 gravitation and gravity 这种事,大家还是应该严肃点才好。

 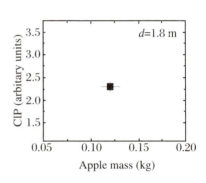

图5 研究重二两四的苹果砸脑袋的实验装置和实验结果(撞击带来的痛苦对苹果质量的依赖关系)

补 缀

1. 我说恐龙是笨死的,是为了强调手对人类进化的重要性。《二十世纪物理学》第21章"软物质:概念的诞生与成长"中有一段是这样说的:"因为笨拙的外壳,昆虫(暂时地)失去了对地球的控制。人类则因柔软的双手允许他们制造工具并因此最终导致他们扩展了大脑去思考问题,在争夺地球控制权的斗争中获胜。柔软是美丽的。"此可为拙论之佐证。
2. [唐]诗人韩偓《漫作二首》云:"污俗迎风变,虚怀遇物倾。千钧将一羽,轻重在平衡。"
3. 一部建筑史就是抵抗重力的历史。生命演化也是要抵抗重力的。

[1] Misner C W, Thorne K S, Wheeler J A. Gravitation[M]. W. H. Freeman and Company, 1970.

[2] Coopersmith J. Energy: the Subtle Concept[M]. Oxford University Press, 2010.

[3] Wilczek F. The Lightness of Being[M]. Basic Books, 2008.

之
八十六
导引

> The unspeakability of nature is the very possibility of language.①
> —James P. Carse in *Finite and infinite games*

摘要 来自拉丁语动词 ducere 的词汇包括 conduction，deduction，induction，introduction，production，reduction，transduction，等等，它们散布于各个学科，各有所指但又不离导引的原意。

1. 引子

生命的过程，就是和环境交换物质（如果对植物来说，光也算作物质的话）的过程。物质，包括水、空气和其他概称为食物的东西，在生命体中进进出出，进讲究攫取正确的内容且放到正确的地方，出则要及时通畅。这中间的过程包

---

① 自然的不可言说为语言提供了可能性。

括物质的重组以及伴随的能量转移(从整体上看,生命总要向环境中放出热量)。有人把生命过程理解为能量交换的过程甚至熵的交换过程,那估计是因为物理学得太多了。生命得以维持,其必须能动地主导物质的进出过程,即对物质交换过程加以导引。我们的祖先早就明白了这个道理。汉张仲景的医书《金匮要略》中有"导引吐纳"的提法,道家还发展出了成套的"导引吐纳"功法,其中八卦掌就是将武功与导引吐纳融为一体的武术。导引可逐客邪于关节,参详痛风发生的机理,始知老祖宗的见识果然不凡。

导引如此重要,关于导引的词汇自然会常见于日常词汇,进而散见于科学文献。有导引意思的一个关键拉丁语动词是 ducere,to lead,to guide。这个词的同源词还出现在当代意大利语中,比如墨索里尼就被称为 il Duce,其德国同伴为 der Führer,字面上都是领路人的意思。汉语一般将之译为元首,是生怕和对应的汉语概念沾上边。前缀加上 duce 和 duct 构成了很多含有导引意思的英文词汇。比如,abduct 和 adduct,一个是朝远处引,一个是往其上引,故生理学上 abduct 指肢体外展,而 adductor 则是内转肌。作为动词,abduce 是诱拐、劫走的意思也非常容易理解,adduce 可译为添油加醋,如 The theoretical facts adduced above have been familiar for thirty years(前述往上缀加的理论事实已为人熟知三十年余)。西文与导引有关的常见科学术语包括 conduction, deduction, induction, introduction, production, reduction, transduction,等等,因为科学的发展它们也可能被附加上一些新的内容;而汉译则一如既往地难免歪曲和添加。

2. Duct

在现代英语中,由 ducere 而来的名词 duct,意思就是管、管道。可将名词置于 duct 前面构成复合词(拉丁语词根则要连写),如 tear duct(泪管)、bile duct(胆管)、oviduct(输卵管)、spermaduct(输精管)、viaduct(高架桥)。若欲强调管道之小,就用 ductule。进一步地,由 duct 可得形容词 ductile,本义是容易被导引、愿意服从的,可用来形容人,见于 a ductile person。Ductile 作为科学概念,形容材料容易延展,名词 ductility 就被汉译成延展性。延展性几乎是材料能否做成线材的指标。Ductile 的反义词是 fragile(脆的)。拉伸一个材料,脆性材料和延展性材料的断口不一样,completely ductile materials(完全延展性材料)的断口是锥形的(图1)。Ductile materials,有塑性材料、延展性材料、韧性材料等不同译法,塑性(可成型)可能更贴近 ductile 的原意。

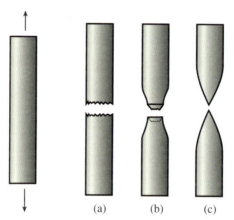

图1 材料拉伸造成的断口。(a)脆性材料;(b)延展性材料;(c)完全延展性材料

3. Conduct

前缀 con- 的意思是 together。动词 conduce 有 to contribute, to lead 的意思,但一般使用中更接近 to contribute 的意思,比如 "The quiet conduces to thinking about the darkening future(宁静有益于思考黑暗的未来)"。Conduct 作为动词则是导引、传送的意思,如 The shaggy steed offers to conduct the prince upon a quest through harrowing trials of fire and flood(毛发蓬乱的坐骑要引导王子踏上去经历水与火之折磨考验的探寻之旅),copper conducts electricity(铜导电),to conduct an orchestra(指挥一个乐团),to conduct research(开展研究)。由 conduct 而来的名词 conductor,意思之一是乐团的指挥,在物理上则是导体,如 thermal conductor(热导体)、electrical conductor(电导体)。与 conductor 相对的是 insulator(绝缘体)。Insulator,来自拉丁语 insulatus,和 island, isle(岛)同源,取孤立之意。从能带结构上区分电导体和电绝缘体是量子力学的一个伟大成就。那些能隙不是很大的绝缘体被称为 semiconductor(半导体)[①]。有人在半导体的教科书里加了一张乐队指挥的漫

---

① 金刚石带隙 5.5 eV,是绝缘体里的绝缘体,但也偶尔被称为半导体。没办法,没有严格标准。

画，名之为 *Semi-conductor*，估计作为华人的作者是想告诉我们可以把 semi-conductor 当作双关语理解为半吊子指挥吧（图 2）。

此外，由 conduce 而来的名词 conduit，就是指各种导管。

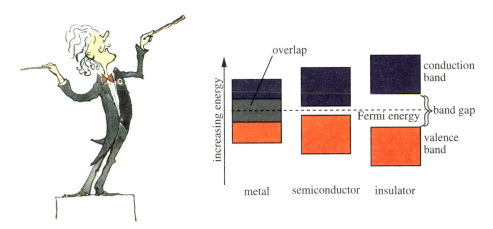

图 2　Semi-conductor（半吊子指挥）和 semiconductor（半导体）。右图中 metal，金属；semiconductor，半导体；insulator，绝缘体；overlap，交叠；Fermi energy，费米能级；band gap，能隙；valence band，价带；conduction band，导带

4. Deduction & induction

Deduction 和 induction 两个词是我读文献时最发憷的两个，我一直弄不清楚哪个是归纳，哪个是演绎。前缀 de-和 in-分别是往外和往内的意思，那 induction 是归纳应该没错了。Deduction，往外引，汉译为演绎，是否与 evovle（转着往外）被译成演化有关，未知。绎，抽丝。抽丝剥茧，抽不断，即为连续，所谓络绎不绝是也。"绎"字见于"寻绎"，所谓"寻绎义理，理其端绪"。用"演绎"一词翻译 deduction，应该算是好选择。

Deduction and induction 作为哲学概念，实在不易理解。Metaphysical deduction（形而上学的演绎），transcendental deduction of the categories（关于类的超越演绎），inductive logic（归纳逻辑），这些概念无论是西文还是中文对我来说都是一头雾水。按照字典的说法，induce：to draw (a general rule or conclusion) from particular facts（归纳，从特例得出一个一般性的规则或者结论）；deduce：to infer by logical reasoning; reason out or conclude from known facts or general principles（演绎，通过逻辑推理从已知事实或者一般原则导出事实或结论）。数学家波利亚给我们写过《数学中的归纳与类比》[1]。阅读此书可以理解数学上 induction 到底如何进行。Deduction 也可以译为推导，如 deduction in geometry（几何里的推导），automated deduction（自动推导）。

Induction，以及同源的 induce 和 inductance，在物理语境中常被翻译成感应，应该算是个错误。动词 induce 可以用来表示物理的因果律，electric field induces polarization in electrics（电场诱导电解质的极化），导致了电偶极矩（induced electric dipole moments），这当然是众多电场诱导现象（electric field induced phenomena）之一。Induction，谈论的是 induce（诱导）的现象或结果。Induce，译成诱导，则知是主动的；而感应，强调的是受体，把 induction 翻译成感应不知不觉中就把叙述对象给调换了。孤立地谈论电磁诱导现象，理解为感应或许无碍，但是在整个大的语境中，将诱导当作感应就会造成误解。感应，响应，还是用于谈论刺激-响应（stimulus-response）这一基本物理学情景才好。举例来说，induction coils，感应线圈？亥尔姆霍兹线圈包括两个相同的按同轴构型的线圈，中间部分沿中心轴的 magnetic field induction 大致恒常，因此这是一个产生均匀磁场的常用器件。Magnetic field induction，不是磁场感应，人家说的是作为电流诱导结果的磁场！法拉第电磁感应（诱导）现象是 1831 年发现的，变化的磁场会诱导出电场（公式为 $E = -\dfrac{\mathrm{d}\varPhi}{\mathrm{d}t}$，其中 $\varPhi$ 是磁通量），在线圈中会表现为一个 electromotive force（电动势）（图3）。按照英文叙述，a time-varying magnetic field induces an electromotive force in nearby conductors, which is described by Faraday's law of induction，注意这里动词 induce 是不折不扣的主动式。通电流的这个一级线圈（primary coil）被称为 inductor，可见 induction, inductance 都是要按主动含义来理解的。自然，mutual induction 强调的是也不是互感，而是互诱！

图3　法拉第电磁诱导现象的发现。左侧的电场驱动一个线圈，小线圈在大线圈中上下运动，会产生电流

Inductance 被汉译为感应系数，也值得商榷。Inductance 当然不只是个系数，它还是现象本身。如下句首先强调 inductance 是电导体的一种性质：In electromagnetism and electronics, inductance is the property of an electrical conductor by which a change in current through it induces an electromotive force in both the conductor itself and in any nearby conductors by mutual inductance。在公式 $V(t) = L \frac{\mathrm{d}i(t)}{\mathrm{d}t}$ 中，L 和作为原因的电流变化率的乘积给出了诱导得到的电压。在这个式子里，它是个系数，但是作为物理量，它反映的是这个导电体（electric conductor）作为诱导者的角色（inductor）的一种能力。Inductance L 所包含的物理，远不是一个汉语的系数所能说清楚的。

利用法拉第电磁诱导现象，两个 induction coils（一般会加个磁芯）就构成了一个 transformer。Transformer 被汉译成变压器，太随意了些。这个器件首先是为了 transfer the power（传输电力），它改变电压，但可不止这些，相位、频率也是 transform 的对象。倘若 transformer 是变压器，那如何翻译 constant-potential transformer, 等电势变压器？第一个 transformer 是 1885 年发明的。

顺便说一下，deduct 有减去、扣除的意思，正是其本义。与其意思接近的是 subduce（subduct，subduction），译为扣除、去除，其字面意思就是从中导出。

5. Introduction

Introduce 是往里导引。一个人 introduce himself 就是要把自己引荐入别人的圈子（the circle of friends，朋友圈），introduce a product into a market 是要把一个产品推入市场。严格来说，let me introduce somebody to you 和 I will introduce you to this technique 都是错误表述。把 introduction 汉译成"介绍、引见"会带来误解，只有"intro-"意味明显的情景才可用 introduction，如 the rabbit is a relatively recent introduction in Australia（兔子是新近引入澳大利亚的），introduction of impurity atoms into a semiconductor（向半导体中引入杂质原子），等等。一般书籍的开头有 introduction，汉译导论、引言，其目的是把读者带入该书预设的情境中去，所谓 set the scene。

6. Reduction

Reduction 的前缀 re-是 back 的意思。Reduce，字面上的意思是引回、拿回，医生 reduce a fracture or dislocation（使骨折或脱臼复位）是正确的用法和译法。当我们把 reduce the rent，reduce the speed 译成减少租金、减少速度时，要记得其有复原、还原的意思。Reduction reaction，汉译还原反应。例如在化学反应 $Fe_2O_3 + 3CO \rightarrow 2Fe + 3CO_2$ 中，Fe^{3+} 被还原是说其失去的电子又找补回来了。不过，化学上似乎是把获得电子的过程一概称为 reduction。一见到"be reduced"就译成"被还原"是成问题的。句子"we are therefore reduced to do something…"可不是说我们被还原了，它的意思是说我们被导引回头且是去面对一个更简单容易的情形。

Reductionism，还原主义，在哲学上可能有不同的诠释，在物理学语境中其内涵则是明确的。还原主义认为存在总有 simpler and more basic（更简单、更基本的）构成，比如物质由原子组成，原子由电子加原子核组成，原子核由质子和中子这样的核子（nucleon）组成，而核子由夸克组成。这个还原主义的链条只有不多的几节，夸克就遭遇了禁闭而不再泄露其下层构成（自然也就无法认定有之）。物质还真不是无限可分的。还原主义还遭遇了 emergentism。Emergentism 这个哲学名词我不知道如何翻译，与其相关的 emergence，emergence phenomenon，也未有一锤定音的译法。Emerge 的意思是突然冒出，可参校的是动词 evolve 是转着冒出来，后者被译为演化。Emergence phenomenon，我愿意称之为骤生现象，是指个体数量规模到一定程度上体系才会表现出来的性质。其中隐含的思想，就是安德森的名言："More is different（多者异也）。"

逻辑学上，有归谬法或者反证法的说法，并认为是对拉丁语 reductio ad absurdum 或希腊语 $\eta\epsilon\iota\varsigma\ \tau o\ \alpha\delta\upsilon\nu\alpha\tau o\nu\ \alpha\pi\alpha\gamma\omega\gamma\eta$ 的汉译。实际上，有 reductio ad absurdum 和 argumentum ad absurdum 的区别，前者若是循着减的过程而见荒唐的话，后者就是往上加直至结果变得荒唐，这是两种不同的论证操作。

7. Transducer

Transduce 的前缀是 trans-，over 的意思，transduce 就是导引过去。

Transducer，汉译换能器倒不是翻译的错，英文一般也是这么解释的，a transducer is a device that converts one form of energy to another。然而，这个说法是唯能论泛滥的产物，认为能量可以从一种形式变为另一种形式。这种论调当能量在十九世纪再次被 introduced into science 的时候，很时髦。其实，从不同的运动形式可以总结出个能量来，在运动形式的 induce 或 transduce 过程中可以得出能量（quantity of energy）守恒，但并不可以理解为能量形式的转化。能量是关于物理体系可赋予的一个量，它既不产生也不湮灭。在发光二极管（photodiode）、压电探测器（a piezoelectric sensor）和热偶（thermocouple）这些所谓的换能器中，仅仅说光能转化成了电能、机械能转化成了电能或者热能[①]转化成了电能，根本就不足以解释它们的工作机理或表征具体转化过程。当然，明白人还是有的，我们也能读到 usually a transducer converts a signal in one form of energy to a signal in another（transducer 的功能常常是把一种能量形式的信号转换成另一种能量形式的信号），此为正解。当电信号调制电压驱动簧片振动引起声音时，电能是要被消耗掉的；而声音驱动簧片振动去调制电信号时，电信号的产生所消耗的可能也是电能而非振动对应的机械能，换能的说法并不成立。

8. 结语

Ducere 衍生出了大量的科学概念。作为一个中国人，我用中文学过归纳法，学过电磁感应现象，当有一天知道所谓数学的归纳法和电磁感应是同一个 induction 时，实在是感慨良多。要是早点明白这些纷乱概念的同源性，这什么哲学、数学、物理学的学习应该不会这么难吧？

[①] 热能，包括热力学中的内能、自由能等，其与光能或者粒子动能更不是同一种意义的物理量。

补 缀

1. 在地面上耸立的白蚁窝被当成 a classic example of emergence in nature，这是神来之笔。白蚁窝（图 S1），还真是从地下冒出来的（emerge）。

图 S1　白蚁窝

2. Seduce，to lead aside，往歪里引，意为诱奸、引诱去做坏事。希腊神话中，Hellen's abduction by Paris（帕瑞斯诱拐海伦）引起了持续十年的特洛伊战争。
3. 《庄子·刻意》有句云："吹呴呼吸，吐故纳新。"
4. The other physical contribution was Fourier's proposal of his partial differential equation for conductive diffusion of heat（传导性热扩散）。
5. 有一幅画似曾相识，是《诱拐欧罗巴》(*The Abduction of Europa*)，十七至十八世纪意大利无名氏的作品（图 S2）。这是传统的希腊神话题材，从提香到伦勃朗都画过。

图 S2　油画《诱拐欧罗巴》

[1] Polya G. Mathematics and Plausible Reasoning: Induction and Analogy in Mathematics[M]. Princeton University Press, 1954.

八十七   何反常之有？

> 鸟儿为什么要歌唱？因为鸟儿有歌要唱。
> ——Eric Craig

> Nihil sub sole novam.①
> ——拉丁谚语

摘要 物理学探求宇宙的规则，物理学家却热衷于创造 anomaly，abnormity，irregularity，以及用 extraordinary，unusual，exotic 等词修饰的花哨概念。太阳底下，反常的喧嚣在人不在事。

1. Normal 存在

本篇的主题是数理文献中的各种反常。欲说反常，先说正常。关于 norm，此前在本系列之 058 篇已有一些论述，此处只略作补充。

---

① 太阳底下没有新鲜事。也写作 Nihil novi sub sole。

对于空间的认知,需要两点之间距离和两方向之间夹角的确定,这些都需要标准。距离的确定需要直的物件,比如一段树干。芦苇不枝不蔓,是作为长度标准的好选择。由芦苇而来的词,canon,希腊语 κανονας,如今可是非常严肃的词,见于 canonical transformation（正则变换）[1]。尺子的拉丁语词为 regula,由其衍生出 regular, regularity 等词。夹角的特例是直角,也是最容易测量的。木匠用的拐尺,矩,拉丁语是 norma,这词和希腊语的 γνώμων (gnomon) 同源。Gnomon,本义是知晓者或检测者,指日晷中间的指示物,样子和拐尺差不多（见文献[2]的图3）。Norma,英语写法为 norm,衍生词包括 normal, normality, normalization, renormalization[2]。Normal 的近义词包括 usual, regular, ordinary 等,反义词包括 unusual, irregular, extraordinary, exotic, abnormal, anomalous 等。后者常被夸张地用来修饰一些现象或者概念,其中尤以 anomalous（名词形式为 anomaly）为甚。

Norm 为木匠的拐尺,normal 的意思就是合乎规矩的、标准的。因此,école normale 就是师范学校。著名的巴黎高等师范学校（école normale supérieure de Paris）不光是教书育人的场所,它的老师和毕业生还是知识的创造者。巴黎高等师范学校的毕业生自认是 normaliens（高师人,正常人。双关语）,虽然就智商而论他们大体都是另类。

因为拐尺是直角的,normal 和 right 也算是同义词。比如 normal incidence（垂直入射）,就是入射方向和光学界面垂直,而曲线的 normal,汉译法线（则线）,是与曲线的切线（tangent,应该是搭线[3]）垂直的（图1）。

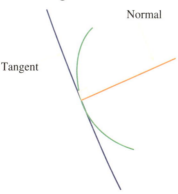

图1　曲线的搭线（tangent）及与其垂直的法线（normal）

Norm 的本义到底还是尺子，是用来量长度的。矢量的 norm，汉译为模和范，应该是错译，实际上是指矢量的长度。所谓的 normed vector space（赋范矢量空间），是说该空间中的矢量是有长度定义的。如果空间中两点的距离是有定义的，这样的空间是 metric space。在量子力学中，状态的波函数是一组力学量之共同本征函数所张的希尔伯特空间中的一个矢量，且根据几率诠释，其 norm 应该为 1。把解得的波函数的长度定为 1，这个过程就是 normalization，汉译归一化。归一化的说法会落到 1 上，实际更该关切的是在具体的希尔伯特空间中是如何定义这个长度的。Renormalization 是量子场论里的事情，是用来消除计算中发生的无穷大的一些方法之统称。这些无穷大源于自能的概念，那是理论自身的缺陷，重整化方法有效，是非常诡异的事情。Renormalization group，汉译重整化群，此一相当繁杂的数学方法被用来在不同的空间尺度下考察物理系统的变化，关切的是尺度变换（下的不变性）。尺度变换不变性虽然是老话题，但在量子场论的语境中它必然和处理无穷大相关联，因此更见重要性。费曼、施温格和朝永振一郎就是因为发展了电荷和质量的 renormalization 理论才获得 1965 年度诺贝尔物理学奖的。Renormalization，涉及的是 scale transformation，它的意思应该贴近 rescale（重新度量，用新尺度度量），译为重正化、重整化都未必合适。重正化、重整化应该是留给 regularization 的译文，见下文。

一个值得一提的 normal 概念是 normal modes，简正模式。一个振动体系的简正模式是指系统用单一固定频率（natural frequency，resonant frequency）振动的花样。一般意义下的运动是简正模式的叠加（即矢量的分量表示）。在这里，normal modes 是指他们是独立的，即一种模式的振动不会引起另一种模式的出现。其实，因为自伴随算符或者对称矩阵的特征方向是互相垂直的，normal modes[①] 中的 normal 依然是强调垂直的意思。Normal mode 在某些场合指体系之储能最少的模式，它也被称为 dominant mode，此时翻译成正常模式是贴切的。只是，我们在阅读文献时要注意区分才好。

2. Regular & irregular

形容词 regular，来自拉丁语 regularis，regula。Regula，与 norma 相近，原

---

① 音乐术语中，Normal modes 又称为 harmonics，overtones。译法很乱，此处不讨论。

义都是尺子、矩,因此和 right 相关联。同源动词 regere 有统治、导演等意思。Regularity,汉译规则、齐整。Regularity 是数学里随处可见的对数学对象的要求。简单的例子如一条曲线 $\gamma(t)$ 是 regular 的,如果 $\dot\gamma(t)\neq 0$。Regular curves 可以再参数化为恒速率曲线,恒速率曲线要么是直线,要么是圆[4]。明白它为什么被称为 regular 的了吧!Regularity,德语是 Gesetzlichkeit,中规中矩。中规中矩的反面是 irregularity,不规则的出现意味着未知因素或道理的存在。Le Verrier 根据冥王星轨道的 irregularity(相较于开普勒第二定律而言)断言海王星的存在并计算出了其应该出现的位置;对大不列颠海岸线之 irregularity(不规则性)的研究让曼德尔布罗特(Benoit Mandelbrot,1924—2010)发现了分形几何(fractal geometry)。

Regularization 代表通过假设在新尺度上存在未知的物理来控制无穷大的出现的方法,注意不要混同于 renormalization。把 regularization 译成重整化而把 renormalization 译成重正化的方案,说不好是解决了还是加重了这两者混淆的问题。用重整化、重正化翻译 regularization 都挺合适,问题出在对 renormalization 的翻译错误上。再强调一遍,norma,拐尺、矩,首先是(测量长度的)尺子。

3. Ordinary & extraordinary

类似 normal/abnormal 和 regular/irregular 的一对儿词是 ordinary/extraordinary。Ordinary,普通的、寻常的,其本义是按顺序的。将 extraordinary 用于一些概念前可能有强调不按正常顺序的意思,近于 exceptional,出格的。比如说,平方反比作用力下的两体问题之四维转动对称球就具有 extraordinary 拓扑,因为四维的转动对称球可以分解为一对三维转动对称球。就这一点来说,它是 exceptional 的,其他维度的转动都不能分解为低维度空间中的转动。

Ordinary 和 extraordinary 联袂修饰一个物理概念出现在光学领域。材料的折射率依赖于光的传播方向和极化的现象,称为 birefringence,非立方晶系的晶体常常具有这样的性质。具有 birefringence 性质的晶体会引起双折射(double refraction)现象。Birefringence 和 double refraction 都被汉译为双折射,如何表达出它们的区别真让人头疼。对于单轴晶体,偏振垂直于入射平面的折射光被称为 ordinary ray，寻常光，其方向可以用一个单一的折射率 n_o 描述。而另一束，extraordinary ray，非常光，其方向由一个介于 n_o 和较大的 n_e 之间的折射率决定（图2）。Extraordinary 那一束的不同寻常之处在于它是 inhomogeneous wave，其能流和传播方向不一致。而双轴晶体的折射行为由对应晶体三个主轴的三个折射率表征，其中两种偏振都是 extraordinary。双轴晶体存在两个光轴，沿此方向上的光其群速度不依赖于偏振。Ordinary ray，寻常光束，extraordinary ray，非寻常光束，中文文献有时候就简称为 o 光和 e 光。

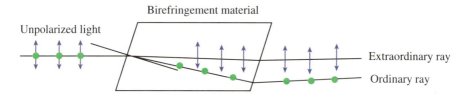

图2 一束非偏振光通过双折射晶体后会分成两束，分别被标记为 ordinary 和 extraordinary

Ordinary 有官定的意思，在德语中 ordentlicher Professor（Professor ordinaries, ordinary professor）是有教席的教授，而 außerordentlicher Professor（Professor extraordinarius, extraordinary professor）是无教席教授或者编外教授。Extraordinary 是指秩序之外的，low-ranked，千万不要把 extraordinary professor 望文生义地理解为杰出教授。

4. 形形色色的反常

形容词 abnormal 和名词 abnormality，字面意思就是偏离 norm，汉译有异常、反常、不规则、畸形等。物理学中有太多的概念被冠以反常的名头，但使用的是形容词 anomalous 和名词 anomaly。Anomalous，an + homalos，意思是 not the same，大意是说和已知的或预期的不一样，没有汉语的"反常"那么咋咋呼呼。物理学家大概最能够接受"存在的就是合理的"这样的信条，当 anomalous 被洋人用来标记某个物理现象时，可能就为了表现一点因发现其有点 not the same 而带来的惊讶。名声响亮的反常现象有不少，现择取一二略论。

4.1 反常塞曼效应

将发光体置于电场或磁场中,原子谱线会发生分裂,前者被称为斯塔克效应,而后者被称为塞曼效应,由荷兰科学家塞曼(Peter Zeeman,1865—1943)于 1897 年发现。按照洛伦兹的经典电子理论,电子能级在磁场下会发生均匀分裂,因此两能级间跃迁的能量只有 $E_0 + \mu_B B, E_0, E_0 - \mu_B B$ 三种可能,谱线分裂为三条,此为正常塞曼效应(normal Zeeman effect)。然而,存在变成偶数条的谱线分裂(果然 not the same),这随即被命名为反常塞曼效应(anomalous Zeeman effect)。其实,觉得偶数条谱线分裂 not the same 是由于那时还不知道电子存在自旋这个量子数的缘故。正常塞曼效应对应仅涉及单态 singlet state 的情形,它才是例外。塞曼效应的意义之一在于证明了洛伦兹关于磁场下所发的光为偏振光的预言。

4.2 反常霍尔效应

给一块材料通电流 j_x,在垂直方向上加磁场 B_z,则在与这两个物理量都垂直的方向上会测到一个电压,此现象由霍尔(Edwin Hall)于 1879 年发现。可以定义霍尔系数 $R_H = \dfrac{E_y}{j_x B_z}$,这是一个依赖载流子特性的材料性质。霍尔效应的一大特性是可以区分相向而行的正的和负的载流子。关于霍尔效应,一个常见的误会是空穴不过是相反方向运动的电子(的等价物),因此电子和空穴的霍尔系数的符号是一样的,其实却并非如此。能区分正负载流子,是霍尔测量的意义所在。

不同于在一般金属、半导体之类材料中的霍尔效应,铁磁材料(或者磁场下的顺磁材料)的霍尔电阻还包含一项依赖于材料磁化状态的且更大的贡献,这就是反常霍尔效应(anomalous Hall effect 或者 extraordinary Hall effect)。尽管已是人尽皆知的现象,反常霍尔效应在各类材料中的具体起源仍有争论。

低温下的二维量子气,其霍尔电导是量子化的,$\sigma = \nu e^2 / h$,其中的系数 ν 为 filling factor,取值为整数或者一些分数如 1/3, 2/5, 3/7, 2/3, 3/5, 1/5, 2/9, 3/13, 5/2, 12/5, …,此之谓量子霍尔效应。相应地,量子反常霍尔效应指量子化的无须外加磁场就能实现的霍尔效应。量子反常霍尔效应能揭示多电子体系的拓扑结构。

4.3 电子的反常磁矩

一个转动的电荷,其产生的磁矩为 $\mu = g\mu_B L$,其中 L 是角动量,μ_B,玻尔磁子,是一个常数,而 g 就是个比例系数。根据狄拉克方程,电子自旋角动量为 $\hbar/2$,则旋磁比 $g = 2$。实际测量到的电子自旋造成的磁矩表明 $g \approx$ 2.00231930436182 ± (2.6×10^{-13}),比 2 多了点儿。这个微小的修正被当作电子的反常磁矩(anomalous magnetic dipole moment of the electron)。据说量子电动力学将这个小的修正归结于电子同虚光子之间的相互作用,从而精确地预言了 g 值[①]。

4.4 水星的反常近日点进动

开普勒第一定律断言行星的轨道是一个椭圆,那是个粗略的近似。行星的轨道并不是闭合的,其近日点会有一些移动,称为 perihelion advance(图3)。水星的反常近日点进动是科学史上的重要问题,注意这里的反常不是指存在这样的进动,而是说进动的尺度有点大(约 5601″/百年,相对于地球),即比基于已知行星(们)之存在用牛顿力学计算的结果要大约 43″/百年。多种方案被提出来解释这个反常,除了再引入更多的其他天体,还包括牛顿引力定律以外的引力定律选择(an alteration of Newton's law of gravitation)。后来,爱因斯坦的广义相对论解释了这个反常进动,无须引入任何莫名其妙的因素(fudge factors),这算是爱因斯坦理论正确的证据之一[5]。不过,别的方案也还没有被完全放弃。

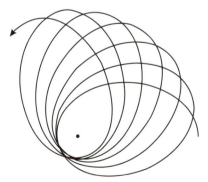

图3 行星的近日点进动

---

① 我不太相信什么测量和理论精确符合到小数点后面十几位的说法。没那么准确,也没必要那么准确。

4.5 全身反常的水

说到反常,水表现出诸多反常性质,比如一般见到的冰(固体水)会浮在水面上;水的表面比体内致密;液态水可在很低的温度下存在且加热会凝固;热水可能比冷水结冰快,等等。这些所谓的性质反常,只是表明水和别的液体不太相同而已。考虑到氢离子的特殊性以及水的团簇结构,这些反常就显得正常多了。其实,放到更大的物理参数空间,反常的比重会降低很多。比如冰会浮在水面上,指的只是 I_h 相的冰而已,其他已确立的十多种冰相可是都比水沉的。

4.6 反常色散

人们熟知的正常色散关系(normal dispersion)是折射率随频率的增加而增大,这发生在材料没有强烈光吸收的频率范围。当发生强烈光吸收时,折射率可能会随着频率的增加而减小,此谓之反常色散(anomalous dispersion)。类似的所谓反常物理现象,基本上都是些鸡毛蒜皮的小事。反常说得多了,还会出现 anomalous normal state 这样的表述[6]。顺便说一句,出现在 exotic differentiable structures on Euclidean 4-dimensional space 中的 exotic 也会被汉译为反常的、怪异的。它的本义是外来的(因此显得有点不一样),试比较 une plante exotique(外来植物)和 une plante indigène(本地植物)。

5. 结语

物理概念中的 abnormal, irregular, extraordinary, anomalous 是相对于已知或预期而言的,当放到更大的层面上去看,或者未知的因素被找到,或者被用更正确的理论来理解,那些曾经的反常现象都变得非常自然合理。有时,反常可能是人为带入的,都不能算是物理现象的一部分。规范理论计算若对边界条件的规范依赖处理不当会带来一些"反常",如何避免这类反常竟然成了规范理论分类的指标,也算一件趣闻。如果说从前的物理学家构造那么多反常概念是因为眼皮子浅的话,今天再遇到新现象立马以反常加以渲染就未必合适了,毕竟太阳底下无新鲜事。存在就是合理的,物理的世界里没有反常。希腊语的物理,φυσική,就是自然 φύσις,所谓物理即自然(《盐井》),这道理连杜甫老师都懂。

补 缀

1. 电视剧《风筝》中有句台词:"反常即为妖!"哈哈,这个编剧对人情、对物理理解得太透彻了。物理反常,是全同的妖。反常物理标签的漫天飞舞,那是因为物理学史也部分地是人的历史的缘故。
2. 前些年,英国闹出了一个 13 岁男孩喜当爹的新闻。故事的男主角一脸懵懂(his face is still a picture of innocence),哪里是通晓人伦的模样,人们自然会得出这是反常现象的结论,这也正是此事的新闻价值所在。然而,事实证明那小男孩不过是被女友推上前台顶缸的,the true father 还是大于 13 岁的。你看,哪儿有什么反常了。反常现象的出现,在人不在事。
3. 一个价值体系颠倒的社会,文化、艺术、科学这些讲究真善美的领域要有点成就那倒是反常的。

参考文献

[1] 曹则贤. 物理学咬文嚼字 014:正经正典与正则[J]. 物理, 2008, 37(8): 611-613.

[2] 曹则贤. 物理学咬文嚼字 058: Norm and Gauge[J]. 物理, 2013, 42(11): 815-819.

[3] 曹则贤. 物理学咬文嚼字 032:切呀切[J]. 物理, 2010, 39(11): 203-206.

[4] Pressley A. Elementary differential geometry[M]. 2nd edition. Springer, 2012.

[5] Pais A. Subtle is the Lord[M]. Oxford University Press, 1982: 253-254.

[6] Broun D M. What lies beneath the dome? [J]. Nature Physics, 2008, 4 (3): 167-204.

之八十八　Bubble & foam

相濡以沫[①]

——《庄子·大宗师》

I prefer to live in my own little bubble of my own reality.

——Lauren Lee Smith

摘要　泡泡与泡沫是极为寻常的事物，却为物理、数学提供了丰富的对象和深刻的启发。

1. 泡泡与泡沫

我小的时候，老家那地方雨水还是非常充足的，印象中夏季在田里摸鱼是常有的事。大雨一下，哪天才停那可就说不准了。下雨天没事，我就望着雨线发呆。记得屋檐滴水总是能成绺儿的，在快落地的时候断成一个大水滴（这个

[①] 这一段全文为："泉涸，鱼相与处于陆，相呴以湿，相濡以沫，不如相忘于江湖。与其誉尧而非桀也，不如两忘而化其道。"庄周自己不愧为大宗师。那些拘泥于什么波粒二象性的人们，能理解庄子的"两忘而化其道"吗？

观察让 Strato 认识到下落是加速运动!),狠狠地砸在积水上,有时候就会有个大气泡从积水中冒出来。气泡刚产生时会四下里张望跟个淘气的孩子似的(用行话说叫具有角动量),然后选个合适的方向飘然而去,不过没走多远就啵的一声破裂了。气泡产生了又破灭,这神奇的现象给我带来了不小的欢乐。

水中冒出的泡泡,英语叫 bubble,德语叫 Blase 或者干脆叫 Gasblase(气泡)。动词冒泡的德语为 blubbern,和英语的 bubble 或古英语的 bobelen 一样都是象声词,由冒泡的声音而来[1],这反映了泡泡随时会破裂(ready to disrupt and collapse)的特性。Bubble 作为动词,引申义为不断冒出来,如 Oppenheimer is bubbling with ideas(奥本海默(的头脑中)不断冒出主意)。干净的水不易起泡,而含发酵物的水或加肥皂的水却容易起泡,上面常常会飘着厚厚的泡沫。泡沫,英语为 foam,德语为 Schaum。人说话多了时的口边白沫,或者啤酒上方的沫,叫 froth. Froth 作为动词有 to blow hard 的意思,可能是强调泡沫破裂时的炸响。浮沫给人以无足轻重的印象,所以 just froth 可以用来作抽象的比喻,比如辣眼睛的学术泡沫(academic froth)。Foam 和 froth 的形容词形式分别为 foamy 和 frothy。关于 bubble, foam 和 froth 的关系,下面这一句有助于体会:"Beer head is the frothy foam on top of beer which is produced by bubbles(啤酒头是指啤酒上部由气泡(bubble)组成的滋滋炸响的(frothy)浮沫(foam)。"拥有一个 full, frothy head 是好啤酒的特征(图1)。发

图 1　好啤酒的顶部(beer head)是由 bubbles 组成的 frothy foam

---

[1] Bubble 的正确发音我以为就是"啵啵",试想象一下婴儿努嘴吐泡泡的样子。人们由 bubble 还造出了 zubble 和 wubble 等词。Zubble 是能吹出彩色 bubble 的人造材料,泡泡破裂后其中颜料不会留下污渍。

酵物冒泡,动词为 effervesce(to foam up)。由肥皂或者别的洗涤剂造成的泡沫,有个英文词 lather,它还特指(赛马的)汗沫;带泡沫的肥皂水,英文名词是 suds,形容词为 sudsy。

在希腊神话中,爱与美之女神阿芙洛狄忒(Aphrodite, αφροδίτη),罗马神话中为维纳斯(Venus),是脚踩扇贝壳从海面的泡沫中诞生的[1]。阿芙洛狄忒的一个别名干脆就是 Aphrogeneia (αφρογενεια),foamborn,即"沫生人"。阿芙洛狄忒或者维纳斯的诞生,是西方文艺作品永恒的话题。希腊语词干 αφρο 为泡沫,其拉丁语转写 aphro 出现在许多科学名词中,如 *aphrophora* (沫蝉属)。沫蝉,英文叫 froghopper 或 spittlebug(吹沫虫),其德语名称 Schaumzikaden 字面上就是沫-蝉。沫蝉属包含多种蝉,其特征是幼虫生活在一个泡沫围成的窝(Schaumnest)里(图 2)。类似地,有蜗牛会在水面之

图 2 稻叶上的沫蝉

下脸朝上生活在一个自己营造的泡沫窝里,恰正是 live in my own little bubble of my own reality。在大气环境或水中维持一个泡沫窝,考虑到可能发生的物理、化学过程,应该不是一件容易的事情。为什么有些动物会选择营造泡沫窝,以及如何维持泡沫窝内条件的稳恒,应该是个相当有趣的研究课题。

2. 泡泡与泡沫的数学和物理

水包裹的气泡是最自然的现象,它天然地是科学研究的对象。关于单个气泡(bubble)的一个重要方程是 Young-Laplace 方程,描述界面上的压差 Δp 同界面能 γ 和界面几何之间的关系,$\Delta p = \gamma(1/R_1 + 1/R_2)$,其中 R_1, R_2 是主曲率半径。对于球面来说,$R_1 = R_2$。注意到常温下水-空气间的界面能高达 72 mN/m,半径在毫米以下的气泡,其内、外压差可是大气压量级的。这解释了在水中产生气泡的不易。加入肥皂、酒精一类的物质能显著降低水的表面

能,因此有助于水泡的产生。有经验的养鱼人知道,若水面上布满泡泡,那是水太脏了。

若两个气泡相遇而结合(merge, coalesce),其稳定构型是什么样的?全同的两个气泡结合,其相连部分是平的(没有压差),其余的部分为两个球帽,这似乎很好理解。如果尺寸不等,则小的气泡因为内压力大会部分地挤入大的气泡中去,所以其稳定构型由三个球帽组成,且它们两两之间的二面角(dihedral angle)为120°(图3),半径关系为$1/R = 1/r_2 - 1/r_1$。这个看似合理的由观察而来的结论之数学证明,即为什么这样的构型是表面能最小的,是在这个世纪之交才完成的挑战。此外,三个球帽形的气泡可以共线,两两球帽之间的壁之间的夹角为120°;四个球帽形的气泡共享一个顶点时,则两两球帽之间的壁之间的夹角为$\arccos(-1/3) = 109.47°$。上述两个结论就是所谓的Plateau定律。Joseph Plateau(1801—1883),比利时人,一个醉心于视觉研究和吹泡泡的人。Plateau晚年失去了视觉,据说仍指导侄子吹泡泡继续他的研究。他的长达450页的《仅置于分子力之下的液体之静力学》是关于泡泡的名著[2]。

图3 两个不同大小的气泡结合的稳定构型

醉心于吹泡泡的神人还有著名的开尔文爵士(Lord Kelvin, 1824—1907)。据说其侄女1887年到乡下去看望他时,德高望重的老爵士就在忙着吹泡泡。泡沫的整体构型是表面积最小的。不知是否是受泡沫的启发,开尔文猜测图4中的截角八面体(truncated octahedron。此为面心立方结构的Wigner-Seitz

单胞)的堆积,其总表面积最小,这即是所谓的开尔文猜想[3]。1993年,Denis Weaire 和 Robert Phelan 找到了一种表面积更小的结构,从而判定开尔文猜想不成立。Weaire-Phelan 结构以 8 个多面体为重复单元,其中 6 个为十四面体,2 个为十二面体,而多面体的面,稍弯曲,为六边形和五边形(图 4)。Weaire-Phelan 结构的面积比 Kelvin 的结构少 0.3%[4]。

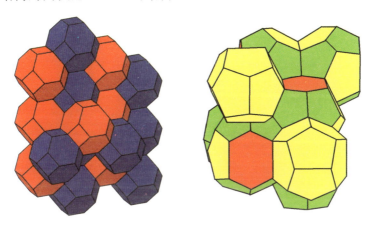

图 4　充满整个三维空间的截角八面体堆积和表面积更小的 Weaire-Phelan 结构

泡泡的内、外压力差与半径成反比,可以想见泡泡的形核不是一件容易的事,若是在固体中那就更不容易了。聚变反应和粒子注入或溅射过程会让氦气、氢气、氩气等气体在固体中团聚(cluster)成泡泡。如果固体不是那么结实且表现为各向异性,比如立方氮化铜纳米颗粒堆积的薄膜,则鼓起的气泡会表现出意想不到的海星状[5](图 5)。

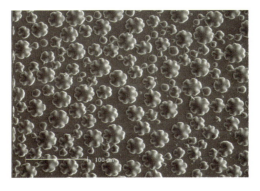

图 5　Cu_3N 薄膜的表面形貌。由于氩气聚集的气泡,薄膜表面鼓起了五瓣的海星状隆起

泡泡不仅提供很多有趣的研究对象，比如泡泡的结冰（图6）和泡泡在液体中的运动（图7），它还为物理研究提供灵感。气泡存在于液体中，可以看作是液体的缺失，或者说缺失（void, hole）也是一种存在。由此，能量空间中（或者量子态上）缺失的一个带负电荷电子也可以看作是一个带正电荷的粒子？这个奇怪的念头导致了正电子概念的产生，进而有了反粒子和反物质的概念。在固体物理语境中，一段几乎连续的能量（能带）对应的状态如果缺乏电子的占据，那对应带正电荷的载流子，即空穴（hole）。如同水中泡泡的运动不可以仅仅看作是水受重力运动的某种等价描述，霍尔效应会告诉我们空穴也不仅仅是电子之集体运动的某种等价描述——空穴和电子还真是两类载流子。肥皂泡里的学问[6]，可不能小觑。

图6　一个结冰的泡泡（frosted bubble or freezing bubble）

图7　水中的气泡为我们提供了空穴模型（hole model）

在许多场合,泡泡的发生却是不受欢迎的,甚至会导致严重的问题。于是,抑制泡泡的发生就成了必要。能够抑制某种液体中气泡发生的添加剂称为 anti-foamer 或者 defoamer[7]。

3. 泡沫材料

如果泡沫的壁有足够的刚性,那泡沫就可以拿来当材料用。蜂窝就是典型的泡沫材料(foam materials)。蜂窝结构本来就是 bubble physics 或 foam physics 的关切对象,其是符合用料最少原理的。当然,泡沫结构可能还有减振、隔热、吸声等效果,因此泡沫材料的使用大行其道且意义深远。一个简单的例子是隔热、减振的泡沫塑料的使用,它让远方的人们能尝到大闸蟹的美味,也让其他地方的螃蟹有机会到大闸蟹的故乡洗个澡后就能拥有大闸蟹的身份。

满世界跑着的金属制运输工具,如飞机、火车、汽车等,基本上都是在忙着运输它们自己,因为其中装载的人、货之重量只占少部分甚至是可以忽略不计的。如果能够减轻其自重,就可以大大降低运输能耗。将金属加工成泡沫结构,是解决此问题的思路之一。金属泡沫(图8)不仅自重大幅减少,也许同时还拥有其他的有益性能,比如热、电绝缘、能有效吸收撞击能量等。不幸的是,液态金属的表面张力太大,研制出有效的用于制备金属泡沫的发泡剂(foaming agent)不是一件容易的事。

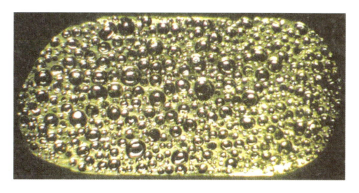

图 8　用 TiH_{2-x} 作发泡剂制作的金属铝泡沫

4. 抽象的泡沫

量子泡沫(quantum-foam)，又叫时空泡沫(spacetime foam)，这个概念是物理学家惠勒(John Wheeler，1911—2008) 1955 年制造的产品。根据量子场论，不确定性原理允许粒子-反粒子对不停地产生和湮灭，即存在能量的大幅涨落。又根据广义相对论，能量的大幅涨落足以引起时空对平直时空的偏离。由此，"one can image" 时空不是光滑的，而是由小的、不停变化的区域组成的，在其中时间和空间是不定的(not definite)。存在量子涨落的时空，其结构是类泡沫的(foamlike structure)，或者说 of foamy character，此之谓时空泡沫。据说泡沫状的时空会限制测量距离的精度(实在是想多了。这肯定是从不做测量的人的物理)，因为这些量子泡泡(quantum bubbles) 的尺寸在剧烈涨落。

对于这个所谓基于不确定性原理与广义相对论的引力时空量子理论的结论，完全不必当真。量子场论中涉及的虚粒子对的能量不足以引起足够的时空弯曲，所谓的量子泡沫只是凭空想象的虚粒子产生-湮灭过程在极小时空尺度上的效果。目前人们还没有找到如何构造一个自洽的量子引力理论的方法，也没有粒子尺度上时空结构的具体图像或定义。这个量子泡沫的概念不过徒具吸引眼球的功能罢了。往深处说，量子力学也没什么不确定性原理，不仅对关系式 $\Delta x\Delta p \geq \hbar/2$ 的诠释常常是错误的、歪曲性的，甚至在量子力学的语境中时间是参数，$\Delta E\Delta t \geq \hbar/2$ 根本就不存在[8]。量子力学谈论时间(参数)和空间(位置算符)，但不谈论时空。量子泡沫之类的概念，至少到目前为止还没带来任何有益的对物理学的理解。其实，量子泡沫还真不是什么新概念，很久很久以前，喜欢吹肥皂泡的开尔文爵士就曾猜想以太是一滩泡沫(the ether is a foam)[9]。Quantum bubble，quantum foam，以及许多挂着量子"羊头"的"狗肉"，不过是 foamy & nonsensical 的呓语。这些量子理论的特征都是各说各话、支离破碎，没有章法可言。类似经典力学、热力学那样严谨的量子理论体系还没建立起来。没有扎扎实实研究过经典力学者，是不配谈量子力学的，这也是狄拉克伟大的地方而玻尔后来只能瞎诌的。没有严谨数学连接的理论碎片，连泡沫都算不上。

量子引力理论中还引入另外一个带泡沫的概念，spin foam（自旋泡沫？）。据说 a spin foam can be viewed as a quantum history（一个自旋泡沫可以看作是一段量子历史)。这些理论笔者弄不懂,此处不论。

5. 泡沫啊美丽的泡沫

上帝创造世界使用了最少动作原理(least action principle);蜜蜂构造巢穴用了最少用料原理;肥皂泡的结构为数学家的最小面(minimal surface)研究提供了最直观的证明和启发。这些启发中给我印象最深的是,某些支撑所张起的肥皂膜,或者说某些给定边界条件下的 minimal surface,会是这样的一类函数 $F(x;y\rightarrow 0)\neq F(x;y=0)$[10]。这太难以置信了,也太有冲击力了。如果不是肥皂膜可以轻松演绎这样的结果,数学家也会忽视这种存在的可能吧。这让我想起了另一件事。对任意的时空函数 $\varphi(x;t)$,在任一固定点上都可以得到一个时间序列 $f(t)=F\circ\varphi(x=c;t)$,比如 $f(t)=|\varphi(x=c;t)|^2$。但是一般来说从 $f(t)$ 却无法反演出函数 $\varphi(x;t)$,更无法一口咬定它是某种波的函数并进而大谈特谈其动力学过程。愣把一个 $f(t)$ 的信号说成是探测到了某种波 $\varphi(x;t)$,那可太缺乏说服力了。电磁波的概念,可是建立在庞大的理论(麦克斯韦方程组、波动方程)和众多可观测性质(电磁波的激励、传输、折射、衍射、反射等)的基础上的。想从某点探测到的电磁波时序信号反演出电磁波源的信息,原理上和实践上也都不是确定无疑的。

再看一眼美丽的肥皂泡(图9),再啰唆一句说过的话:"没有严谨数学连接的理论碎片,连泡沫都算不上。"

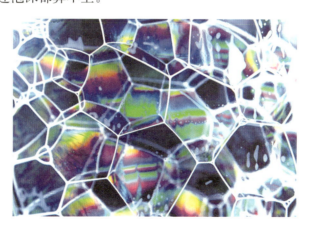

图9 予人类以无限灵感的肥皂泡沫

补 缀

1. 法国画家让·巴蒂斯特·西蒙·夏尔丹（Jean-Baptiste-Siméon Chardin，1699—1779）曾于 1734 年创作了一幅帆布油画《吹肥皂泡的少年》（图 S1）。

图 S1　吹肥皂泡的少年

2. 座头鲸靠吹气或者用尾巴与鳍拍水的方法制造泡泡，围猎磷虾。
3. 开尔文爵士研究泡泡的手稿（图 S2），有图有公式。

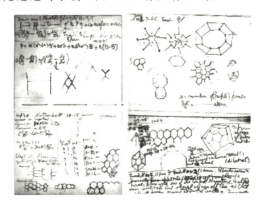

图 S2　开尔文的手稿

4. 有所谓的量子时空或者量子引力的自旋泡沫模型（Spin foam models of quantum spacetime or quantum gravity）。一个泡沫可以看作是量子历史（A spin foam may be viewed as a quantum history）。自旋网络提供了描述空间几何的语言（Spin networks provide a language to describe quantum geometry of space）。这里的喧嚣好似巨大的泡沫，让人看不清真实。

5. 有所谓的泡泡聚变（bubble fusion），也叫 sonofusion，指通过声空化（acoustic cavitation）过程在液体中产生的大泡泡破裂时引起的核聚变。其和低温核聚变一样，是科学史上的著名闹剧。它们的重大意义在于指出物理学是一门容骗空间极大的学问，但任何骗局都逃脱不了被揭穿的结局。
6. 希腊神话中的阿芙洛狄忒（Aphrodite，Αφροδίτη），罗马神话中为维纳斯（Venus），是脚踩扇贝壳从海面的泡沫中诞生的（rising from the foam of sea）。阿芙洛狄忒的诞生，或者罗马神话中的维纳斯（the birth of Venus）的诞生，是西方绘画、雕刻的持久主题，不少艺术家都有这方面的作品。著名的有意大利画家波提切利的《维纳斯的诞生》，法国画家布格罗的同名作品（图S3）尤佳。

图 S3　油画 *The Birth of Venus* by William-Adolphe Bouguereau（circa 1879）

参考文献

［1］ Houle M M. Gods and Goddesses in Greek Mythology[M]. Enslow Publishers, Inc., 2001.

［2］ Plateau J. Statique expérimentale et théorique des liquides soumis aux seules forces moléculaires[M]. F. Clemm, 1873.
英译本名为 *Experimental and theoretical statics of liquids subject to molecular forces only*.

［3］ Thomson W. On the Division of Space with Minimum Partitional Area[J]. Philosophical Magazine, 1887, 24 (151): 503.

［4］ Weaire D. Kelvin's foam structure: a commentary[J]. Philosophical Magazine Letters, 2008, 88(2): 91-102.

［5］ Cao Z X, et al.. Formation of Rosette Pattern in Copper Nitride Thin Films via Nanocrystals Gliding[J]. Nanotech, 2005, 16: 2092-2095.

［6］ Isenberg C. The Science of Soap Films and Soap Bubbles[M]. New York: Dover, 1992.

［7］ de Gennes P-G, Brochard-Wyart F, Quéré D(eds.). Capillarity and Wetting Pheonomenon[M]. Springer, 2004.

［8］ 曹则贤. 物理学咬文嚼字 044: Uncertainty of uncertainty principle（上）[J]. 物理, 2012, 41(2): 119－124.
曹则贤. 物理学咬文嚼字 044: Uncertainty of uncertainty principle（下）[J]. 物理, 2012, 41(3): 188-193.

［9］ Weaire D(ed.). The Kelvin Problem[M]. Taylor & Francis, 1996.

［10］ Courant R, Robbins H. What is Mathematics[M]. 2nd edition. Oxford University Press, 1996.

八十九 Parity

> The exception proves the rule.[①]
> ——John Wilson
>
> 你军阶太低，跟我不对等。
> ——《亮剑》

摘要 Parity 在物理文献中被译为宇称，"宇"字是强加的，在数学中 parity 就被简单地译为奇偶性。Parity 反映的是某种对等关系，parity symmetry 是物理学的一个信条，parity breaking 的发现带有革命性的戏剧色彩。生物学意义的 parity 另有词源。

1. Parity 这个字

宇称守恒，以及弱相互作用中的宇称不守恒，是非常高冷的概念。这里的

[①] 例外是对规则的证明。一个典型的例子是俄语语法，每一个规则都存在大量的例外。

宇称，对应英文名词 parity，其词干为 par①。Par 本身可以用作名词、动词和形容词，源自拉丁语的 paritas，本义是 equal，相等。容易想到同源的 part，作为部分的意思应该还保留等分的意味，见解释 part：any of several **equal** portions。Par，在短语如 on a par 及 on a par with 中，有势均力敌、可以比肩、对等的意思，如 women were on a par（妇女能顶半边天）。Par，由持平、对等的意思又引申出标准的意思，但是是那种不多的人能够做到而鲜有人能超越的基准（few regularly meet and very few beat），见于高尔夫术语 a par-three hole（三杆洞），a course of par value of 72（72杆赛），等等。显然，on par，above par，达到或超越的不是一般的平均水平。Parity 可用于各种情景，但总不失其相等的本义，on parity with, have parity with 都强调双方具有同等的地位、能力、价值、作用等。Pay parity 意思是同工同酬，而不同货币之间的 1∶1 兑换率也是 parity。

注意，parity 一词也出现在生物学语境中，意思是生育次数（the number of times a female has given birth）。不过，此处的 parity，和我们熟悉的 parent（父或母之一方，强调其为生育者的角色）一词一样，来自拉丁语动词 parere，其本义是 to bring forth, bear, to give birth to（生育、造成）。把 parent 和同源词 prepare（准备）放一起就好理解了。Parere 在现代英语中的形容词词根形式为 parous，见于 oviparous（卵生的），multiparous（多胞胎的），等等。

2. 数学中的 parity

Parity 出现在诸多数学问题中。谈论一个整数的 parity，就是关切它是奇数还是偶数。在格点结构（lattice）中，若每个点的坐标由一组整数表示，则点的奇偶性可由其坐标值之和的奇偶性来确定。国际象棋的棋盘就把其上的方块按照奇偶性分成两类，马的走法总要求奇偶性的改变，而两只象则只能分别落在具有不同 parity 的方块内。据信，面心立方点阵可表示为每个格点的坐标之和都是偶性的（even）[1]。

同排列（permutation）相联系的 parity，称为 parity of a permutation。给

---

① Par 在法语中是介词，大约等于英语的 by，如 par avion 即是英语的 by air。这个用法也见于英语，如 par excellence 即是 by the way of excellence，优秀的，多放在被修饰的名字之后。

定一个集合 X，它的一个（变动了元素顺序的）排列为 σ，则根据反演数 N_σ（number of inversion, or number of transposition，即通过对调相邻元素的位置恢复集合 X 所需的步数）的奇偶性，可以把排列分为 even permutation 和 odd permutation 的，而 parity 在英文中也干脆被解释为"oddness or evenness"。可以给排列 σ 赋予符号（sign），定为 $(-1)^{N_\sigma}$。可见，parity 为偶时符号是 $+1$，而 parity 为奇时符号是 -1，故此德语文献中还保留 positive Parität 和 negative Parität 的说法。注意，parity 出现的地方有反演（inversion，逆操作）的身影。进一步地，可引出 parity of a function（函数奇偶性）的概念。若 $f(-x)=f(x)$，则称为偶函数，典型的有 $\cos x$；若 $f(-x)=-f(x)$，则称为奇函数，典型的有 $\sin x$。用余弦函数和正弦函数作为基展开函数，即作傅里叶展开，可以想见一个偶函数的展开只包含余弦函数，而奇函数的展开则只包含正弦函数。

在数学文献中，parity 就被汉译为奇偶性。这是一个不错的译法，虽然采用这个译法去谈论 evenness or oddness of parity 可能有点怪怪的。奇偶性是乘法传递的。

3. 物理中的 parity

物理是用数学的语言表述的，parity 的概念自然会通过数、函数、操作的概念进入物理学领域。在中文物理学文献中，parity 被译成了宇称，其中的"宇"字，如同 adiabatic 之汉译绝热中的"热"字，都是额外强加的（可能是为了和 T——time inversion——相并列），都为相关问题的理解和表述带来了极大的困扰，至少它为同数学文献的一致性带来了麻烦。

函数的奇偶性可以用来区分一些物理量。比如，若将坐标原点选在电荷 Q 上，则其势函数满足 $V(-r)=V(r)$，是偶宇称的，而电场强度满足 $E(-r)=-E(r)$，是奇宇称的。如果采用德语 positive Parität 和 negative Parität 的说法，字面上的意义就特别清楚，那就是说"在正的意义上相等"和"在负的意义上的相等"。注意，此处 parity 和坐标原点的选取有关，若把原点选在别的地方就没这个 parity 问题了。

Parity symmetry（这个词组译成宇称似乎更合适）作为一个物理学概念比

函数的奇偶性具有更多的内容。对于一个物理空间中的位置矢量,若要求在操作 P 下矢量的模不变,则必须有 $PP^T = 1$,即操作对应的矩阵应该是正交矩阵,矩阵值(determinant)应为 $+1$ 或 -1。转动操作对应的矩阵,其矩阵值为 1;根据转动操作下的行为,经典物理对象可以分为标量(scalar)、矢量(vector)和高阶张量(可统称为张量,tensor。标量和矢量即是 0 阶和 1 阶张量)。三维空间中的镜面反射以及空间反演(inversion de l'espace),对应 $(x, y, z) \mapsto (x, y, -z)$ 和 $(x, y, z) \mapsto (-x, -y, -z)$ 的操作[1],其相应的矩阵的值为 -1。讨论在这种操作下的等同问题就是在谈论 parity symmetry。在谈论 parity symmetry 的文献中会遇到 mirror image(镜像,räumliche Spiegelung)以及 inversion of space,就和上述两种情形有关。一般来说,谈论 parity symmetry 时关切的是 $(x, y, z) \mapsto (-x, -y, -z)$ 带来的问题。加入 parity 以后,物理量可以扩展。比如,转动下不变的量,$P = +1$ 的是标量;$P = -1$ 的则是赝标量(pseudoscalar);转动下按照矢量进行变换的,若 $P = -1$,那是矢量;$P = +1$,则是赝矢量(pseudovector)。经典力学中的能量、质量等是 scalar,速度、动量、电场强度、电位移等是 vector,而角动量 L 和电磁学的 B, H, M 等量则是 pseudovector[2],有文献称为 axial vector(轴矢量)。

1924 年,O. Laporte 根据奇偶性给原子的波函数分类,并且发现当原子从一个状态跃迁到另一个状态发射一个光子时,波函数的奇偶性就改变。若认定光子具有内禀奇偶性,Laporte 的发现就可以表述为宇称守恒(conservation of parity,奇偶性不变!)[2]。在谈论波函数时,汉语表述是这样的:函数 $\psi(x) = \psi(-x)$ 具有偶宇称,而 $\varphi(x) = -\varphi(-x)$ 具有奇宇称。其实,波函数也不过是函数,这里谈论的不过是函数的奇偶性。

在处理比如氢分子这种两中心的问题时,会有 permutation 操作 P(或者也用希腊字母 π, Π 表示),$P\psi(r_1, r_2) = \psi(r_2, r_1)$。由于 $PP = 1$,显然其本征值只能是 $+1$ 和 -1。这容易让人想起 parity 问题。实际上,调换两粒子的坐标就是对两粒子相对位置矢量的反演,$r = r_1 - r_2 \mapsto -r$——本来就有 parity of permutation 的说法。

---

[1] 操作 $(x, y, z) \mapsto (-x, -y, z)$ 等价于转动操作,其所对应的矩阵,值为 $+1$。
[2] 由于 E, D 和 B, H 性质的不同,形式上不对称的麦克斯韦方程组才具有高对称性。添加所谓的磁荷或磁单极使得麦克斯韦方程组具有 apparent 对称形式,没有得出任何有意义的结果。

在量子力学中，量子态既可以根据张量也可以根据旋量（spinor）的规则变换。量子力学意义下的操作，要求宇称变换（parity transformation）P 是个关于状态函数的幺正操作，即 $P\psi(r) = e^{i\theta/2}\psi(-r)$。则有 $P^2\psi(r) = e^{i\theta}\psi(r)$，也就是说算符 P^2 是内禀的对称性操作，其为本征态 $\psi(r)$ 带来相位角 $e^{i\theta}$。如果 $e^{i\theta}$ 是某个连续对称群 $U(1)$ 的元素，则 $e^{-i\theta/2}$ 也是该群的元素，则总可以引入新的宇称变换 $P' = e^{-i\theta/2}P$，使得 P' 的本征值为 $+1$ 和 -1。因为 $PP = 1$，parity symmetry 构成了阿贝尔群 Z_2。在量子场论中，若要求量子电动力学是宇称变换不变的（invariant under parity），则要求湮灭算符满足如下变换：$\Pi a(p, \pm)\Pi^+ = -a(-p, \pm)$。这里用 Π 表示宇称变换，p 是光子动量，而 $\pm$ 代表两个极化态。这个要求实际上是说光子具有奇的内禀宇称（奇的内禀奇偶性）。相应地，标量场具有偶的内禀宇称。在 P 作用下，对自旋为 $1/2$ 的费米场，有 $P\psi(r,t)P^{-1} = e^{i\varphi}\gamma_4\psi(-r,t)$。

4. Parity Breaking

对称性在物理学中具有举足轻重的地位。从动量守恒、角动量守恒等尚称朴素的规律，人们进而提出"物理学定律在平动和转动变换下是不变的"。这个变换下不变的思想进一步地扩展到了宇称守恒——宇称守恒涉及左、右对称性[①]。人们想当然地以为在物理学的各种相互作用中，parity symmetry 都能得到保证。麦克斯韦方程组就是宇称变化下不变的。宇称守恒一直是一个在所有分析中不言而喻的假设。然而，直觉的不靠谱（fallibility of intuitions）又一次教训了人们，在弱相互作用中 parity symmetry is broken。

1955 年粒子物理学界在为所谓的 θ-τ puzzle 所困扰。简言之，人们发现 $\theta^\pm$ 衰变成两 π 介子（$\theta^+ \to \pi^+\pi^0$），而 $\tau^\pm$ 衰变成三 π 介子（$\tau^+ \to \pi^+\pi^+\pi^-$）[②]。此前的 1954 年，$\pi$ 介子的 parity 已被确定为负或奇的。但是，所谓的 θ 粒子和 τ 粒

---

① 1848 年，法国科学家 Louis Pasteur 发现了一类化合物，同一种物质存在能将偏振光向左和向右旋转的两种形式。这类化合物被称为 isomer（equal + part），字面意思是具有相同组成单元，汉译异构体。Isomers 的两种形式互为镜像，具有手性。手性分子被称为 optical isomers 或者 enantiomers（in + anti + part），后者的意思是其中存在相反的单元。Isomers 在化学合成过程中表现出左右对称性。

② 1947 年 Cecil F. Powell 从宇宙射线造成的云室径迹中辨认出了 Pi 介子（也写成 π 介子）。Pi 介子在弱相互作用被引入物理学的过程中扮演重要的角色。

子,基于角动量和能量守恒对衰变产物的分析认为它们是不同的,但其质量和寿命却几乎完全一样。摆脱这一困境的方法之一是假设宇称不守恒,从而把它们看作是同一种粒子(如今被称为 K 介子)的两种衰变模式。1956 年,李政道先生和杨振宁先生合作发表了一篇文章[3],探讨了弱相互作用中宇称不守恒的思想,并建议了一系列可能验证此一思想的实验方案,包括测量极化原子核的β衰变中出射电子的角分布以及 $Λ^0$ 介子衰变的研究。1957 年 1 月吴健雄研究组通过测量极化的 $^{60}_{27}$Co 原子核β衰变(图 1)的电子角分布,确认了出射电子在 θ 一同 180°−θ 范围内的分布是不对称的(角 θ 是母核取向与电子动量之间的夹角),从而为宇称不守恒提供了无可争辩的证据[4]。此后很快在 π→μ→e 衰变级联中和 $Λ^0$ 介子衰变中,宇称不守恒都得到了证实[5]。"八个月后,宇称不守恒就成了老生常谈",当年年底,李、杨获得诺贝尔物理学奖①。

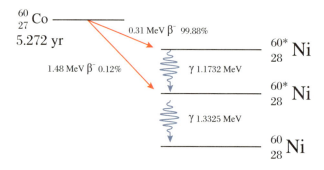

图 1 $^{60}_{27}$Co 原子核的β衰变

5. CPT theorem

宇称 P 涉及 inversion of space,容易想到它同时间反演 T 会有联系。还有人想到了它同电荷共轭(charge conjugation, $Q \mapsto -Q$;用 charge 的首字母 C 表示)之间的关系。1956 年夏,李政道先生接到 R. Oehme 的一封信,指出:在一定限制下,要求电荷共轭和时间反演,就意味着 P 必须守恒。李政道先生

---

① 李、杨两位先生获诺奖时的国籍记录是 cine(中国),但是,那无论如何只是美国物理学教育的成就。

认识到[6]，在任何相对论局域场论中，CPT 总是守恒的，这被称为 CPT 定理①，当然是一项极为重要的定理。李政道先生讨论 CPT② 对称性的手稿（图2），曾被选为 *Physics Today* 杂志1957年第12期的封面。弱相互作用宇称不守恒的发现，促使人们检验 C,P,T 对称性之复合是否守恒的问题。已证实在 K^0 和 B 介子的衰变过程中，CP 复合对称性是破坏的。

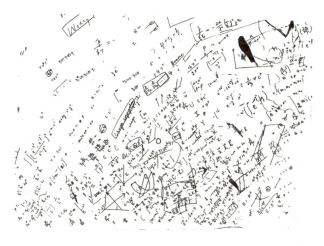

图2　李政道先生1956年夏的手迹，其中可见 CPT 字样

6．结语

对称性的概念为物理学研究提供了一个非常有力的工具。Parity symmetry 在量子力学和粒子物理中的角色无疑地证明了这一点。其实，在固体点群中，它也一样占据半边天的地位，只不过那里它的名字一直是 inversion。关于 symmetry breaking 或者 symmetry violation 的说法，有必要矫情两句。谈论 symmetry breaking 或者 symmetry violation，那要假设这个对

---

① CPT 定理在文献中被称为 Lüders-Pauli theorem，最先出现在 Julian Schwinger 1951 年的文章中。
② 李政道先生在回忆当年给别人讲解 CPT 定理时，"有一种奇怪的感觉，似乎在以前不同的场合，我曾听到过我讲的话"。然后，他模糊地记起曾听泡利讲过 CPT 定理。李先生感叹："从此以后，我总是要求自己听完我不完全理解的讲座，希望它以后某一时刻可能对我有所启发。"咦，我在拙著《量子力学（少年版）》序言中写道"把一本看不懂的书看完是一个大学者的基本素养"，看来是有道理的。

称是存在的。但是，显然我们在谈论弱相互作用中宇称破坏时，弱相互作用并没有一个 parity symmetry 等着 broken or violated，而是电磁、强相互作用中有 parity symmetry 而弱相互作用没有而已——There is not a broken parity symmetry, it is simply absent。以大体对称加上一点非对称项的拉格朗日量或者波函数描述弱相互作用，那只是我们关于物理描述的选择而已。

对称性破缺在 1980 年代是普遍性的常识，在 1950 年代前却是禁忌。质疑空间反转、电荷共轭和时间反演对称的正确性，是不可想象的；而做实验去检验这些对称性，简直是亵渎神灵[5]。这反映的是一个有趣的现象。人们通常相信宇称守恒，并不问其正确性的可能限度。其实，反过来想，并没有先验的理由认为存在这样的对称性。物理学中的其他信条，可能也有类似的问题。

宇称不守恒的发现是物理学界一代人的成果（李政道语）[5]。又，关于不同过程的弱相互作用耦合常数相同，李政道先生写道："某些时候，一项发现的出现只是因为时机成熟了；如果某一个人不能做出这个发现，则另一个人肯定会在大约同一时间做出。"[5] Mel Schwarz 就指出："正如许多伟大的思想一样，关于弱相互作用中宇称不守恒的想法，到处冒出来大约已有一年时间。不是李也不是杨首先提出这一问题，事情的关键是下一步怎么办。"[5] 类似的说法，罗素也曾表述过，大意为："一个伟大的思想总是模模糊糊地同时出现在同时代许多人的脑海里，并在某个人的脑海中率先结晶出来。"李、杨 1956 年文章的重要性，在于明确了接受宇称不守恒思想的意愿，以及具体指出了到哪里及如何验证宇称不守恒。

Parity 是对等、相匹敌的意思。在物理学中，parity 是 space-inversed space 之间的对称性。愚以为把 parity symmetry 理解成左右对称性容易造成误导。三维空间中只 reverse 一个方向的操作才是左右互换的 mirror reflection。研究 parity symmetry and its breaking 问题的合作者，其洞察力和解决问题的能力，或者说其作为伟大物理学家的资质，显然也是相匹敌的。但是，parity symmetry 遇到文章排名这种缺乏 translational ordering 及 chirality 的现实，必然会引起 symmetry breaking，这或许是物理的宿命吧！学习过如何将点群扩展成空间群的人应该能更深刻地理解这一点。

后 记

所谓的 Otto Laporte 1924 年对原子波函数按照奇偶性分类的说法出现在许多文献中。但是，波函数应该是 1926 年薛定谔波动方程出现以后才应该有的概念。Otto Laporte 1924 年去往美国做博士后研究，当年有一篇分两部分发表的文章《铁光谱的结构》[7]似乎未见详细引用。在其 1925 年的文章[8]的一个注中，可以看到"$\Delta l = -1$ because the electron loses one unit azimuthal quantum when going from its initial to the final state"的字样。电子在跃迁发光时失去"one unit azimuthal quantum"，因此有选择定则 $\Delta l = -1$，这估计是推测光子有角动量的基础。Otto Laporte 是索末菲的学生，研究光谱，熟知光谱学和旧量子力学的语言。愚以为在 1926 年薛定谔的波动力学和波函数的概念出现以前，光谱学已经为量子力学准备好了语法和词汇。光谱学—旧量子力学—波动力学—光谱学之间的互动关系，应该是规范早期量子力学发展的关键因素。缺少这部分内容，我们对量子力学（之建立和完善的努力）的理解是不到位的。

补 缀

1. 那些拿宇称守恒当回事的物理学家，没见过招潮蟹（图 S1）吗？这个宇宙，何曾有过镜面对称了！跟招潮蟹说通宇称守恒不容易。当然了，抽象的规则和对规则的实在偏离，都是物理学的内容。

图 S1　招潮蟹

2. C'est pareil,旗鼓相当的，对等的。
3. M. Gardner, *The Ambidextrous Universe*, W. H. Freeman and Company (1964)，此书中有"The Fall of Parity（宇称的沦陷）"和"The Fall of Time Invariance（时间不变性的沦陷）"两章。

参考文献

[1] Conway J H, Sloane N J A. Sphere Packings, Lattices and Groups: Grundlehren der Mathematischen Wissenschaften(v. 290)[M]. 3rd ed.. Springer-Verlag, 1999: 10.

[2] Yang C N. The Law of Parity Conservation and Other Symmetry Laws of Physics // Nobel Lectures in Physics(1942-1962)[M]. World Scientific, 1964.

[3] Lee T D, Yang C N. Question of Parity Conservation in Weak Interactions [J]. Phys. Rev., 1956, 104: 254.

[4] Wu C S, et al.. Experimental Test of Parity Conservation in Beta Decay[J]. Phys. Rev., 1957, 105: 1413.

[5] 中国高等科学技术中心. 宇称不守恒思想突破的产生[M]. 上海: 上海科学技术出版社, 2009.

[6] Lee T D. Broken Parity // T. D. Lee Selected Papers(vol. 3)[M]. Birkhaeuser, 1986.

[7] Laporte O. Die Struktur des Eisenspektrums, vol. Ⅰ[J]. Z. Phys, 1924, 23: 135-175; Die Struktur des Eisenspektrums, vol. Ⅱ[J]. Z. Phys., 1924, 26: 1-22.

[8] Laporte O, Meggers W F. Some Rules of Spectral Structure[J]. Journal of the Optical Society of America, 1925, 11(5): 459.

化学元素之名

> Young man, if I could remember the names of these particles, I would have been a botanist.
> ——Enrico Fermi[①]
>
> 故素也者，谓其无所与杂也。
> ——庄子《外篇·刻意》

摘要 化学元素和它们的结构（元素周期表）蕴涵着大自然的众多秘密，元素名称反映了人类文化演化史的一个重要侧面。了解元素名称的字面意思，或可找回部分因汉译而丢弃的关键内容。

1. 什么是 element？

西文 element，拉丁语形式为 elementum，意思是 first principle（意思是 source, beginning）, a component part or quality, often one that is basic or

---

[①] "年轻人，我要是能记住这些粒子的名称，我早成植物学家了。"——费米

essential 的意思，汉语以元、元素加以对应。据说拉丁语的 elementum，其实是由字母 l-、m-、n-、t 连起来组成的，el-em-en-te，意思是说如同字是由字母组成的那样，物质世界也是由其 el-em-en-te 组成的[1]。Chemical elements，汉译化学元素，而微积分中的 line element，area element 则被译为线元、面元。Element, in its general use, is the broadest term for any of the basic, irreducible parts or principles of anything, concrete or abstract，意义是说 element 就是最主要的、不可约的部分。其实，在汉语中，元和素，也是指代根本性的物质或构成事物的基本成分，见于元素、因素等词。元，有原始、原初、第一（prime）的意思，见于元气、元本、元旦、元春、元宵、元夜等词。Prime number，汉译为质数或素数；整数写成素数因子乘积的形式，愚以为也是类似 Hilbert 无穷维空间里的函数展开概念。古希腊人认为月亮以下的物质世界由土、水、火和气四种元素（The four elements）组成，而天上的存在是第五种存在（quintessence），是以太（aether）。Element，若见于 elements of science，是那些不可或缺的、基本的组成部分、基本原理。欧几里得的 $\sigma\tau o\iota\chi\varepsilon\tilde{\iota}\alpha$（stoicheia），英语写成 The Elements，汉译《几何原本》，但原书名字面上没有几何字样。此前希腊人希波克拉底（Hippocrates of Chios, ca. 470-ca. 410 BCE）写过同名著作。1741 年，法国数学天才 Alexis Clairaut 写过 Èléments de Géométrie 一书，这书的名字才是《几何原本》。

2. Chemical elements

由亚里士多德的土、水、火、气（这更多是哲学意义下的四元素）到今天的化学元素是一条漫长的人类探索之路。在十六世纪，Paracelsus 认为所有物质都是由水银、盐和硫组成的，因为它们分别拥有挥发性（volatility）、稳定性（solidity）和可燃性（inflammability）。十七世纪的波意耳（Robert Boyle, 1627—1691）认为元素一定是物质的，而非某种气质的载体；他同时认为不应该限定元素可能的数目——这为后来科学家发现更多的元素开启了可能性。在确立化学元素这个问题上，法国化学家拉瓦锡（Antoine Lavoisier, 1743—1794）迈出了最重要的一步。拉瓦锡明确指出，科学家无法分解的物质就是元素。在拉瓦锡的元素名单中，除了氢、氧、硫、磷、炭（coal）以及一种金属等元素外，还有光和热素（thermogen）。

今天，包括人造元素，元素周期表共纳入 118 种元素（图 1）[1-3]。第一个为化学家接受的元素周期表是俄国化学家门捷列夫（Дми́трий Ива́нович Менделе́ев，1834—1907）构造出来的[2]。1869 年 2 月，年轻的门捷列夫在写《化学原理》第二卷时，发现有必要对元素的性质加以梳理。在经过多次尝试以后，他获得了一个按照元素原子质量递增排列的周期表[4]，见图 2。门捷列夫元素周期表的正确之处在于，那些空白处所对应的元素，比如 eka-boron（scandium），eka-aluminium（gallium），eka-manganese（technetium）和 eka-silicon（germanium），后来都被逐一发现了。

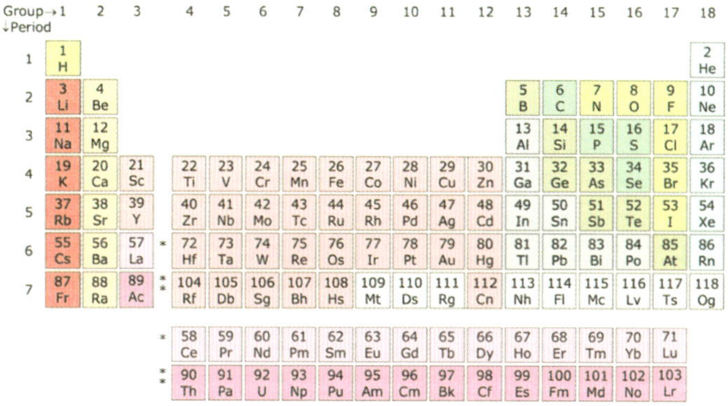

图 1　最新的包含 118 种元素的元素周期表

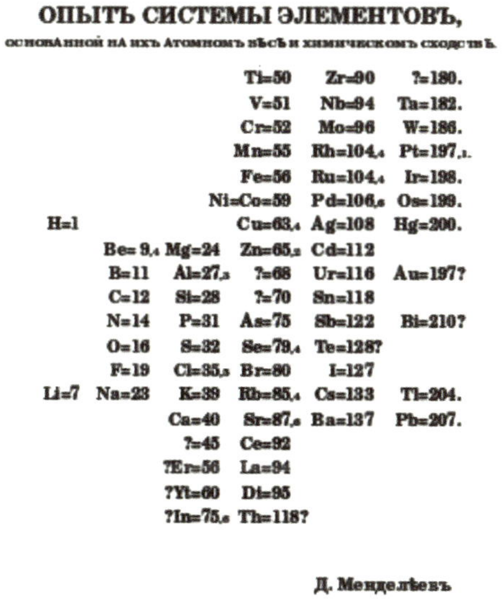

ОПЫТЪ СИСТЕМЫ ЭЛЕМЕНТОВЪ,

основанной на ихъ атомномъ вѣсѣ и химическомъ сходствѣ.

Ti=50　Zr=90　?=180.
V=51　Nb=94　Ta=182.
Cr=52　Mo=96　W=186.
Mn=55　Rh=104,4　Pt=197,1.
Fe=56　Ru=104,4　Ir=198.
Ni=Co=59　Pd=106,6　Os=199.
H=1　Cu=63,4　Ag=108　Hg=200.
Be=9,4　Mg=24　Zn=65,2　Cd=112
B=11　Al=27,3　?=68　Ur=116　Au=197?
C=12　Si=28　?=70　Sn=118
N=14　P=31　As=75　Sb=122　Bi=210?
O=16　S=32　Se=79,4　Te=128?
F=19　Cl=35,5　Br=80　I=127
Li=7　Na=23　K=39　Rb=85,4　Cs=133　Tl=204.
Ca=40　Sr=87,6　Ba=137　Pb=207.
?=45　Ce=92
?Er=56　La=94
?Yt=60　Di=95
?In=75,6　Th=118?

Д. Менделѣевъ

图 2　1869 年的门捷列夫元素周期表

古人云："名正言顺。"那么，元素名名正言顺吗？那些不走心的元素名汉译，又给我们带来了哪些曲解和烦恼？让我们来一一分剖。

3. 元素之名

No.1　Hydrogen，H. Hydrogen，hydro-，水，genes，生产者，字面意思为"水生"。这个元素就是1766年卡文迪许研究水的电解时发现的，故名。氢元素的日语名为水素，德语名为Wasserstoff，都是这个意思。氢的三个同位素都各有命名，分别为protium, deuterium, tritium，就是拉丁语的第一、第二和第三。Hydrogen和它的三个同位素分别被汉译为氢（取"轻"之意）及氕、氘和氚，属于新造字。氕、氘和氚这三个字属于神创造，发音、字义与字面形象都很契合。氢对于物理学的意义更重大，是名副其实的物理实验室。那些什么量子力学、量子电动力学，这个效应那个效应，要是在氢上不好使，其意义基本就算零了。量子力学就发轫于对氢光谱四条可见光谱线的破译。

No.2　Helium，He. Helium，helios + ium，来自希腊的太阳神 ἥλιος（helios），因这个元素是1868年从太阳光谱上首先确定的，故名。汉译氦，是音译。氦有 ^{3}He，^{4}He 两种同位素，是对物理学具有重大意义的存在。氦气是一种战略物资。

No.3　Lithium，Li. Lithium，lithios + ium，来自希腊语 λίθος，石头。Paleolithic era（旧石器时代），neolithic era（新石器时代），词根就是 lithos。Lithium一词造于1818年，元素是1817年发现的。汉译锂，是音译。锂离子因为可以在固体内长程输运，故有特别的意义。

No.4　Beryllium，Be. Beryllium，beryl-ia + ium。Beryl是一种海水绿的宝石，分子式为 $Be_3Al_2(SiO_3)_6$。Beryllium，以前曾被称为glucinum，因为该元素的单体或者化合物有甜味。该元素是1798年发现的。汉译铍，是（拟）音译①。

No.5　Boron，B. Boron，曾用名boracium，德语为Bor，来自矿物borax

---

① 这种似像似不像的音译，我管它叫拟音译。这些拟音译的方言基础据信是吴方言。

（硼砂），对应汉语的硼。该元素是 1808 年发现的，1909 年才分离出纯净样品。

No. 6　Carbon，C. Carbon，carbo，拉丁语，就是 coal。元素名拉丁语写法有 carbonium，carboneum，少见。Coal，就是煤炭，地球上到处都有，故各种有年代的文化中都有这个概念。德语的炭元素为 Kohlenstoff，即炭素或者煤素。中国是产煤大国，古人对 coal 以及如何烧制 charcoal 就熟悉得很。偏有中国学者不识炭，硬要为 carbon 造个"碳"字，弄得我国煤炭研究所的科学家只能研究碳化学，否则语文老师就先给不及格。强烈建议去除这个除了捣乱什么用都没有的"碳"字！

No. 7　Nitrogen，N. Nitrogen，nitro + gen，希腊语 νιτρον（nitron）指 KNO_3，硝石，故 nitrogen 字面意思是"硝生"。Nitrogen 作为气体占空气的大部分。1772 年，Daniel Rutherford 把罐装空气中的氧气用燃烧法移除，发现剩下的空气把老鼠给闷死了，从而发现了氮这种新元素。Nitrogen 在德语中的名称仍是 Stickstoff，窒息素。拉瓦锡给氮起的名字是 azote，来自希腊语 άζωτικός，意思是 no life。汉译氮，原因不明。

No. 8　Oxygen，O. Oxygen，oxys + gen，希腊语 oxys 指酸，oxygen 字面意思是"酸生"或者"生酸的"。1777 年拉瓦锡造出这个词。Oxygen 在德语中的名称是 Sauerstoff，酸素。汉译氧，猜测与养字有关，意译。

No. 9　Fluorine，F. Fluorine，来自拉丁语 fluere（流动）。此词可能来自氟石（萤石）被用作助熔剂（flux）的事实。法国化学家 Henri Moissan 因 1886 年分离出 fluorine 这种元素而获得 1906 年的诺贝尔化学奖[①]。汉译氟，是音译。

No. 10　Neon，Ne. Neon，neo-，新。Neo- 作为前缀可以随意拿来造词，比如 neoclassic（新古典主义的）。Neon 作为元素是 1898 年由 William Ramsay 爵士在空气中新发现的，故名。汉译氖，是音译。

No. 11　Sodium，Na. Sodium，来自英文的 soda，更远地是来自拉丁文的

---

① 这位伟大的化学家生前还宣称实现了生长金刚石，不过后来被证明是一起学术不端事件。合成金刚石以及比金刚石更硬的物质一直是学术造假的重灾区。

sodanum。Sodium 是 1807 年化学家戴维电解氢氧化钠水溶液得到的。Sodium 的元素符号是 Na，因为它的拉丁语名为 natrium，该元素的德语名称也是 Natrium。汉译钠，是音译。

No.12　Magnesium，Mg. 元素 magnesium 来自矿石 magnesite（菱镁矿），也称 dolomite。这个词，以及 magnetite，manganese（锰），都来自希腊的一个地名 magnesia。Magnesia，也指氧化镁。该元素是 1808 年发现的。汉译镁，是音译。有趣的是，magnetite，magnet，即磁铁矿、磁体，中文的"磁"字也是地名，河北磁县。

No.13　Aluminum，Al. Aluminum 或者 aluminium，另一个不常见的拼法 alumium，来自拉丁语的 alumen，alum，字面意思是蜇嘴的盐，即明矾。此元素是 1821 年发现的。汉语的铝，是音译。Alumina 是 Al_2O_3。

No.14　Silicon，Si. Silicon，化学家戴维提议的名字是 silicium，因为来自矿物 silica（二氧化硅，硅石）。Silica，源自 silex，scilec，to cut，意思是割手。看样子这个词和 science，scissors 是同源词。此元素是 1824 年分离出来的。汉语把 silicon 译成硅和矽，是音译，发音都是 xi。至今掺硅的钢片还是矽钢片，在台湾 silicon 还依然是矽，而在大陆硅如同鲑、珪一样发 gui 的音，只是因为有人念了白字而已。另，睚发 qi 音。

No.15　Phosphorus，P. Phosphorus 来自希腊语 Φωσφόρος，bearer of light，光之携带者，对应拉丁语的 lucifer，因为 phosphorus 暴露于氧气就能发微弱的光。这种元素于 1669 年被分离出来。Phosphorus，对应汉语的磷。由 phosphorus 而来的一个词是 phosphorescence，磷光现象（鬼火），这是磷的自然表现。Φως，希腊语就是光的意思，photo 和各种 photo-作词头的词汇，如 photoluminescence（光致发光），photon（光子）等，都是同源词。

No.16　Sulfur，S. Sulfur，sulphur，德语为 Schwefel，中文为硫、硫磺、硫黄、石硫黄，是天然物质，呈鲜艳的黄色。硫的希腊语是 θειον，词头 thio-即来源于此，见于 thiol（硫醇），thiobacteria（噬硫细菌）等词。

No.17　Chlorine，Cl. Chlorine，来自希腊语 χλωρός，本义是淡绿色，就

是此元素气体和液体的颜色。此元素一说是 1810 年化学家戴维确立的，但实际上是助手法拉第在实验中获得的，首次获得的是液体样品。汉译氯，是根据颜色而来的意译(图3)。

图3　绿色的液态 chlorine，氯

No.18　Argon，Ar. Argon，来自希腊语 ἀργόν，本义是不干活、不活跃，指其不易同其他元素化合。此元素 1894 年由瑞利爵士从空气中分离出来。Argon 是惰性气体(inert gas)或高贵气体(noble gas)的一种，不过惰性不惰性要看遇到谁，遇到 F 它们就高贵不起来。汉译氩，是根据词头而来的拟音译。此外，ἀργόν 是 εργόν (ergon，work)一词的否定形式，ergon 见于 energy(能量)、synergy(协同学)等词。

No.19　Potassium，K. Potassium，来自矿物 potash(苛性钾)。此元素 1807 年由化学家戴维分离出来。元素符号 K 来自拉丁语 kalium，而 kali 来自阿拉伯语的 al-kali，即草木灰。草木灰水去油，旧时候中国人就是用草木灰洗衣服的。汉译钾，是根据词头 ka 而来的拟音译。此外，potash 汉译苛性钾，其中苛是对 caustic (kaustic)的音译，指其产生的灼烧感。Caustic 是个在光学里常出现的词，如 caustics(散焦线)、caustic point (焦点，烧焦的温度)等。

No.20　Calcium，Ca. Calcium，来自拉丁语 calx(石灰)一词，源头是希腊语的 χαλίκι，chalix，石子。此元素 1808 年由化学家戴维用电解法分离出来。汉译钙，是根据词头 ca 而来的拟音译。

No. 21　Scandium，Sc. Scandium，Scandinavia + ium，取自地名 Scandinavia。此元素是1879年因分析产自斯堪的纳维亚半岛的 gadolinite 矿的光谱线而被发现的，故名。汉译钪(kang)，是根据 can 而来的拟音译。

No. 22　Titanium，Ti. Titanium，来自希腊神话中的 τιτάν（titan）。Titan 是神二代，如大地之神 Gaia、天神 Uranus 这样的主神之后代，奥林匹亚山上诸神的前辈。形容词 titanic 有各种的高大上意思，可以用来命名那条最了不起的船(图4)。此元素是1791年被发现的。汉译钛，是音译。

图 4　Titanic 这条船确实很 titanic

No. 23　Vanadium，V. Vanadium，来自北欧神话中的爱与美女神 Vanadix，Vanadis。此元素是1801年被发现的。汉译钒，是音译。

No. 24　Chromium，Cr. Chromium，chroma + ium，来自希腊语颜色 χρῶμα，因该元素的化合物多表现出丰富的色彩而得名。此元素的德语名就是 Chrom。此元素是1797年被发现的。汉译铬，是对 ch 的拟音译。Chromo-作为颜色出现在各种科学词汇中，如 chromosome（染色体），quantum chromodynamics（量子色动力学），等等。

No. 25　Manganese，Mn. Manganese，来自 magnes，与 magnet 同源。含 manganese 的物质与磁性有不解之缘。此元素是1774年被发现的。汉译锰，是拟音译。

No. 26　Iron，Fe. Iron，德语 Eisen，中文铁。铁是一种古老的元素，也是地球含量极高的元素。元素符号 Fe 源于拉丁语名 ferrum，法语干脆还是 le fer。Ferromagnetic(铁磁的)、ferrimagnetic(亚铁磁的)、ferric oxide（Fe_2O_3）等词即来自拉丁语 ferrum。Fe_3O_4 的名字是 magnetite(磁铁矿)，该词和元素

名 magnesium，manganese 是同源的。

No.27　Cobalt，Co. Cobalt，来自德语 Kobold，一种侏儒小鬼（Zwerg）。含 cobalt 的矿物可作蓝色颜料用，但在矿石中含量却很少，故被德国矿工以 Kobold 命名。有种说法把它同希腊神话中的 Κόβαλος（kobalos）相联系。此元素是 1739 年被分离出来的。汉译钴，是音译。

No.28　Nickel，Ni. Nickel，是德语的 Satan，魔鬼。因为含 nickel 的矿石看似是铜矿，却没有铜，所以被说成是 Kupfernickel，魔鬼铜，矿工们以为这铜矿是被山神 Nickeln 施了魔法了。Nickel 和 Nikolaus（圣诞老人）、Nicholas 是同源词，现也常用作男子名。此元素是 1751 年被分离出来的。汉译镍，是音译。

No.29　Copper，Cu. Copper，德语为 Kupfer，来自拉丁文的 cuprum。西文的 cuprum 来自 cyprus（塞浦路斯），希腊语为 Κύπρος（kipros），那地方的矿①。此元素存在天然单质，对应汉语的铜。铜的氧化物包括 cuprous oxide（Cu_2O），cupric oxide（CuO），copper（Ⅲ）odixe（Cu_2O_3），copper peroxide（CuO_2）。

No.30　Zinc，Zn. Zinc，德语为 Zink。Zinc Oxide②，ZnO_2，是白色的，燃烧金属 zinc 能得到白色的、张牙舞爪状的物质，故以古德语的 Zinke（tooth，prong，牙，獠牙）名之。此元素作为单质金属在十七世纪就有了。汉译锌，是拟音译。

No.31　Gallium，Ga. Gallium，来自拉丁语 gallus，gallia，即公鸡、法国（高卢鸡）的意思。此元素是 1875 年被分离出来的。汉译镓，是对 ga 的拟音译。金属镓的熔点为 29.76 ℃，握在手心就能变成液体。

No.32　Germanium，Ge. Germanium，germania + ium，来自拉丁语 germania，日耳曼，即德国。此元素是 1886 年被分离出来的。汉译锗，是拟音译。

---

① Metal，现译金属，就是矿场的意思。
② ZnO_2一直无法实现 p-型掺杂，确实令人费解。这儿也是学术不端的重灾区。

No.33　Arsenic，As. Arsenic，来自波斯语的黄色，转写成希腊语 ἀρσενικός (arsenikos)，意思是 male，黄疸色。此元素是 1250 年被分离的。汉译砷，是对 sen 的拟音译。Arsenic oxide，As_2O_3，砒霜，俗称鹤顶红。

No.34　Selenium，Se. Selenium，selene + ium，来自希腊语 σελήνη (selene)，月亮。此元素是 1818 年被命名的。汉译硒，是对 se 的拟音译。

No.35　Bromine，Br. Bromine，来自古希腊语 βρῶμος (bromos)，恶臭，与其发出刺鼻的气味有关。此元素是 1825 年被命名的。汉译溴，估计是因为其嗅起来很刺激，或者取"如入鲍鱼之肆，久而不闻其臭"之意。

No.36　Krypton，Kr. Krypton，来自希腊语 κρυπτός (krytós)，藏着的、秘密的，因此元素藏在空气中很晚才被发现而得名。此元素是 1898 年被分离出来的。汉译氪，是音译。Krypto，也写成 crypto，见于 cryptography（密码学）、cryptogenic（原因不明的）等词。

No.37　Rubidium，Rb. Rubidium，ruber + ium，来自拉丁语 rubidus，深红色的。此元素是 1861 年被分离出来的，其特征谱线是深红色的。汉译铷，是音译。同源词 ruby，Cr^{3+} 掺杂的 Al_2O_3 晶体，汉译红宝石。

No.38　Strontium，Sr. Strontium，strontia + ium，源自地名 strontia，乃是苏格兰的一个村子，出产含此元素的矿石。此元素是 1789 年被分离出来的。汉译锶，是音译。

No.39　Yttrium，Y. Yttrium，源自瑞典的 Ytterby 村，该地出产含该元素的矿石。此元素是 1789 年被分离出来的。汉译钇，是音译。

No.40　Zirconium，Zr. Zirconium，zircon + ium，zircon 源自波斯语的"金色"一词。此元素是 1824 年被发现的。汉译锆(gào)，是对 co 的拟音译。可能的原因是氧化锆、硫酸锆都是白色的，让人想起汉字皓(hào)，见于商山四皓等词。

No.41　Niobium，Nb. Niobium，Niobe + ium，德语为 niob。Niobe，Νιόβη，是希腊神话里的女神，Tantalum 的女儿。这爷儿俩的名字都被拿来命名元

素,历史上是因为这两个元素很难分离。Niobe 是从含 tantalum 的矿石中分离出来的。到 1949 年 niobium 才被确立是此金属元素的名字。另有一直被误以为是另类金属的 columbium,后来被发现和 niobium 是一回事。汉译铌,是音译。

No. 42　Molybdenum,Mo. Molybdenum,此拉丁语词源自希腊语 μόλυβδος,意思是铅,因为含该元素的矿石被误以为是铅矿石。此元素的德语写法为 molybdän。此元素是 1778 年被分离出来的。汉译钼,是音译。

No. 43　Technetium,Tc. Technetium,techne + ium,源自希腊语 τεχνητός(teknetos),与 technic 同源,意思是人为的。此元素是 1937 年被发现的。汉译锝,是音译。诡异的是,这个 43 号元素竟然是放射性元素。

No. 44　Ruthenium,Ru. Ruthenium,ruthenia + ium,来自拉丁语 ruthenia,即 Russia,俄罗斯。此元素是 1844 年被分离出来的。汉译钌(liǎo),不知道是为什么,我听到的却一般都念成 liào 音。又,字典说门钌(liào) 锔儿,但笔者记得一直是念钌(liǎo) 锔儿的。

No. 45　Rhodium,Rh. Rhodium,源自希腊语 ρόδον(rhodon),意思是玫瑰。此元素是 1803 年发现的。汉译铑,是音译。

No. 46　Palladium,Pd. Palladium, pallas + ium,源自希腊语 Παλλάς(pallas)。Pallas 是希腊神话中的女神,在和智慧女神雅典娜比武时被杀死。雅典娜出于悔意,设立了 palladium,即 Pallas 的雕像。此元素是 1803 年发现的。汉译钯,是拟音译。

No. 47　Silver,Ag. Silver,德语 Silber,天然存在的金属,其元素符号 Ag 来自拉丁语 argentum。南美国家阿根廷(Argentina)说西班牙语,但 argentina 来自意大利语,意思是银做的。

No. 48　Cadmium,Cd. Cadmium,cadmus + ium. Cadmus,Κάδμος,希腊神话中的底比斯王,据说是他把字母引入希腊形成了希腊字母。此元素是 1817 年发现的。汉译镉,是拟音译。

No.49　Indium，In. Indium，来自拉丁语 indicum，indigo（靛蓝）。此元素是 1863 年发现的，其特征发射谱线为靛蓝色的。汉译铟，是音译。

No.50　Tin，Sn. Tin，德语为 Zinn，元素符号 Sn 来自拉丁语 stannum，对应汉语的锡。

No.51　Antimony，Sb. Antimony，元素符号 Sb 来自拉丁语 stibium。Antimony 源自拉丁语 antimonium，一个解释是来自希腊语的 $\alpha\nu\tau\iota\mu o\nu\alpha\chi\acute{o}\varsigma$，anti-monachos，笔者以为可汉译成"和尚劫"，因为早先炼金术士多是和尚，而这种东西有毒，毒死过不少和尚。另一种说法是源自希腊语 $\alpha\nu\tau\iota\mu\acute{o}\nu o\varsigma$，antimonos，抗孤独，因为它总是以合金或化合物的形式出现。此元素以金属形式被记录可确认在 1615 年以前。汉译锑，是音译。

No.52　Tellerium，Te. Tellerium，tellus + ium，来自拉丁语 tellus，大地。此元素是 1783 年发现的，但这个词是 1798 年才造的。汉译碲，是音译。

No.53　Iodine，I. Iodine，德语 Iod，来自希腊语 $\iota\omega\delta\eta\varsigma$（iodes），$\iota o\text{-}\varepsilon\iota\delta\acute{\eta}\varsigma$（ioeides），紫色的。此元素是 1811 年发现的，单质固体会升华形成紫色气体。汉译碘，是拟音译。

No.54　Xenon，Xe. Xenon，来自希腊语 $\xi\acute{\varepsilon}\nu o\nu$，奇怪的家伙、陌生人。此惰性元素是 1898 年才发现的，1962 年被活活地做成了氟化物。汉译氙，是对 xen 的拟音译。

No.55　Cesium，Cs. Cesium，caesium，拉丁语，天蓝色的意思。此元素是 1860 年发现的，是第一个从光谱的角度被发现的元素，其发射的亮线为天蓝色。汉译铯，是音译。^{133}Cs 同位素的超精细结构电磁辐射 9192631770 Hz 可以作为时标，即可以用来做原子钟。

No.56　Barium，Ba. Barium，barys + ium，来自希腊语 $\beta\alpha\rho\acute{\upsilon}\varsigma$，重的。此元素是 1808 年用电解法分离出来的。汉译钡，是音译。同源词 baryon，汉译重子，指由三夸克组成的粒子，以区别于由两夸克组成的介子。

No.57　Lanthanum，La. Lanthanum，德语为 Lanthan，来自希腊语

λανθάνειν(lanthanein),隐藏的。此元素是 1839 年分离出来的。汉译镧,是音译。物理上的 latent(heat,潜热),就是这个词。

No.58 Cerium,Ce. Cerium,ceres + ium,来自拉丁语 ceres,乃是罗马神话里的谷神。此元素是 1803 年发现的。此前的 1801 年一个小行星被发现,然后被命名为 ceres。汉译铈,是拟音译。

No.59 Praseodymium,Pr. Praseodymium,prasios(韭菜,prase)+(di)dymium(didymos,双胞胎),拉丁语,指和元素 lanthanum 构成一对双胞胎。此元素是 1885 年发现并命名的。汉译镨,是拟音译。

No.60 Neodymium,Nd. Neodymium,neo(新)+(di)dymium(didymos,双胞胎),新双胞胎是相对 praseodymium 而言的。此元素是 1925 年才分离出来的。汉译钕,是拟音译。

No.61 Promethium,Pm. Promethium,Prometheus + ium,来自希腊神话中盗天火的 Προμηθεύς(Prometheus,普罗米修斯)。此元素是 1947 年合成出来的。汉译钷,是拟音译。

No.62 Samarium,Sm. Samarium,samarskite + ium。此元素是 1879 年发现的,是从 samarskite 矿中分离出来的,而该矿是以俄罗斯工程师 Samarski 上尉的名字命名的。汉译钐,是拟音译。

No.63 Europium,Eu. Europium,Europe + ium。Europe,europa,来自希腊神话中的一位女性 Εὐρώπη。宙斯化身大白牛诱拐了她,并把她安置在爱琴海西边的某地,如今成了直到大西洋那一片土地的名称——欧罗巴,欧洲。此元素是 1901 年分离出来的。汉译铕,是拟音译。

No.64 Gadolinium,Gd. Gadolinium,gadolin + ium,是以芬兰化学家 Johan Gadolin 的名字命名的。此元素是 1886 年分离出来的。汉译钆(gá),是音译。

No.65 Terbium,Tb. Terbium,terb + ium,其中的 terb 取自瑞典 ytterby 村的村名。此元素是 1843 年分离出来的。汉译铽,是音译。

No.66　Dysprosium, Dy. Dysprosium, dysprositos + ium, 来自希腊语 δυσπρόσιτος, 意思是"很难弄到"。此元素是1886年发现的, 1950年才获得纯净样品, 可见很难弄到。汉译镝, 是音译。

No.67　Holmium, Ho. Holmium, holm + ium, 来自 Stockholm（斯德哥尔摩, 原为小岛）中的 holm, islet, 小岛。此元素是1879年发现的。汉译钬, 是音译。此元素曾被命名为元素 X。

No.68　Erbium, Er. Erbium, Erb + ium, 其中的 erb 取自瑞典 ytterby 村的村名。此元素是1843年发现的。汉译铒, 是音译。

No.69　Thulium, Tm. Thulium, thule + ium, 其中的 Thule 是 Scandinavia 的旧称。此元素是1879年分离出来的, 1911年才获得纯净样品。汉译铥, 是拟音译。

No.70　Ytterbium, Yb. Ytterbium, Ytterby + ium, 来自瑞典 ytterby 村的村名。此元素是1878年发现的。汉译镱, 是音译。Yb 是第一个被发现的稀土元素。

No.71　Lutetium, Lu. Lutetium, 来自 lutetia, 巴黎的旧称。但它也被称为 cassiopium, cassiopeia + ium, 德语中此元素名仍为 cassiopium。Cassiopeia, 希腊神话的女神 Κασσιόπεια, 其因美貌的傲娇态度甚至引来了海神波塞冬的加害。此元素是1907年发现的。汉译镥, 是音译。

No.72　Hafnium, Hf. Hafnium, hafnia + ium。Hafnia 是 Copenhagen（哥本哈根）的拉丁语名称, 是玻尔的老家, 如此命名是为了向玻尔致敬。Hagen, Hafen, hafnia, habor, haven, 港口。此元素是1923年发现的。汉译铪, 是音译。Hafnia 还是细菌名。

No.73　Tantalum, Ta. Tantalum, 来自希腊神话中的人物 Τάνταλος（tantalos）, tantalus 是 Niobe（元素铌的词源）的爸爸。Tantalus, 字面意思是苦命人, 被罚立于果树下的水中, 但水与果子都够不着。此元素是1802年分离出来的, 1903年才获得纯净样品。汉译钽, 是音译。

No.74　Tungsten, W. Tunsten, tung + sten, 瑞典语, 重的石头。元素符

号来自 Wolfram（德语），瑞典语 volfram。Wolfram，wolf + rahm，lupi spuma，狼 + 沫，笔者不明其意。此元素是 1783 年分离出来的。汉译钨，是音译。Wolfram，常见男子名[①]。

No.75　Rhenium，Re. Rhenium，Rhenus + ium，得自德国的莱茵河，德语写法是 Rhein，英文为 Rhine，拉丁语为 Rhenus。此元素是 1925 年发现的。汉译铼，是拟音译。

No.76　Osmium，Os. Osmium，osme + ium，来自希腊语 ὀσμή(osme)，味道。此元素是 1803 年发现的。汉译锇，是音译。Osmics，气味学。

No.77　Iridium，Ir. Iridium，iris + ium，来自拉丁语 iris，彩虹，因此元素形成的盐色彩纷呈而得名。Iris 即是希腊神话里带翅膀的彩虹女神 ἶρις。此元素的氧化物具有挥发性，故元素曾被命名为 ptene，即希腊语 πτηνός（ptēnós），带翅膀的。此元素也是 1803 年发现的。汉译铱，是音译。俗称铱金。

No.78　Platinum，Pt. Platinum，来自西班牙语 platina，银子。此元素是 1714 年发现的。汉译铂（bó），是拟音译。俗称白金。

No.79　Gold，Au. Gold 的元素符号 Au 来自拉丁语 aurum，晨光。Aurora，曙光，朝霞，极光，是同源词。Gold，天然存在单质，汉语称为金、黄金（图 5）。

图 5　长在石英上的天然黄金

[①]　物理学家泡利，Wolfgang Pauli，其名 Wolfgang 才是正宗的狼道。

No.80　Mercury，Hg. 此元素的符号 Hg 来自拉丁语 hydra-gyrum，希腊语的 ὑδράργυρος（hydrargyros），正对应汉语的水银（water silver）。水银，银色，室温下为液体。水银在英语中被称为 quick silver，德语称为 Quecksilber，其字面意思是快银，因水银撒到固体表面上会快速溜走的缘故。这正好和名字 Mercury 对上，因 Mercury 是罗马神话里的信使，类似送快递的（图6）。水银，俗称汞，此外它还有"白頩、姹女、神胶、元水、铅精、流珠、元珠、灵液、子明"等别称。中国人早就有汞使用的记录。

图6　快（速滚动的水）银和送快递的 Mercury

No.81　Thallium，Tl. Thalllium，thallos + ium，来自希腊语 θαλλός（thallos），嫩芽、嫩枝的意思。此元素是1861年因光谱线被发现的，其亮线为绿色，故名。汉译铊（tā），是音译。此元素的化合物有毒。

No.82　Lead，Pb. 该元素的符号 Pb 来自拉丁语的 plumbum。今日英文中的管道工为 plumber，是因罗马人用铅管输水而得名。希腊语的铅，μόλυβδος（molybdos）被用来命名42号元素钼了。

No.83　Bismuth，Bi. Bismuth，德语为 Bismut 或 Wismut。据信，该词来自德语的 weiße Masse（白色的一团），进而写成 Wismuth，而后又改造成拉丁词 bisemutum。此元素是1753年分离出来的。汉译铋，是音译。铋是半金属。

No.84　Polonium，Po. Polonium，poland + ium，得自国家名 Poland（波兰）。此元素是1898年分离出来的。汉译钋，是音译。

No.85　Astatine，At. Astatine 一词来自希腊语 ἄστατος（astatos），意思是"不稳定的"。此元素是1940年制造出来的，其最稳定的同位素 At-210 的半衰期才 8.1 小时。汉译砹，是音译。

No.86　Radon，Rn. Radon 曾被称为 radium emanation，niton（来自 nitens，光闪闪的），1923 年敲定名为 radon，因其是 radium 的衰变产物，故得名。此元素是 1900 年发现的。汉译氡，是音译。

No.87　Francium，Fr. Francium，france + ium，得自国家名 France（法兰西）。此元素是 1939 年发现的。汉译钫，是拟音译。

No.88　Radium，Ra. Radium，来自拉丁文 ray（射线，车辐条），因其具有放射性（radioactivity）而得名。此元素是 1939 年发现的。汉译镭，是拟音译。

No.89　Actinium，Ac. Actinium，actino + ium，得自希腊语 ακτίνος（aktinos），即射线、放射线。此元素是 1902 年发现的，曾于 1904 年被命名为 emanium（出射）。汉译锕，是音译。

No.90　Thorium，Th. Thorium，thor + ium，来自北欧神话中的雷神 Thor。此元素是 1828 年发现的。汉译钍，是拟音译。

No.91　Protactinium，Pa. Protactinium，proto + actinium，意思是其为锕系元素第一个。此元素是 1913 年发现的。汉译镤，是音译。

No.92　Uranium，U. Uranium，uranus + ium，得自希腊神话中的天神 Ούρανός（Uranus）。此元素是 1841 年分离出来的。汉译铀，是音译。Uranus 作为太阳系行星的名字，汉译为天王星。

No.93　Neptunium，Np. Neptunium，neptune + ium，得自罗马神话中的海王 Neptune。此元素是 1940 年合成出来的。汉译镎，是拟音译。Neptune 作为太阳系行星的名字，汉译为海王星。

No.94　Plutonium，Pu. Plutonium，pluto + ium，得自罗马神话的冥王 Pluto。此元素是 1941 年合成出来的。汉译钚(bù)，是拟音译。Pluto 作为太阳系行星的名字，汉译为冥王星[①]。

---

① 92～94 号这三个元素是按照太阳系行星顺序命名的。

No.95　Americium，Am. Americium，america+ium，名字来自 America（指美国）。此元素是1944年发现的。汉译镅，是拟音译。

No.96　Curium，Cm. Curium，curie+ium，如此命名是为了向居里夫妇致敬。此元素是1944年发现的。汉译锔，是拟音译。

No.97　Berkelium，Bk. Berkelium，berkeley+ium，因在美国加州 Berkeley 发现而如此命名。此元素是1949年合成的。汉译锫(péi)，是拟音译。

No.98　Californium，Cf. Californium，california+ium，因在美国加州发现而如此命名。此元素是1950年合成的。汉译锎(kāi)，是拟音译。

No.99　Einsteinium，Es. Einsteinium，einstein+ium，是为了向爱因斯坦致敬而如此命名的。此元素是1952年合成的。汉译锿，是音译，但绝不仅仅是音译，具体动机不详。

No.100　Fermium，Fm. Fermium，fermi+ium，是为了向费米致敬而如此命名的。此元素是1952年合成的。汉译镄，是音译。

No.101　Mendelevium，Md. Mendelevium，mendelev+ium，是为了向俄国化学家门捷列夫致敬而如此命名。此元素是1955年合成的。汉译钔，是音译。

No.102　Nobelium，No. Nobelium，nobel+ium，此元素是斯德哥尔摩诺贝尔研究所率先发现的，1958年被正式确认，故名。汉译锘，是音译。

No.103　Lawrencium，Lr. Lawrencium，lawrence+ium，是为了向物理学家劳伦斯(Ernest O. Lawrence)致敬而如此命名。此元素是1961年合成的。汉译铹，是音译。

No.104　Rutherfordium，Rf. Rutherfordium，rutherford+ium，是为了向物理学家卢瑟福致敬而如此命名。此元素是1969年合成的。汉译铲，是音译。

No.105　Dubnium，Db. Dubnium，dubna+ium，是1967年在苏联杜布

纳联合核子研究所合成的,故得名。汉译鿧①,是音译。

No. 106　Seaborgium,Sg. Seaborgium,seaborg+ium,是为了向化学家 Glenn T. Seaborg 致敬而如此命名的。此元素是 1974 年合成的。汉译𬭳,是音译。

No. 107　Bohrium,Bh. Bohrium,bohr+ium,是为了向物理学家玻尔(Niels Bohr)致敬而如此命名的。此元素是 1981 年合成的。汉译𬭛,是音译。

No. 108　Hassium,Hs. Hassium,hassia+ium,名字来自合成该元素加速器所在地 Darmstadt 所在的德国黑森州(Hessen,拉丁语名为 hassia)。此元素是 1984 年合成的。汉译𬭶,是音译。

No. 109　Meitnerium,Mt. Meitnerium,meitner+ium,是为了向发现核裂变现象的德国女科学家 Lise Meitner 致敬而如此命名的。此元素是 1982 年合成的。汉译鿏,是音译。

No. 110　Darmstadtium,Ds. Darmstadtium,darmstadt+ium,名字来自合成该元素加速器所在地——德国的 Darmstadt。此元素是 1982 年合成的。汉译𫟼,是音译。

No. 111　Roentgenium,Rg. Roentgenium,roentgen+ium,是为了向发现 X 射线的德国科学家伦琴(Conrad Röntgen)致敬而如此命名的。此元素是 1994 年合成的。汉译𬬭,是音译。

No. 112　Copernicium,Cn. Copernicium,Copernicus+ium,是为了向波兰天文学家哥白尼(Nicolas Copernicus)致敬而如此命名的。此元素是 1996 年合成的。汉译鿔,是音译。

No. 113　Nihonium,Nh. Nihonium,nihon+ium,是用日本(nihon)国名命名的。此元素是 2004 年合成的。汉译𬭊,是音译。Nihon,Nippon 都是中文"日本"的方言发音的外国语转译。

No. 114　Flerovium,Fl. Flerovium,flyorov+ium,是为了向苏联物理

---

① 为啥不用"镀"字或者"金+土"呢?

学家 Georgy Flyorov 致敬而如此命名的。此元素是 2009 年合成的。汉译𫓧，是音译。

No.115　Moscovium，Mc。Moscovium，moscow＋ium，是用莫斯科（Moscow）这个城市的名字命名的。此元素是 2004 年合成的。汉译镆，是音译。

No.116　Livermorium，Lv。Livermorium，livermore＋ium，是用发现该元素的美国劳伦斯·利弗莫尔（Livermore）国家实验室的名字命名的。此元素是 2000 年合成的。汉译𫟼，是音译。

No.117　Tennessine，Ts，是用发现该元素的橡树岭国家实验室之所在地美国田纳西州（Tenness）的名字命名的。此元素是 2010 年合成的。汉译𥑔，是拟音译。

No.118　Oganesson，Og，是用对合成新元素做出重要贡献的科学家 Yuri Oganessian 的名字命名，1999 年合成的。汉译𫟷，是音译。

4. 多余的话

写完这 118 个元素符号的咬文嚼字，有诸多感慨。首先，注意到这元素除了少数几个天然的（如炭、硫、汞、铅、锡等）以外，就和我国人没关系。发现那 100 个左右的元素都是别人家科学家的事情。其二，这元素名字面上携带着大量信息（因篇幅所限，本篇根本没展开来讲），老外学习相应的知识比我们占便宜多了。其三，我们作为科学后来者不得已用自己的语言去翻译这些元素名，因而不得不放弃那些固有信息也就算了，那你翻译时倒是考虑学习以及日后使用的方便啊，顾及点元素之间的关系啊。偏不！先是分明有天然的炭（物与字）在那里，非要引入一个除了捣乱啥用也没有的"碳"字。然后还作茧自缚，先是规定（翻译）元素符号所造字，只能是气字头、金旁或石旁，可问题是后面的那些新元素可能造出来就那么几个原子，还不稳定，哪有金属或者矿物质那种凝聚体的概念？好吧，就算可以当凝聚体，还真有卤族的性质，那为啥要为 117 号的 Tennessine 生造一个"石＋田"呢，不是有现成的"碘"吗？还有，说好的向居里夫妇和爱因斯坦致敬呢，那为啥不用现成的"锯"或"钜"而要生造个"锔"（局级，适合居里夫妇这样的学者？），不用"金＋爱"而要生造个"锿"呢？如果"锯"涉嫌不恭敬，那"锿"绝对是个忌讳——不知道是不是因为爱因斯坦 and/or 相对论得罪了谁。要命的是,又不知是谁规定的只用一个汉字(汉字可是单音节的)来表示元素名,人家洋文那可是挺长的字,且元素符号还可以用两个字母呢。用一个汉字,这下好了,这(锗、镁、钷、钋),(硒、锡、矽、镭),(镓、钾、钆),(铱、钇、镱),(镥、铲),(镉、铬、鎶),(砹、铱),(镁、锔),(钐、铌),你、你、你如何从语音上分清?当中国科学家用汉语(方言)作科学的科学报告提到这些元素时,听众们真的就不感到迷惑吗?谁敢说这元素名的胡乱翻译,不是一个妨碍中国教育与科学进步的致命因素?

补缀

1. 本原的概念。Euclid 和数学在西方历史上很长时间里是同义词。几何原本共出版千余种版本,仅次于圣经。关于 Euclid 和几何原本存在三种说法: 1) Euclid 存在且是原本的唯一作者; 2) Euclid 存在但不是原本的唯一作者,他领导着一个团队; 3) Euclid 不存在,但那个团队存在。Euclid 是这个团队的公用笔名,类似近世法国的一批年轻数学家用 Nicolas Bourbaki 的笔名。
2. William Crookes(1832—1919)曾建议说所有的元素都是由一种原始物质逐渐凝聚成的,这种在元素产生以前就存在的物质名叫 protyle。
3. 道尔顿(John Dalton,1766—1844)于 1806—1807 年间讲解原子论时用的挂图,上面标有元素符号和相对原子量(图 S1)。

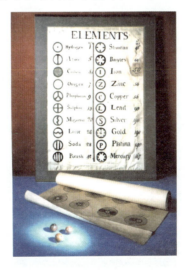

图 S1　道尔顿的挂图

4. 瑞典化学家 Svante Arrhenius（1859—1927）反对门捷列夫（Dmitri Ivanovich Mendeleev, 1834—1907）获诺奖（1906 年的事儿），因为门捷列夫反对他的离解理论。1907 年门捷列夫辞世。Arrhenius 还挫败了科学巨擘庞加莱（Jules Henri Poincaré, 1854—1912)) 获诺奖的尝试，惹恼了整个法国科学界，次年即运作了居里夫人获化学诺奖（1911）以作补偿。1912 年庞加莱辞世。门捷列夫自德国留学回国，发誓为祖国的少年撰写无机化学教科书，在此过程中比较已知化学元素的各种性质，察觉到元素的周期结构。元素周期表，无论是其发现过程展现的人类天才，还是其后对人类社会认识自然的贡献，都是任何人掩盖不了的。

5. 第 99 号以后的元素是人工合成的（synthetic, created artificially），有人据此认为其是 unnatural 的，因为它们 not occur naturally on earth。愚以为，此说大谬也。All the elements are natural! 应该这么理解："在大自然中，在地球上人这种生物出现很久以后，其中一些人类个体利用他们制造的复杂仪器和获得的知识成功地合成了这些元素。这些元素被人类合成的过程，同丝被蚕合成的过程一样，都是 natural 的！你只要跳出地球远远地看着这一切，就容易理解在下的见解了。人类以为蚕吐丝是因为某种本能，而自己能合成新元素是因为有知识，恐是误解。远远地观看，人类合成新元素也可能被理解为是因为人的某种本能——某些少数特殊个体经过复杂进化过程才获得的本能。

参考文献

[1] Trifonov D N, Trifonov V D. Chemical Elements：How They were Discovered[M]. Mir Publishers, 1982.

[2] Ede A. The Chemical Elements：a Historical Perspective[M]. Greenwood Press, 2006.

[3] Stwertka A. A Guide to the Elements[M]. Oxford, 2012.

[4] Mendeleev D. The Relation between the Properties and Atomic Weights of the Elements[J]. Journal of the Russian Chemical Society, 1869, 1：60-77.

之线

九十一

> 中国所译,又颇难解。……误解不知其数。
> ——陈寅恪《与妹书》
>
> 一言既流通,今古谁言异。①
> ——《古尊宿语录》

摘要 线是原始的几何概念,线性(空间、方程)、线积分是数学、物理的基本知识。存在大量汉译为线而原文没有"线"字的数学、物理概念,如 ray, spiral, geodesic, asymptote, envelope, directrix, catenary, isochrone, brachistochrone, 等等,而 field line, line integral, world line, geodesic 等概念是普通物理里的关键内容。

1. 线、直线与曲线

作为几何对象,比点略微复杂一点儿的是 line(线)。考虑到点可能是个抽

---

① 忽悟今日中华大地流通之佛经,多是"堪油撕屁嗑英格利息"之语。那数学呢?物理呢?估计也多是"俺把你把迷了哄"。

象的或许根本不存在的概念,线就是最简单的物理现实了——它的一维延展性让我们有了感知它的可能。Line 是最简单的几何对象,因此不幸地它竟然几乎是没定义的,几何学上会把线当成原始的概念(primitive concept)。提起线,人们首先想到的是直线。直线,英文的表述有 straight line、right line(法语为 la droite)等。Rectilinear,直线的,来自拉丁语 rectus(德语 recht,英语 right),它带有动作的意味,如 rectilinear motion(沿直线的运动)、optical rectilinear correction(光学直线校正)等。什么是直线?因为 line 的概念是原始的,straight line 也不那么容易定义。直线,若说是不弯的线①,那要有曲率的定义;若说是两点之间最短的线,那要先有空间的度规。后一种意义下还不保证直线的唯一。那个被用来证明广义相对论正确的恒星光线被太阳弯曲的说法,就有了计较的必要——光线的那个给你弯曲印象的路径才是直的。直线是极限,是抽象,曲线(curve, curvy line, curved line)才是更真实的存在。抽象的直线世界比较简单,可以作为出发点②。笛卡尔坐标系是直角坐标系,其坐标轴是直线。虽然它问世比极坐标系晚,但我们在中学先学的是笛卡尔坐标系。平直空间也不妨用曲线坐标系(curvilinear coordinate system),比如椭圆-双曲线坐标系;而对于弯曲空间的描述,curvilinear coordinates 简直就是必需的。会一些用曲线坐标表示的微分几何,学广义相对论就容易些。

图 1　植物卷须提供了直观的螺线(spiral)形象

给定两点,在连续的空间中两点决定一条直线。给定任意的第三点,其几乎肯定会落在线以外,即其和已有两点共线的几率(measure)为零。作为三维空间的存在,线状物卷曲是必然的,植物卷须和蛋白质折叠为此提供了明确的证据。植物的卷须(tendril, clavicle),估计是螺旋线(spiral)研究的灵感来源之一(图1)。既然一

---

① 英国人说同性恋者的性取向是 bent(弯的),则异性恋的男性是 straight(直的),于是有了直男的说法。
② 抽象的、不存在的概念,比如质点、点电荷、可逆过程等,反而是建立物理学体系的出发点,有意思。

维的物理存在在高维空间中必然是弯曲的,直线和共线性(collinearity)就具有特别的意义。

线是生活中常见的事物,因此它必然已经渗透到我们的日常表达中。我们读一本书,会先浏览一下书的梗概(outline),会关注作者写作时的思想脉线(line of thoughts),有时还会试图于字里行间理解作者的言外之意(to read between lines)①。一个非常高明的写作技巧是所谓的"草蛇灰线,伏脉千里",这里的线、脉,对应德语词 Leitfaden,英文也直接用它,字面意思是导线。图画一个事物时仅仅给出其简略轮廓,这也是 outline。作为动词,outline 和 delineate(给出粗线条的描述)相近。此外,有 lineage(血统,血系)的说法,可能是因为用线条表示血缘关系的缘故。

2. 线、线性与非线性

一个空间里的直线都是等价的。但如果有别的图形,比如平面上的圆锥曲线,则相对于此图形不同的直线就有了不同的意义,因而就有了分类和命名。这包括外线(exterior lines)、搭线(tangent lines,汉译为切线)、切线(secant lines,汉译为割线②)和准线(directrix)。最后一个词字面上没有"线"。准线 directrix 是和 generatrix 一起使用的。Generatrix③,也称 generator(生成元),即那个由 directrix 导引着运动的几何对象。比如抛物线,可以定义为到一定点和到 directrix 的距离之比为 1∶1 的点(generatrix,模体)的集合。Parabola,字面意思是说得恰好,指 1∶1 的距离比,它就没有抛物的意思,也不含"线"。同属圆锥曲线的双曲线,hyperbola,意思是说过头了,字面是既没有"双"也没有"线"。类似的翻译很多,比如 cycloid,汉译为摆线,还有 hypocycloid(内摆线)、epicycloid(外摆线),其实人家的字面就是 cycle 添加了一个另类的名词性词尾,告诉人们它与圆有关而已。因为一不关心物理图像,二不求识其字,数学概念的中文翻译极为不负责任,贻害匪浅。

---

① 余谓读书有三重境界。一曰识字,能读懂文本之字面;二曰明察,能识破作者于字里行间之藏掖;三曰意会,能体会作者通篇未着一字之真意。第三境界适用之作品稀有,《红楼梦》《白鹿原》《笑傲江湖》等可入此列。

② 显然这里的切、割反映不了 tangent 和 secant 之间的本质区别。Tangent function, secant function 就是我们熟知的三角函数名称。Secant,segment,都源自 saw。

③ Generatrix,汉译母点、母线、母面,太乱了。其意义应该是 motif,不如参照 motif 译成模体。

关于线和线性的问题，是理解物理的初步。牛顿第二定律给出质点运动的方程，接下来玩什么？自然是如何数学地描述 3D 空间中质点可能的运动轨迹，以及如何求解特定的力或势场下质点的运动。比较著名的例子包括 catenary（悬链线，来自拉丁语 catenarius，链）、brachistochrone（速降线，字面上是最短时）、isochrones（等时线，字面上是等时），等等[1]。这些汉译中的"线"都是额外添加的。再者，功的定义为 $f \cdot ds$，这是最简单的微分 1-form，则求沿特定的路径从一点到另一点所做的功就是线积分（line integral）。在热力学语境中，其主方程（cardinal equation）是多变量的微分 1-form，即 Pfaffian form。类似求某个循环过程中熵的变化这类问题，就是线积分。关于线积分的数学知识教得不充分而去纠缠某个过程中系统和环境各自熵变是多少的问题，无助于对物理学的理解。

若刺激 x 和响应 y 之间满足关系 $y = kx + b$，则称此关系是线性的（linear），其中 y，b 是同类的物理量，而 x 是另一类物理量，k 则反映研究对象的内禀性质。如在简单的胡克定理 $y = kx$ 中，k 就是物体的弹性系数；在刚体的定轴转动问题中，k 是转动惯量。在初等解析几何中，$y = kx + b$ 的图像就是一条直线。与线性关系相映衬的是非线性关系（nonlinearity）。非线性当然比线性关系复杂得多，花样也多得多。$y = kx^2$ 这样的含平方项的关系，算是最简单的非线性了，它竟然就搪塞了对干涉现象的解释。除了少数特例，非线性方程是很难找到严格解析解的。一个做法是将非线性问题在某些限制下作线性化（linearization）。对电磁学问题的线性化导致了有限元算法从而引发了建筑工程上的革命，是"无心插柳柳成荫"的绝佳案例。线性函数、线性映射的定义是可加性加上一阶齐次性，即 $f(x_1 + x_2) = f(x_1) + f(x_2), f(ax) = af(x)$。如果是两变量函数具有这样的线性，那是双线性的（bilinear）。线性关系表示刺激信号之间没有耦合。一个数学对象若是能表示成若干个其他数学对象的线性相加，则称它们是线性相关的（linearly dependent）。若一个空间中的矢量，其线性叠加仍是该空间中的矢量，则该空间是线性空间。流形的切空间，量子力学中自伴随算符本征矢量所张的希尔伯特空间，是我们应该熟知的线性空间。线性空间的基，是线性无关的（linearly independent）。

3. 那些有趣的线与非线

3.1 射线

Ray,汉译为射线,其拉丁语词源 radius[①] 本义是车的辐条,从中心轴出发,向外延展。数学上,ray 被定义为从一点起始经过另一点无限延伸所得到的对象。若从一点起始作一有限的延展,这就是矢量的形象。Ray,物理上用来表示从源头向外 radiate 的东西,如 rays of light(光线),X-ray,γ-ray,cathode ray(阴极射线,即电子),等等。Ray 的形象正好反映描述运动的速度之矢量性质。注意,直线有矢量定义,即给定两矢量 a,b,参数方程 $r = a + \lambda(b - a)$ 描述一条直线。显然,若 $\lambda \in [0, \infty)$,这定义的是一条射线。

3.2 欧拉线

此例就想说明共线是多么神奇的事情,它至少是我个人数学教育中不足的地方。三角形有一些有趣的心(centers),比如中心(centroid,算数平均),正心(orthocenter),外心(circumcenter,外接圆的圆心),Exeter point,以及九点圆的圆心,都落在一条直线上。这个事实是 1765 年天才的数学家欧拉发现的,故被称为欧拉线(Euler line; la droite de Euler)。有趣的是,内心(incenter,内切圆的圆心)却不在这条线上。类

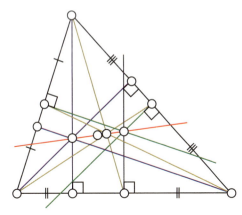

图2　三角形的 Euler line,线上的四点在三角形的内部

似地,还有 Simson 线,即对于三角形,其外接圆上任意一点到三边的三个垂足,是共线的。这个 Simson 线簇的包络,被称为 Steiner deltoid(三角形)。

[①] Radius 还保留在英语中,被汉译为半径了,少了放射状的形象。此外,它和 radix,root 是一个词,由此衍生的重要科学概念是 radical。放射状存在的源头当然是根,汉语本就有根源的说法。

3.3 包络线

包络线，envelope，就是英汉字典里"信封"那个词。Envelope，动词形式为 envelop，包围、包裹住的意思。Envelope 常被译成包络线，这样一来就失去了强调"包络、包裹"的抽象意义了，二来否认了其高维推广的存在，不妥。Envelope 也可以是面、体或者更高维的几何对象，还可以就是包络这个事实，因此还是简单地译为包络为好。几何上，对于给定的一个线簇，与线簇中所有的线都相切的那条曲线是这个直线簇的 envelope（图3）。线簇也可以是线段簇，比如连接点 $(s,0)$，$(0,t)$（其中 $s^2 + t^2 = 1$），的线段簇，其包络就是四角星形。反过来看，给定平面内曲线 $y = f(x)$ 上的任意一点，有切线方程 $y = px + b$，其中 $p = dy/dx$。这样，你会发现这条曲线有了 $y = f(x)$ 以外的另一种表达方式，即由 $y = px + b$ 表达的直线簇。传统上，包络上的点可以看作是相邻两曲线的交点，这样的话，就可以把包络的概念推广到面甚至更高维的情形。物理学上，直线簇包络的思想与勒让德变换（Legendre transformation）有关。一般意义上的包络是理解几何光学（特别是和 caustics（焦）相关的光学内容）的关键。物理学上还把 envelope 的概念做了意义不是很严谨的推广，比如对于振荡信号，a smooth curve outlining its extremes（标示极值轮廓的光滑曲线）被说成是 envelope（图4）。

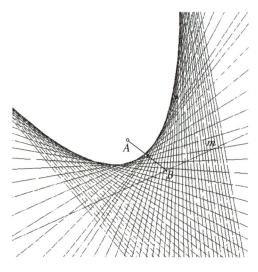

图3　直线簇及作为其 envelope 的曲线

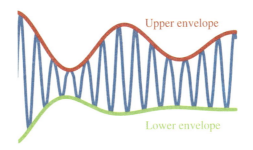

图 4 振幅调制的振荡信号及其 envelope

3.4 世界线

World line, 世界线, 是闵可夫斯基提出的概念, 是对空间中的闭合轨道 (orbit)、轨迹 (trajectory) 概念的推广[2]。行星绕太阳的轨道是椭圆, 这句话里不含时间的因素; 单位时间内扫过相同的面积才加入了时间的考量, 即添加了时间的维度, 才能谈到时空 (spacetime) 中的曲线。世界线记录了一个物体运动的历史。对于世界线的描述, 即四维时空坐标的参数方程, $x^{(a)}(\tau)$, $a=0,1,2,3$, 其中参数 τ 是世界线的弧长, 物理上定义为固有时 (proper time)。初学相对论时对用固有时作为时空的参数的做法不易理解, 其实用曲线的弧长 (arclength) 作为参数来写曲线方程, 是微分几何中对曲线的规则化描述的常规做法[3], 与物理无关。

3.5 测地线

在相对论的语境中, 自由落体的 world line 是 geodesic, 测地线。Geodesic, 来自 geodesy, 是一门关于大地形状和尺寸测量的学问, 和 geometry (大地测量术, 几何学) 同源, 前缀 geo 来自大地之母 gaia。Geodesic, 汉译为测地线, 西文字面没有"线"的内容。

一个表面上的测地线是对平面内直线 (straight lines) 概念在弯曲表面上的推广。这类线的概念可以从两个角度思考: 最短的曲线和最直的曲线。所谓最短的曲线, 就是其上任意两点之间的距离都是最短的, 物理实践上可以通过把两点间的弹性连接的绳子给绷紧了而得到; 而直线是说其切矢量是不变的 (尽管我们的视觉习惯上将其当成弯的。平面草坪上两点的最短线是我们说的直线; 如果中间有个水坑, 我们会绕过水坑从而让路径最短。但这似乎不符合直线的切矢量不变的定义。光永远走直线，那么按说它应该符合弯曲空间中直线的切矢量不变的定义。这应该是构造广义相对论方程必须纳入考量的因素。

3.6 轮廓

Profile，pro+file，汉译为侧面、外形、轮廓等。File，意思是排成一行行，比如 walk in a file（排成一队走）或者 rank and file（国际象棋棋盘上空格的行与列），其他的意思如档案、锉刀等应该都是引申义。File 的拉丁语词源 filum，本身就是 thread, line 的意思。而 filing，英文有个意思是锯末，锯铁块得到的 iron filing 历史上恰好是演示法拉第的伟大概念场线（field lines）存在的东西（图5）。Profile，就是线条围成的轮廓。动名词 profiling 就是画出一个事物的轮廓，与 outline, delineate 相近。表面分析从前有个 depth profiling technique，即深度（组分）轮廓技术，笔者的博士论文就证明了数学上这是一个条件不足的逆问题，将这个技术彻底否定了。Profile，线条，引申为体型，近义词有 figure（德语 die Figur）。葡萄牙语 formosa①，应该也是指线条美。

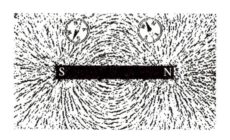

图 5　Iron filing map of the field lines（磁场线的铁屑显示）

3.7 渐近线

Asymptote，汉译为渐近线。然而，asymptote 来自希腊语 ασύμπτωτος，意思是 not to fall together，不要碰到一起。据说是 Apollonius of Perga 在研究圆锥曲线时引入的这个概念，指任何不和作为关注对象的曲线相交的线（line）。汉译渐近线符合 asymptote 的当代意义，但是我们还是应当知道其原意，以免在阅读某些旧文献时造成误解。另外要注意的是，asymptote 也不必然是直线（linear asymptote），比如对于方程 $y=(x^3+2x^2+3x+4)/x$ 所决定的曲线，

---

① 葡萄牙殖民者曾用 Formosa 命名台湾岛。

抛物线 $y = x^2 + 2x + 3$ 是它的 asymptote。这种情形是渐近曲线（curvilinear asymptote），见图 6。此外，数学、物理上有渐近展开（asymptotic expansion）、渐近自由度（asymptotic degree of freedom）的说法，未知其精髓与渐近的说法相符否。

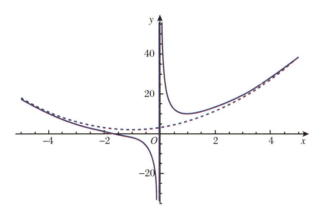

图 6　曲线 $y = (x^3 + 2x^2 + 3x + 4)/x$ 的 asymptote 是抛物线 $y = x^2 + 2x + 3$

4. 结束语

写作此文期间，我注意到当我们接触一些物理概念时，对那些物理概念所涉及的数学内容我们常常仅只是略知皮毛，甚至闻所未闻。这样的理解当然是不充分的，而试图基于这样的对物理的理解对其有所发展，何其难也哉。可叹！

补　缀

1. 狄拉克的 *General Theory of Relativity* 一书中，对广义相对论的测地线（geodesic）有如下定义：把四维时空点 x^μ 挪到点 $x^\mu + u^\mu \mathrm{d}\tau$，再将四维速度矢量通过 parallel displacement 给挪过去；重复上述过程，则不仅路径被确定了，沿着这路径的参数 τ（长度）也确定了。如此产生的路径就是测地线。读懂这一段需要一点微分几何基础。
2. 日光、月光确实让人看到了线的形象，在夏日的雨后，在冬日凄冷的子夜时刻。

3. 帕斯卡定理:"一个圆或圆锥曲线内接的六边形,其对边中线的三个交点在一条直线上。"这个直线叫作 Pascal line。
4. A pencil is a series of lines or rays coming to or spreading out from a point. 从这个意义上讲 pencil 是线簇的意思。但是,且慢。所有通过一条直线的平面,以及平面内所有通过两点的圆,也都是一个 pencil。把 pencil 还是理解为它的原义——刷子——较合适。
5. 经典力学、力学和热力学里都能见到线积分,而且也应该从线积分的角度统一地加以理解。特别地,热力学里有 1-form 的积分。

参考文献

[1] Tent M B W. Leonhard Euler and the Bernoullis[M]. A. K. Peters, Ltd., 2009.

[2] 曹则贤. 物理学咬文嚼字 056:印迹与轨道[J]. 物理,2013,42(7):524-526.

[3] Pressley A. Elementary Differential Geometry[M]. Springer,2000.

之九十二 城邦与统计

> 你没到 States 去过罢！
> ——钱钟书《围城》

> 蒋介石：河南到底死了多少人？
> 大公报主编：政府统计1062人。
> 蒋介石：实际呢？
> ——电影《1942》①

摘要 Statistics 一词源自 stand（state，status），是 science of states，其发展得力于 state 管理事务的需求。统计源远流长、博大精深。统计物理让物理学有了新的面目和新的哲学。

1. 引子

《武林外传》有一集，捕快燕小六见到陌生人就逼问："姓嘛，叫嘛，从哪来，

---

① 改编自刘震云的小说《温故一九四二》。

到哪去,家里几口人,人均几亩地,地里几头牛,说说说说说!"[①]请注意:1) 这里官家关切的是一些有价值的量(的分布);2) 这是官家的急切行为——官家对百姓的人力、物力和隐私是非常严肃对待的,而那绝非仅仅出于好奇。官家,量的分布,这就引出了一个重要的科学概念 statistics。Statistics,汉译为统计,译名相较于原文,丢失了很多关键的内容。Statistics,源自 stand(state,status),西人从字面上就知道 statistics 是与 state(城邦、国家)有关的事务,statistical physics(统计物理学)自然与体系的 state(状态)有关。

2. State and stand

古希腊是由数百个城邦(city-state)组成的,其中著名的有雅典、斯巴达、柯林斯等。希腊人很为这个城邦历史而骄傲。City,城市,希腊语为 πόλις(poleis),由这个词而来的是 politics,城市事务,政治之谓也。State, status,来自拉丁语 stare,to stand,立,竖立,估计与柱子或者围墙有关,希腊语为 κατάσταση(katastasi)。一个希腊城邦,要有市场和神庙(图1),可能还需要围墙。城邦这种结构应该是人类社会发展的一个阶段,小亚细亚有(图2),我们中国也有,相当于大一点的圩子、寨子、关隘。一定规模的 state 里面就有组织和统治的问题,当代希腊语为 κράτος(kratos),类似我国历史上周朝的诸侯国。诸侯国意义上的 state,德语词为 Staat。States 结成联盟,可以构成更大的国,美国是合众国,德国是联邦国,意思是一样的。

图1　古希腊城邦之一柯林斯(Κόρινθος)的遗址

---

① 到了如今,统计更加全面。客人住店,调查问题就劈头盖脸而来:"姓名?单位?老婆是不是二婚,孩子是不是你的?"——引自郭德刚的相声。

State,本义是 to stand,字面是这个意思的英文词还常见,比如前列腺,就是 prostate,pro(前)+ state(立)。站立的相比跑动的,就是处于静态的,所以 static 有静态的意思。Hydrostatics,流体静力学,研究静止的流体的特征;electrostatics,静电学,研究静止电荷的势和相互之间的作用。静止流体还好理解,静止电荷可是不存在的事儿,但它反而被当成了电磁学的出发点——物理学抽象的 power,就在这里。

State 还有状态的意思,所谓物质的状态,气、液、固和等离子体,就是 states of matter。Status,是 state 的拉丁语前身,有状态(condition)的意思,拉丁语的固体就是 status solidi。Status 有(法律)地位、身份等引申义,status quo 就是现状的意思。如果你是从中文学英文,对 state 作为站立(stand)怎么会是状态的意思可能会疑惑,但你如果知道 state 对应的德语词是 Bestand,应能消解部分怀疑。在距离(distance,Abstand,即分开站)、理解(understand,verstehen,即立于其下)等词汇中,都能看到 state 的身影。

图 2　苏美尔人的城

3. 城邦与统计

城邦要对其人民和人民的财富有明确的了解,以利于管理①和统治的延续。所谓 state,就是一小部分人对他人之劳动成果甚至个人作为生殖资源可以剥夺、占有的势力范围(马克思曾有差不多的表述)。亚历山大大帝在他的

---

① 所谓管理,是社会运行方程里的耗散项,如果管理得太起劲以至于财富断了流,就很尴尬了。中国历史上有"竭泽而渔"的说法,可见这事不是虚构的。

所有远征中都随军带着工程师、地理学家和测量师,他们绘制被征服国家的地图,记下这些国家的资源——可占有的资源才是 state 所关切的。由此,state 就衍生了一个重要的事务,statistics(统计)。在早期,statistics 的意义严格地限制在关于城邦的信息上(information about states),其形容词形式为 statistic,希腊语,στατιστικός,意思就是"国家的"。统计从来都是城邦层面上的事务。Statistics 一词来自拉丁语的 statisticum collegium(城邦委员会),进入英语前的最后阶段应该是意大利语词汇 statista,本义是官家的发言人或市民领袖 politician[①]。德语的 Statistik,由 Gottfried Achenwall(1749)引入,那时候已是分析国家数据的意思,但强调那是忙公家事的科学(science of state)。Statistics 经过 Statistik 传入英语是通过 1770 年的 *Bielfield's Elementary Universal Education* 一书。该书说:被称为统计的这门科学告诉我们,在已经探知的世界中,所有现代国家的政治是如何组成的。一说是 1791 年,Sir John Sinclair 出版的 *Statistical Account of Scotland* 21 卷本的第一卷。十九世纪时,统计的意思是数据的分析和分类,后来被扩展到"all collections of information of all types"。当然,如今统计的意义既有数据搜集,还有数据的分析以抽取信息(statistical inference)。但是,我们应该铭记 statistics 的本义,按照 Webster 的 *American dictionary* 对统计的定义,它是"有关社会状态……以及国家的状态等事实的集合"。

统计一开始就是记账(registration),两千多年的时间里,统计涉及的也就是可征用的人力和物力的清单。简单的记账后来发展成了统计这门学科,赌博行为功不可没。赌博技术的发展导致了现代统计的开端(The development of gambling techniques led to the beginning of modern statistics)[1]。这已成定论。提起统计和概率论,总让人想到骰子的形象。骰子的发明至今已有五千年的历史,是罗马人将骰子从东方带到了西方。不过,早在骰子这种高科技被发明之前,人们就已经学会了用其他物件(比如石子、小树棍)来试运气了。

统计事务历来是城邦的大事。二十世纪的国民政府下属两个著名的统计局,分别为国民政府军事委员会调查统计局(简称军统)和国民党中央执行委员会调查统计局(简称中统)。军统和中统是凌驾于国民党党政军机关之上的特

---

① Statesman 不仅是发言人,它首先是公家的人。这样的人,有时说点过头话(overstatement)也可以理解。

务组织。如今人们常在电视剧中见到抗战时期军统、中统的工作人员从事窃听、跟踪、调查、暗杀、爆破等活动,统计工作的重要性与复杂性由此可见一斑。一个 state,要对区域内的存在做出完整的 statistics,在没有监控系统、没有卫星通讯、没有计算机的年代几乎是不可能的事情。尤其是历史上的中国,幅员辽阔,地大物博,统计数据这样的混合物其可信度极低。一个典型的例子是战争人员统计。为什么先秦动辄都是几十万人的会战,而明清时期人口多了却缩水成了几万人的规模?一个明显的原因是先秦官方有意无意地扩大统计口径,给后人留下了巨大的想象空间,难免会幻想出一幅气势磅礴、史诗般的战争画面。至于负面的内容,比如大饥荒造成的人口减少,则能遮掩就遮掩,哪里会认真统计。城邦处理数据时,很多时候又不能真按照统计学的规矩来,算是对这个词的讽刺。其实,这事也没啥好訾议的。"历史总是被筛选和被遗忘的。谁是执掌筛选粗眼大筐的人呢?"(刘震云《温故一九四二》)统计从来都是大而化之的。有趣的是,统计物理也自然走上了粗粒化(coarse-graining)的途径,实在是由统计的本性决定的。

统计后来慢慢地变成了科学研究的工具,有了点科学的气息。统计用于科学的一个看似浅显的例子是孟德尔(Gregor Johann Mendel,1882—1884)的遗传规律。豌豆遗传的规律从数学的角度看是排列组合,这有别于黑色加白色等于灰色的简单混合(图 3)。这是孟德尔遗传规律之价值所在。据信 Harold Hotelling(1895—1973)的 statistics 的工作是导致纤维丛理论的因素之一,其他的因素包括微分形式、拓扑、全局微分几何和联络理论[2],统计之内涵深厚由此可

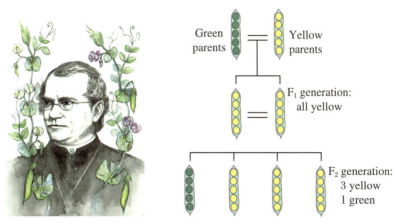

图 3 孟德尔在豌豆中发现的遗传规律来自统计

见一斑。按照薛定谔的说法,统计是我们时代非同寻常的发明(…extraordinary invention of our time which goes by the name of statistics)[3]。

正确的统计不只是对科学来说的,它还是最基本的。统计后来还进入了物理基础层面,但如何进行正确的统计却不是容易学得会的,坏的统计是科学的大麻烦[4]。不幸的是,坏统计随处可见,甚至有人故意为之。统计的基本假设是大数目样本的存在,但是某些事件只有屈指可数的甚至单一的样本,也是没办法的事情。宇宙线研究依赖对天外粒子的偶然探测(chance detection),其结果很难复制,甚至原则上就没有机会复制,也就没有统计。然而一些研究者却硬是能编造出多宇宙的图景来作统计①,或者算出方差或置信度之类炫人眼目的数据来。统计对象的样本缺少、不可重复性以及采集的数据与研究对象的物理不相干让基于数据的所谓科学研究常常得出非常不科学的结论,基于数据自身开发的 p-value,confidence(置信度)计算其实并不能为别人带来confidence(信心)[5]——基于错误数据计算而来的置信度并不能赋予数据以科学性。由了无头绪的数据出发的统计,会产生一些源自这方法学的所谓规律的发现,这些已经引起了严肃科学家的关注[6]。薛定谔就直白地指出:"统计的方法因为缺少数学和逻辑的训练而名声不佳(This method is discredited by the lack of mathematical and logical training)。"宇宙不是谁家的实验室,数据处理也不是有效的科学榨汁机。对于那些独家拥有少量几个数据的科学发现,保持一份警惕是起码的科学精神。

4. 统计物理

Robert Brown 是位植物学家、使用显微镜的专家。他不懈努力追求的一个生活目标,是通过观察来发现生命力(vis viva)②的源泉。1827 年 6 月的某一天,他观察到花粉崩裂所释放的微粒在不停地运动。不幸的是,无机物颗粒也运动。这些颗粒在液体表面不停地看似无规地运动着。统计解释了布朗运动,是统计进入物理的标志。

1867 年,麦克斯韦率先讨论了热力学第二定律的统计特性,1878 年提出了

---

① 多宇宙(multi-verse)的图景是想象出来以作统计的,但与想象出来的有很多复制样本的 ensemble 不同,后者原则上是可以观测的。
② 作为物理概念的这个词指的是 mv^2。

"统计物理"这个新词。麦克斯韦基于速度各项同性以及指数函数乘积的性质得出分子数关于动能分布的公式是天才的杰作。1877 年,玻尔兹曼假设分子能量有最小单元,分子能量只能是这个能量单元的整数倍(因此,笔者将 1877 年看作量子力学元年),配合平衡态即微观状态数最大的哲学,同样获得了麦克斯韦此前的结果,这就是著名的麦克斯韦-玻尔兹曼统计。统计力学甫一出手,即带来不俗的结果。由分布出发求和很容易,比如计算 $\sum_i n_i = N, \sum_i n_i^2 = N$;反过来,给定 N,写成 $N = \sum_i n_i$ 或者 $N = \sum_i n_i^2$(固体物理中会常用到此式),这是按照一定规则求 N 的 partition,就有些难度了。Partition,分割、分拆,在几何、数论方面都会出现。Partition function,要义在于对总粒子数、总能量的拆分方式的研究,中文将之翻译成配分函数,几乎没见有统计物理课本说清楚这一点。

统计物理的发展得力于试图用统计物理理解热力学的规律。系统的性质可由几个少数的参数,包括几何的、动力学的和热力学的参数加以描述。热力学的原理需要从构成宏观体系的微观部分构成以及支配微观部分之运动的动力学规律加以解释,这是统计力学的初衷。对微观动力学状态(state)作 statistics,这统计物理(statistical physics)真是名副其实。平衡态物理量可以通过对微观动力学状态赋予一个同约束相融洽的几率分布计算出来,宏观值可以对具有不同几率的微观状态求平均而获得。统计物理,不止是几率概念和几率诠释扮演了重要的角色,而是概率进入了基础物理理论的层面,为因果律这种物理学的基石带来了讨论。统计是达成因果律所决定的某些确定结果的捷径,还是说没有严格的因果关联[7]?对于统计物理的一个误解是,统计物理似乎被当作是精确科学(exact sciences)的对立面,其关键词熵被当成无序的代名词。

作为量子力学基础的波函数几率诠释是 1926 年左右的事情,由决定性方程得来解的几率诠释,这比较具有颠覆性。据 Otto Stern 说,外尔曾被人问到量子力学几率诠释的重要性时,说"in those years (1924 to 1927), everybody talked about probability"。相较于经典概率为[0,1]内的实数,量子力学其实是在用波函数 ψ 说话,而 ψ 是模为 1 的几率幅,是一个复函数。从经典概率到量子力学语境下的概率,这之间的 conceptual gap 是必须要面对的。任何替代几率诠释的诠释,如果坚持把物理量当作自伴随算符,这之间如何协调就是个问题。统计是一个时常有悖于直觉的学科,量子统计肯定比量子力学带来更多的悖论。双胞胎联姻,外人眼里可能会错认出四对婚姻,但 state 发的结婚证书只有两套,理解了这些,可能有助于理解量子统计与经典统计之间的区别。

量子统计出现在量子力学的高级阶段,但必须牢记统计在量子之前,统计是量子的基础。实验的统计结果,很多时候是构造量子理论的出发点。一个典型的例子是统计和自旋的关联,实际上我们根据统计行为把粒子分成了玻色子和费米子[8],这个统计行为和粒子的自旋有关。在基本粒子研究中,为了确立自散射实验得来的数据的统计,还会引入诸如色、味之类的量子数。

近代的大物理学家,几乎都精于统计物理,其中尤以爱因斯坦为甚。在一般人眼里,统计不过是算平均和方差,甚至有些人对统计的关切只到平均值(期望值)的层面。比利时天文学家、统计学者 Adolphe Quetelet 是社会物理学概念的提出者,竟定义了平均人(l'homme moyen)这个概念,即各项指标是社会平均值(假设正则分布)的那么一位。平均值当然不足以再现具体的分布,更不能反映个体的酸甜苦辣——如果平均收入算是自家的收入的话,那笔者也该有富人的感觉了。平均值是变量关于分布的一阶矩,下一个统计量,二阶矩,就是方差。爱因斯坦认识到方差,也即涨落,对理解物理现象的重要性。作为对统计物理之威力的理解就又进了一步。注意,高斯分布,也称为正则分布、钟形分布,之所以特殊,是因为由平均值和方差可以完全确立高斯分布①。统计物理博大精深,至于 parastatistics, anionic statistics, braid statistics 这些近期的研究前沿,光看看题目,哪个都不是好理解的。笔者不懂,也后悔未曾认真研习过一本统计物理的经典。

5. 多余的话

统计的出现,是同城邦出现所带来的社会需求相联系的;其发展过程中,人类的嗜赌成性又起到了极大的促进作用。至于统计物理作为一门科学,应该理解为确实与自然事件的 chance nature 有关。

城邦对统计的需求,是旺盛的。它是统治的基础。有些人总担心自己健忘,其实大可不必,state 一直在帮你做着 statistics 呢。如果有必要,警察配合高科技能让你回忆起你三岁时在幼儿园偷吃韭菜鸡蛋饺子时到底是哪两颗牙齿中间塞了片韭菜叶子。二战期间德国的秘密国家警察(Geheime

---

① 高斯分布在量子力学中总出现是因为高斯分布函数的傅里叶变换还是高斯函数,可以编故事。

Staatspolizei，其缩写 Gestapo 被译成盖世太保），二战后东德的 Stasi（Ministerium fuer Staatssicherheit 中最后一个词"国家安全"的缩写），都是统计行业的翘楚。在电影《窃听风暴》(Das Leben der Anderen，字面意思是别人的生活）中，主角，Stasi 的一个工作人员，整天的工作就是记录被统计对象读过哪几本书、买过几双鞋或者见过什么人。他整天盯着别人，他就成了别人的生活的见证者，但却没有自己的生活。其实，不只是专门统计机构的人员，有些不是这行当的人也有这种监视别人家生活的强烈愿望，这似乎是人性恶的顽固一面。

Statistics，the affair of states，the science of states for beings in the universe，do you understand?

补 缀

Baggot 曾不无讽刺地写道："There was obviously no such statistical measure for the rumour itself."（特指发现 Higgs Boson 的谣传。）

参考文献

[1] David F N. Games，Gods & Gambling：A History of Probability and Statistical Ideas[M]. Dover Publications，1998.
[2] Yang C N. The Conceptual Origins of Maxwell's Equations and Gauge Theory[J]. Physics Today，2014，67(11)：45.
[3] Schrödinger E. Science and the Human Temperament[M]. George Allen & Unwin Ltd.，1935.
[4] Nature editorial. Number Crunch[J]. Nature，2014，506：131-132.
[5] Nuzzo R. Statistical Error[J]. Nature，2014，506：150.
[6] Lyons L. Discovery or Fluke：Statistics in Particle Physics[J]. Physics Today，2012，(7)：45-51.
[7] Born M. Natural Philosophy of Cause and Chance[M]. Oxford：Clarendon Press，1948.
[8] Uhlenbeck G E. Statistical Mechanics and Quantum Mechanics[J]. Nature，1971，232：449.

之九十三　可爱的小东西们

> Man is the measure of all things.[①]
> ——Protagoras
>
> The whole is more than the sum of its parts![②]
> ——Aristotle

摘要　尺度是事物最直观的性质。描述小的世界除了用独立的形容词,还有连缀指小词的形式。一些带"小的"意思的词汇,会随着我们的认识深入到更小的尺度而变换其含义。

1. 小人国

人生天地间,除了习惯于以自己为原点出发看世界,还习惯于从自己的尺度出发看世界。这是理解物理学的出发点,不可不察。人的尺度是米[③],比人

---

① 人是万物的量度。
② 整体大于部分之和。
③ 这话说了等于没说。米就是人两手指间的间距,或者说人的高度。Meter,就是汉语的庹。

大的就是大,比人小的就是小。那个 macroscopic world 就是大的世界,那个 microscopic world 就是小的世界。如果顺着我们的意思把 microscopic world 理解成微观世界,就可能无法理解法国人拍摄的青蛙、蚂蚁的家园为什么是 microscopic world 了。Macron(大)、micron(小),见于比如字母 omega① 和 omicron,o-mega(ω,Ω)是大 o,而 o-micron(o)是小 o。到底多大算大,多小算小,没有固定的标准。举例来说,关于微孔的分类,孔径 50 nm 以上的算 macroporous(大孔的),2 nm 以下的算 microporous(小孔的),尽管从人的尺度来看,纳米尺度已经是很小很小了。

人类对比自己大的、小的世界,因为不便观察的缘故,似乎更加感兴趣,除了会构思天文学和宇宙学,还能编出各种小人国的故事——想象力才是硬道理。咱们中国自《山海经》以降多有小人国的故事(小人国在东方,其人小,身长九寸),把英国小说 *Gulliver's Travels*(《格利佛游记》)也会译成《小人国》。不过,这些小人国的记述都是些鸡毛蒜皮的小事,没有什么科学的养分。

改编自 1954 年出版的同名小说的动画片 *Horton Hears a Who* 却很有趣,笔者也能从中受到科学性的启发。故事说有一个城市 Whoville,是落在我们人类尺度上一朵蒲公英上一粒灰尘中的一个城市,它构成了一个完备的宇宙,这个宇宙里的科学家也研究他们那个宇宙里的灰尘(图1)。这个小宇宙城市的市长有 99 个女儿和一个热爱宇宙学的儿子——Small, thus more② (小,因而多)。100 个孩子的 baby room,那场面肯定非常热闹。有一天,这个灰尘宇宙坐落的蒲公英落到了小象 Horton 的鼻子上,Horton 听到了灰尘中 Whoville 居民的尖叫声。小象 Horton 也试图向 Whoville 的居民证明自己的存在,对他们解释 your whole world fits on a flower in my world(你们的世界在我的世界中的一朵花儿上),它的小动作在 Whoville 里就轻易地引起了冰川和大洪水,十足的全球性地质和气候变化,世界末日的景象。惊慌失措的 Whoville 居民求助于他们的科学家,他们还努力制造噪声(we are here, we are here!),试图让人类尺度上的动物们相信它们的存在。这故事就是在编

---

① Mega, major, magnus, megas, 大,这些词的词源都可追述到梵语的摩诃。
② 没错,是参照了 Anderson 的 More is different。

排我们自己的行为嘛！不过，须弥纳于芥子的观念，确实得到了非常漂亮的图像展示。

图 1　Whoville 里的科学家在用他们的仪器（光镊子？）研究他们世界里的灰尘

2. 指小词

尺度差不多是人类能感知的事物的第一个物理性质。对我们尺度之上的大的存在，我们心怀恐惧，而对于我们尺度之下的小的存在，由于确保安然无虞，我们因此多了一份慈祥和爱意。为了指称小的事物，人类语言中甚至有一类专门的指小词。指小词，diminutive，词干为 minute，来自拉丁语形容词 minutus，与 minor 一样，意思是小。注意，当 minute 作为分钟理解时，它是 pars minuta prima 的简写，意思是"第一层次小的部分"，这是托勒密描述圆、日、小时的六十分之一所采用的词汇。Pars minuta prima 用于小时，得到的结果是用 minuta 表示的，故 minute 有了分（钟）的意思。如果再做一次分割，就得到 pars minuta secunda（第二层次小的部分），但这次简称却着落到 secunda 的头上了，故 second，第二，有了"秒"的意思。Minute，小的，在物理文献中常见，如 feel the minute vibration（感知微小振动）。也有 minutely 的用法，见于 It (water) has many active roles in molecular biology, minutely influenced by its structure（水在分子生物学中活跃地扮演许多角色，这角色因受其结构的细微影响而不同）[1]。

在汉语中,我们除了在名词前加"小"以外①,还会在名词后面加"儿""子"等后缀,来表达对小东西的爱怜,如桌子、凳子、虫儿、鸟儿等。有时,甚至还会两者并用,如"哟,这是谁家的小闺女儿,真聪明"。因为是母语,我们习以为常,并没有从语言学的角度正视这个现象。

指小词在西语中非常普遍,花样很多,而且还通过不同途径进入科学文献。因此,认识一些指小词的形式,对于理解物理概念,特别是粒子物理里的概念,或许能有些帮助。拉丁语地区的人民热情浪漫,指小词就特别丰富,不仅用在名词上,也用在形容词、副词上。西班牙语不提②,对物理学影响很大的意大利语指小词则非常重要。意大利语词尾-ello(-ella),-etto(-etta),-icchio(-icchia),-ino(-ina),-otto(-otta),-uccio(-uccia)都是指小词,其中的-ino出现在 neutrino(中微子)一词中,人们都比较熟悉。意大利语甚至还会使用两重指小词,比如 piano → pianissimo → pianissisimo,即轻→轻轻地→(跟再别康桥似的那么)轻轻地。德语的小,形容词是 klein,指小词词尾包括-chen,-lein,-ling 等,见于 Haus(Häuschen,小房子)、Eichhörnchen(小松鼠)、Liebling(小可爱)等词。英语是条顿化的德语,但不仅仅是德语,所以它的指小词也多得很、混乱得很,有些很明显,有些藏得很深,从英语的角度学英语不太会关注这个问题。例如,mosquito(蚊子)是 mosca(苍蝇)的指小词,源于西班牙语;cigarette(小香烟)是 cigar 的小词,wavelet(小波)是 wave(波,见于物理学各领域)的小词,facet(小面,见于几何学、晶体学)是 face 的小词,droplet(小液滴)就不必说了,这些源于法语;而 chicken(小鸡儿)、kitten(小猫)、maiden(小丫头片子)、duckling(小鸭子)、nestling(小崽子)、protein(第一位的组成部分)、nuclein(小核),显然有德语血缘(参见德语的 Mädchen 是 Magd 的小词,以及 Liebling)。另外,还有词尾-cle,-el,见于 chapel(即 München,小教堂)、article(小件儿)、particle(小件儿)等,这些也是指小词。以-el 结尾的指小词在阿尔卑斯山一带的德语区特别常见,比如米列娃称呼爱因斯坦的 Johannzel,大约就相当于我们陕西话的小乖蛋儿。以-cule 结尾的词

---

① 方言里还有其他指小词,如吴语里的"细"。湘赣地区会称小孩子为细伢子。把 cell 翻译成细胞,就是额外添加了指小词。Cell 就是 cell,游泳池都可以是个 cell。
② 西班牙语 el niño(小男孩)、la niña(小女孩),听起来蛮可爱的。不过,用其描述的地球气候之厄尔尼诺现象、拉尼娜现象可一点也不温柔。

汇也是小词，比如 opscule（小作品）、molecule（小堆儿，分子）、locule（小室，小地方），等等。Minuscule 前后两节都是小的意思，见于例句 the fraction of helium in air is minuscule（氦在空气中的含量很小）。Molecule，一小堆儿，在旧文献中出现时不可以按照今天意义上的分子来理解，比如哈密顿就提出过 light molecules 的概念[2]，这简直就是 light quanta（光量子）的前驱。

英文提及小的概念，会用形容词或前缀 little，small，micro-，tiny，minute，mini-。有趣的是，mini-当前缀用来表示小的，如 minibus，不过它来自拉丁语 minium，miniare，是涂成粉红色的意思——它是受了 minutus 的影响才有了"小"的意思。Small 本身就是形容词，可是在物理文献中竟然还能遇到 smallish 的说法，比如 smallish bandgap[3]。笔者愿意把这类材料称为近零带隙材料，会表现出一些新颖的性质[4]。

3. 小事物，大物理

物理学有多在乎大小？一个有趣的事实是，macron，micron，small，particuology 等词都成了杂志的名称。在物理英文文献中最常提到的小东西就是 particle。Particle，同源词有 part，partition 等。将一个大的事物通过拆分、切割、粉碎就可能得到许多许多的小份儿（small parts，tiny parts，minute parts）。《功夫熊猫2》有句很血腥的台词就不翻译了，其中 part 既是动词也是名词："It will part you. Part of you here, part of you there, and part of you way over there, staining the wall." 小份儿、部分，容易以为就是英文的 small parts，但是应该记住 part 的拉丁语词源是 pars，parare，有等分的本义，所以 impartial 才有不偏不倚的意思。描述一个物体碎裂成小份儿，一般情形用 small pieces 也许更合适。事物小到一定程度，也许就不能再继续被分割了，就是 atomic，也即 impartable。不可分的事物是 atom（原子）一词的字面意思。《庄子·天下篇》有句云"其小无内，谓之小一"，《中庸》有"语小，天下莫能破焉"的说法，这里的无内、莫能破，就是 atomic，impartable。

Part 的同源词 partition 出现在统计物理的 partition function 一词中，译成配分函数不妥。Partition，即将某个值（比如体系的能量）分拆成不同的可允许的量,是个普适性的问题。拆分问题同组合、概率论与统计等问题密切相关,其中隐含大学问。Partition function,字面上会和能量的拆分有关,而那是理解熵的关键。拆分首先是个数学难题,整数拆分成小整数之和的问题能引出高斯分布。1740 年 9 月 4 日,Philip Naudé 问了欧拉一个问题:"50 写成 7 个不同的正整数之和有多少种可能?"第二年四月伟大的欧拉发现,展开乘积 $(1+xz)(1+x^2z)(1+x^3z)(1+x^4z)\cdots$,可以得到一般项 kz^lx^m,其意思恰是把正数 m 写成 l 个整数之和的方式,共有 k 种不同的方式。欧拉随手就破解了多项式系数中包含着计数(counting)的秘密,他真是来自神族的人。

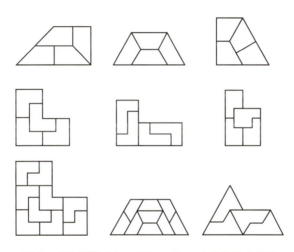

图 2　多边形拆分(partition, dissect)成与自身形状相同的小份儿

进一步地,还有如何把一个整数拆分成不同整数之平方的问题,即求解问题 $\Pi(n) = \sum_i n_i^2$。这是个在群表示论以及格点体系的统计力学中会遇到的问题。除了 $\Pi(n) = \sum_i 1^2$ 的平凡解以外,虽然容易看出 $\Pi(4) = 2^2$,$\Pi(6) = 2^2 + 1^2 + 1^2$,但一般性求解这个问题可不容易[5]。此外,把一个几何形状拆分成同样的 small parts(图 2),也是比较有挑战性的课题。几何拆分对应的概念——tessellation(铺排),是晶体学的重要部分。

Particle,小颗粒、粒子,字面意思表明它们是粉碎过程的结果,要进一步地强调其小可以说 minute particle。Particle 是个日常小词。勒庞在《乌合之众》中有一句:"This, I believe, is the only mode of arriving at the discovery of some few particles of truth."其中的 some few particles of truth，笔者以为可译为"丁点儿真理"。英语很奇怪，形容词 particular 看似来自 particle，但不一定有小的意思。它指的是与同类相分开的或只属于某些部分的性质。笼统地将 particular 理解成汉语"特别的"，就很难用词准确；类似 in their attention of particulars, particularization of some great principles 这样的表述，也许要强调的是各自的细节。若要强调事物的粒子性，形容词可用 particulate，见于 light is particulate（光是粒子性的）！光的粒子性可说成 graininess of light，grain-grainy，也是指小词构造。

Particle 是物理学的重要概念，甚至有专门的 particle physics 的分支。Particles 是 breaking into pieces 的结果，同 part 和 particle 意义完全对应的德语词分别为 Teil 和 Teilchen。Teilchen，典型的德语小词。物质是由小粒子组成的（matter might be composed of tiny particles），这个概念有两千多年的历史。但是，在 Daniel Bernoulli 提出气体模型——用原子和分子之运动的概念（in terms of motion of atoms or molecules）定量地解释气压等内容——之前，粒子的概念是非常含混的。Atoms 或者 molecules 只是指小块头的存在，没有结构，没有作为标签的参数（原子量、质子数等），有时可以干脆约化为质点（point of mass）。随着近代物理的进展，原子有了明确的形象，先是有质量和化学性质的区别，然后被发现其由电子和原子核构成。电子是 distinct minute particle；原子核由质子和中子组成，质子和中子也是 distinct minute particles。当然了，还有许多的基本粒子和复合粒子被发现。除了实验发现的新粒子，物理学家还基于理论猜测未知粒子的存在，为此要做的一件麻烦事是为粒子起名字。对应 photon（光子）、gluon（胶子）、neutral boson（中性玻色子）的超对称粒子（假想的），其名字分别为 photino，gluino 和 neutralino，从字面上看它们有小词的样子。

对于量子力学语境下的 particle，因为用波函数描述它，所以 George Gamow 建议了一个名字 wavicle。不过，最近有人认为 quantum particle 应该被称为 quarticle，以强调其量子语境中粒子性的一面[6]。Particle 的概念甚至被用到了时间上。Evanescent particle of time（时间的瞬逝粒子），dt，又叫 tempuscutum。这个词是由 temp 出发参照 corpuscule 构造的。Corpuscule，corpuscle，来自拉丁语 corpusculum，corpus，即体、身体，德语 Festkörperphysik 才是固体物理，英语 solid-state physics 是固态物理，两者眼中的对象不同。Corpuscle，意思也是 a very small particle。当然，这时的 particle 取其古典意思，小颗粒，见于 red corpuscles（红血球），white corpuscles（白血球）。与 tempuscutum 对应的空间量子概念是 spatiotum，the smallest element of the path（路径的最小单元），ds。

在基本粒子以上的层面，碎片比原件要小这个说法总是成立的。一块晶体，如果摔得很碎，会得到 minute crystals（微晶）。Icicle 就是冰的 minute crystal，一些动物的越冬策略是在体温降至冰点时，让细胞外体液迅速形成多的 icicles，避免大块冰晶的出现。晶体碎裂的极限几何单元，就是 crystal cell（晶胞）。晶胞，一开始是被法国人阿羽衣称为晶核的。由 nucleus 而来的小词是 nuclein（核素），指的是细胞核中发现的分解产物。1869 年，Fritz Miescher 第一次从细胞核中分离出 nuclein，即和 protein 结合的 DNA。DNA 具有双螺旋（double helix）结构。如果一个喜欢吃油条的人能够来到研究 DNA 结构的前沿，也许早就能猜出这个结构。Protein 具有同样的词尾 -ein，是由 protos（第一位的、最重要的）加指小词而来的，这是由氨基酸组成的一类物质，汉译蛋白质虽然不知所云，但已是约定成俗。

4. 结语

人类研究世界，不管眼睛朝着大的世界也罢，小的世界也罢，都是要将之带到我们眼睛习惯的尺度上才能为我们所了解（当然这也要打个问号）[①]。据说最宏观世界的物理，同极端微观世界的物理，是融为一体的，可形象地表示为一条吞食自己尾巴的蛇（ourovorous）。学问之大与小，不因研究对象之大小而定义。研究的对象可以小，但是目标指向的学问却不可以小。De Gennes 研究液晶也一样用到量子场论，其倡导的 soft matter, hard science（软物质，硬科学）的理念在法国人的研究中多有体现，比如关于非晶硅的研究，他们得到的是高维几何的定理而非脏兮兮的沉积膜。做学问时眼界小，如笔者这般的庸人生生地把 physics 做成了 physikchen，实在是令人汗颜。至于有人虽然叫嚣着科学的宏大叙事，却不过是为了服务于学问以外的小算盘，那就更不值一提了。

---

① 对于获得的宇观、宏观和微观的各种图像，那些言之凿凿以为真（reality）者，不是真骗子，就是真天真，反正都不是俗人。

补 缀

1. 如何从 part 出发理解 particular，参看这句："Does that (specific branches of mathematics for chemistry) tell us something about chemistry in general and mathematical chemistry in particular." 化学是个整体，所以说"in general"，而数学化学只是化学的一部分（one part），所以论及它的内容属于"in particular"的范畴。Particular，不特也不别，而是针对部分（specifically devoted to the parts）。
2. 庄子《外篇·秋水》有句云："以差观之，因其所大而大之，则万物莫不大；因其所小而小之，则万物莫不小。"
3. 相较于 *Horton Hears a Who* 中的小象 Horton 和花朵上尘埃中一个世界 Whoville 里的小人，Gulliver 和他遇到的小人，其尺度倒还在 comparable 的范围（图1）。

图 S1　格里佛和小人国的小人儿们

4. 我崇拜的天才数学家 William Kingdon Clifford（1845—1879）也喜欢逗孩子，写下了童话故事 *The Little People*。可惜，不如 Antoine de Saint-Exupéry 的 *Le Petit Prince*（《小王子》）有名。
5. 关于整数的 partition，有定理如下：一个整数拆分成奇数的数目等于其拆分成不同整数的数目。

参考文献

[1] Ball P. Water:an Enduring Mystery[J]. Nature, 2008, 452: 291-292.
[2] Hankins T L. Sir William Rowan Hamilton[M]. Baltimore and London:The Johns Hopkins University Press, 1980.
[3] Fox M. Optical Properties of Solids[M]. Oxford University Press, 2010: 59.
[4] Ji Ailing, Li Chaorong and Cao Zexian. Ternary Cu_3NPd_x Exhibiting Invariant Electrical Resisitivity over 200 K[J]. Appl. Phys. Lett., 2006, 89: 252120.
[5] Hirschhorn M D. Some Formulae for Partitions into Squares[J]. Discrete Math., 2000, 211: 225-228.
[6] Wilczek F. Inside the Knotty World of Anyon Particles[J/OL]. http://www.quantamagazine.org, 2017-2-28.

九十四 Se luere

> Languages are true analytical methods[①].
> —Etienne Bonnot de Condillac
>
> If you can't solve a problem, then there is an easier problem you can solve: find it.
> —George Pólya[②]

摘要 Se luere 是一个出现在各门学科的拉丁语动词。Solve, absolve, desolvate, dissolve, resolve 等动词 absolutely 都源于 se luere；而从其中同一动词衍生的名词，却可能指代完全不同的事物。

1. Solve

Solve 是个常见的英文词，来自拉丁语 solvere, to loosen, release, free 的

---

① 语言是真正的分析方法。
② 如果有个问题你不会解，那一定有一个你能解的相对简单的问题：找到它。—George Pólya, *Mathematical Discovery on Understanding, Learning, and Teaching Problem Solving, Volume I*

意思,大致对应汉语的解脱。这个 solvere, se-luere,由两部分构成,其中 se,意为 apart;luere,意思是 to let go, set free。分开,还让人家走,这两重意思是理解 solve 的基础。另有一个英文词 secede(逃离,脱离),有 apart (se)和 to go (cedere)两重意思,可以和 solve (apart ＋ to let go)比照着理解。

Solve 用于 to solve a problem,汉译为解题或者解决问题。解题,尤其是解数学(物理)题,可能是我们这里一代一代人的噩梦。这倒不是因为数学(物理)有多难、多枯燥——数学(物理)很美,学数学(物理)本应该是件很欢乐的事情,而是因为我们在学校里遭遇的数学(物理)题实在看不出跟数学(物理)有半毛钱的关系。大数学家 George Pólya 有名著 *How to Solve It*?,那才是如何解题的典范,因为首先那里涉及的问题是真的数学问题。学数学(物理)的目的是学会数学(物理)而不是应付胡编乱造的考题。即便是真的问题,有的问题是可解的(solvable),有的问题是不可解的(unsolvable)。一个数学问题的可解与不可解,可不都是如解一元二次方程时遇到 $b^2-4ac<0$ 那么简单。比如,可解群(solvable group)被定义为 a group having a composition series with Abelian quotients is solvable(如果一个群有其商群皆为质数目之循环群的合成列,则是可解的)。怎么样,不好理解吧? 可解群的概念帮助我们理解一元五次方程(quintic equation)为什么没有简单代数公式解,因为 S_5 群不是可解的。

将一种物质(比如食盐 NaCl)放入一种流体(比如水)中,则在固体状态下为立方晶系的 NaCl 晶体会在水中被消解,形成食盐的水溶液。在这种情形中,盐是溶质,而水是溶剂。NaCl 在水溶液中以离子结合一定数量水分子的形式存在。如果将水蒸发,即去溶剂化,则会重新得到食盐晶体。上面这段话如果用英文给出,则会出现一堆 solve 的同源词。NaCl 晶体在水中被消解(dissolve, dissolution)[①],形成了食盐的水溶液(solution)。在这种情形中,盐是溶质(solute),而水是溶剂(solvent)。NaCl 在水溶液中以离子结合一定数量水分子的形式存在,这被称为 solvate。如果将水蒸发,即去溶剂化(dessolvate),会重新得到食盐晶体。有些时候,一种物质很难溶入给定的某种流体,则说其是 insoluble, indissoluble (cannot be dissolved)。It's absolutely (绝对地) difficult to resolve (溶解) some particular solutes (溶质) in a given

---

① 消解可以消解于无形而无需溶剂。比如 all national boundaries are dissolved(所有的国家间疆界消失了)。

solvent（溶剂）to obtain a solution（溶液）。由 solve，经形容词 soluble，还得到一个概念 solubility（溶解性）。溶解性由饱和浓度所表征，对处于饱和浓度的溶液添加溶质不会提高溶液的浓度而只会引起溶质的析出。Degree of dissolution，按字面来看也是溶解度，不知确否。离子在水中的溶解性，还可以称为 degree of solvation of ions by water molecules，这里谈论的对象是 solvate。Solvent-solute interaction in solution（溶液中的溶剂－溶质相互作用）是非常棘手的问题，特别难以研究。幸运的是，在过去几年中我们基于水溶液玻璃化温度具有普适性的事实获得了确定离子水合数的有效方法[1]。

通过减小溶解度或者去除溶剂可以让溶质析出。溶液法生长（solution growth）是非常有效的晶体生长方法。一个晶体的外观既可能是由生长过程造成的，也可能是由溶解（dissolution）过程造成的。一般来说，溶解过程存活下来的晶体可能会表现出一些圆角的、弯曲的面（rounded，curved faces），称为 dissolution form（图 1），与生长得来的由平面包围的晶体略有不同。这背后的原因是：缺陷一般不会是活跃的生长中心，但肯定是活跃的溶解或者腐蚀中心[2]。

图 1　天然金刚石的 growth form（左）与 dissolution form 比较。Dissolution form 外观上具有弯曲的面

2. Resolve

Resolve，其前缀 re- 的意思是 again，back，其本义加上引申的意思那就多了去了。下定决心，下决心的过程，以及下定决心达成的决议，解释清楚，等等，都是 resolve 或者 resolution，此处不论。用于科学语境，使分解、使分开、使消释、使解体，才是 resolve 的本义。

Resolve 的使分开的意思可用于表征各种成像装置。Resolution, resolving power, 汉译为分辨率、分辨本领, 度量的是装置分辨细节的能力, 这是任何成像系统的关键指标。光学显微镜此前有半波限制的说法, 即可分辨的最小尺度不小于所使用光波之波长的一半, 即不小于 200 nm。近场光学的应用, 将光学显微镜的分辨本领推进到 10 nm 的量级。利用电子成像的系统, 扫描电镜的分辨本领目前能达到 0.1 nm, 而透射电镜和扫描隧道显微镜更是能获得清晰的原子像了。当然, 不可忘记的是, 分辨本领的定义中总包含人的因素, 人眼能否分辨其所获得的像(image)的细节定义了成像系统对物(object)的分辨本领(图 2)。

图 2 分辨与无法分辨, 说的是人眼看像的效果

Resolve 的使分解的意思可以和分析(analysis)比照着理解。波意耳发展了探测物质之组分的技术, 将相应的过程称为 analysis (up + to loose)。他得出的一个重要结论是:元素最终是由一些不同种类的、不同尺寸的粒子所组成, 这些粒子 were not to be resolved in any known way (用任何已知手段都不能将之分解了)。

类似于存在对应 solve 有 solvent, 对应 resolve 也有 resolvent 此一概念, 而且是代数方程理论、群论中非常重要的概念, 汉译为分解式。Resolvent, 指 that which resolves, 乃可分解它物之物而非分解的产物, 与 solvent (溶剂)的意思一致。Resolvent, 由 solve an equation 的实践而来。拉格朗日 1770 年在其"Réflexions sur la résolution algébrique des équations(关于方程的代数分解的思考)"一文中, 藉由分解式的方法研究一元三次方程的解。他把方程的三个根(x_1, x_2, x_3)转换为三个分解式:

$$r_1 = x_1 + x_2 + x_3$$
$$r_2 = x_1 + \zeta x_2 + \zeta^2 x_3$$
$$r_3 = x_1 + \zeta^2 x_2 + \zeta x_3$$

其中 ζ 是 $\zeta^3 = 1$ 的某个（非为 1 的）根。Resolvent 概念的提出，是为了把高次幂的方程降为低次幂的方程从而方便求解。比如对于一元三次方程 $x^3 + ax^2 + bx + c = 0$，其分解式是一元二次方程 $z^2 + (2a^3 - 9ab + 27c)z + (a^2 - 3b)^3 = 0$，三次方程的解之一表示为 $x = (-a + z_1^{\frac{1}{3}} + z_2^{\frac{1}{3}})/3$。

分解式的引入是为了获得降幂的辅助代数方程（auxiliary equation）。利用 resolvent 的概念，发现由三次方程得到的辅助方程是二次的，由四次方程（quartic equation）得到的辅助方程是三次的，故分别被称为 resolvent quadratic 和 resolvent cubic。然而，五次方程（quintic equation）的 resolvent equation 却是六次的（sextic），这条路走不下去了。为什么呢？对这个为什么的回答，引来了伽罗华理论，那里有个 solvable group（可解群）的概念是回答这个问题的关键①。

Resolvent 还出现在算子理论中。一个自伴随算符 $\hat{A}$ 的本征值问题的 resolvent，定义为 $G_\lambda = (\hat{A} - \lambda \hat{I})^{-1}$，格林函数就是这个 resolvent 的核。这是量子力学的基础，按说量子力学的一般教程里应该提及。

3. 数学与物理里的 absolute 存在

动词 absolve, to loose from, to free from, 本义是免除、解除，用于 absolve from sorrow (duty, promise, gilt, penalty, etc.)，即免除或解除烦恼（义务、承诺、罪责、惩罚等）。Absolute 作为形容词，意思是 not dependent on or without reference to anything else, not relative，即不依赖于其他东西的存在或不以之为参照（relative）。将 absolute 汉译为绝对，只体现了后一重意思。绝对，北京话加儿化音就成了绝对儿，不过这可以理解为一个绝-对儿。据说"寂寞寒窗空守寡"这上联由宋朝李清照女士所出，因七字皆是宝盖头故而特别难对，一直寻求下联未果。笔者去年见到这上联，半小时给出了下联——"污浊泥淖没沉沦"，或许算对上了也未可知。我觉得这一联可影射红楼梦里两个人物，若上联说的是李纨，这下联应该说的是妙玉。此是闲话，打住。

---

① 1994 年我闲坐在图书馆里摆弄这个问题几个月，自己走到了 resolvent 表达式，但往下就走不动了——到底没有研究数学的能力。那时候还不知道这是 200 多年前拉格朗日玩过的。

Absolute 作为形容词出现的重要数学概念除了人们熟知的 absolute value（绝对值，即不涉及方向意义的值），还有 absolute differential calculus（绝对微分学）。这是意大利人创造的学问，意大利文为 calcolo differenziale assoluto[3]。因为采用曲线坐标处理弯曲空间里的微分问题，其坐标系是局域的，且量与方程的表达形式不依赖于坐标系的选择（independent of any coordinates），具有 absolute 的含义，故得名。绝对微分学乃理解广义相对论的必备数学知识。相对论本质上是绝对论，是关于物理规律之不变表达的理论，此为论据之一。爱因斯坦和此学问之创立者 Tullio Levi-Civitta 多有书信往来，从中可以参悟绝对微分学在创立广义相对论过程中的作用。绝对微分学就是今日的张量分析。

物理学中用绝对修饰的概念，如绝对温度、绝对温标、绝对熵（计算）、绝对时空等，那可是绝对重要、绝对不易理解的概念。先说绝对温度（absolute temperature）。从摄氏温度参照点（0 ℃和100 ℃）附近气体体积随温度的变化出发，将温度－体积关系向低温方向外推，会发现对应体积 $V=0$ 的摄氏温度约为 -240 ℃（当年的数据），将那里定义为 0 度的温度标准（temperature standard），即是绝对温度，符号为 K。绝对温度没能满足绝对的 without reference to anything 的条件，其具有唯一的参照点，即水的三相点（选择三相点，免除了对压力的定义），数值定为 273.16 K。绝对温度 0 K 不可达到，被有些人赋予了莫须有的庄严而大加讨论。其实，愚以为正确的理解是，温度既然和压力同样作为强度量，则其应为一个自零开始的量是天经地义的。绝对温度的 0 值不可达到，同压力的 0 值不可达到（玩过真空的都明白）一样，没有任何特殊的地方。关于此问题，康德也早有论述。

然而，关于温标，还有一个词 temperature scale 才是需要深入讨论的。Scale, a series of marks along a line, at regular or graduated intervals, used in measuring or registering something，关键是标示的间隔如何定。必须认识到，即便有了绝对 0 K 和水的三相点 273.16 K 作为参照，这中间的某个温度，比如氢气的液化温度，到底该取值多少也取决于 temperature scale（温度标度）的选择，因为任何不会把冷热程度的顺序弄混的 temperature scale 都是合理的[4]，这个 temperature scale 才是温标要关切的问题。开尔文爵士引入的绝对温标，是可将热力学第二定律表达为 $Q_1/T_1 - Q_2/T_2 = 0$ 的温标（愚以为热力学第二定律，如同第一定律一样，应该表述为一个方程！由此方程导出了熵概念),或者是可将工作于 T_1 和 T_2 之上的理想热机效率表示为 $\eta=1-T_2/T_1$ 的温标。不幸的是,这个绝对温标的定义却没有可操作性,即无法拿这个温标去实现精确的温度标定。当前,将黑体辐射(应为空腔辐射)的 Wien 位移定律当作硬性的物理定律,即热平衡时空腔辐射谱的极值频率与温度成正比(图3),则温度的精确值就可以由光谱的极值频率予以标定——其他依赖于温度的物理规律以此温标来表述其规律的数学形式。这和电压的标准为频率同出一辙——频率,可数的物理量,才是测量。所谓的宇宙背景辐射的温度,就是这么确定的。Absolute temperature 的定义有物理图像,可从其他众多物理现象中的温度依赖规律中挑出一个具有简单的、可精确测量的物理量(空腔辐射谱),将该物理量(极值频率)作为温度的量度(请记住,没有测量温度的温度计!)。绝对温度是个可触摸的概念。

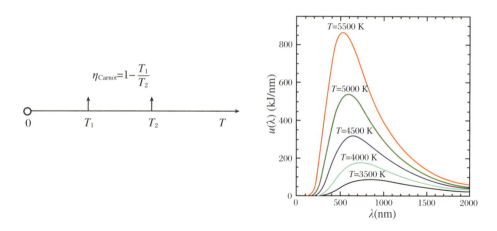

图3　绝对温标的热力学定义(左)与黑体辐射谱随温度的变化(右)

自从熵被从公式 $\oint \frac{\mathrm{d}Q}{T}=0, \int_A^B \frac{\mathrm{d}Q}{T}=S(B)-S(A)$ 引入以后,熵给定的就是相对值,即一般涉及的是过程中的熵变 ΔS。在热力学的主方程(cardinal equation) $\mathrm{d}U=T\mathrm{d}S-p\mathrm{d}V+\cdots$ 中,熵是以 $\mathrm{d}S$ 形式出现的。计算熵的绝对值(absolute entropy calculation)一直是一些科学家的追求。然而,莫说是在变换 $F=U-TS$ 中,即便是在玻尔兹曼的熵公式 $S=k\log W$ 中,看似是绝对的熵也不过是个假象。注意,所谓的状态数 W,取决于考虑进去的自由度,而关于一个具有熵概念的大粒子数体系,在计算熵时到底要考虑哪些自由度也是物理学家可以自由选择的,也就是说 $S=k\log W$ 中的熵依然是取其相对数值。至于说到热力学第三定律以绝对温度 0 K 时的熵 $S=0$ 作为绝对熵计量的起点，那就有点太 naïve 了。体系接近绝对温度时，体系的状态数未必是 1——简并度如今可不是个陌生的概念。此外，体系接近零温的过程中不知道一路上有多少自由度被冻结了，这些作为构型熵，其贡献就不为零。

物理学中最不易理解的概念是牛顿的绝对时间（absolute time）、绝对空间（absolute space），可作为描述物理的优选参照系。根据牛顿的说法，绝对时间和绝对空间 do not depend upon physical events（不依赖物理事件），而这正是 absolute 的本义。与牛顿不同，莱布尼茨则认为空间不过是物体的相对位置，而时间则来自物体的相对运动。狭义相对论把时间和空间放到一起作为时空处理，放弃了绝对同时性（absolute simultaneity），即不依赖参照系的事件同时性。不过，先把绝对时间这种抽象概念放一边，还是讨论我们的 relative and common time, which is a sensible and external (whether accurate or unequable) measure of duration by the means of motion，即以运动（石英晶片振荡或者原子谱线）加以测定的时间。当我们把电磁学的动力学方程和引力的动力学方程放在一起比较的时候，这两个方程中的时间，电磁学的时间 t_{em} 和引力的时间 t_g，有相同的 scale 吗？或者退一步说，它们之间存在线性关系 $t_{em}=at_g$ 吗？这里想说的是，没有严肃的以某个动力学方程所规定的时间去考察印证别的动力学方程的努力[5]。此外，似乎没有理由认为在宇宙的演化过程中，不同相互作用中的时标是不变的。相关问题有深入讨论的必要[6]。有必要多啰唆一句，牛顿的绝对时间和绝对空间，或者说数学的时间和空间，经历过马赫的经典力学和爱因斯坦相对论的非难，反过头来看才见其高明。爱因斯坦的 "Newton, verzeih' mir!"①，我宁愿将之诠释为理解后的心悦诚服。通过对实在的思考而达成的脱离了一切实在的抽象，才是物理学的实在。

---

① Newton, verzeih' mir; du fandest den einzigen Weg, der zu deiner Zeit für einen Menschen von höchster Denk-und Gestaltungskraft eben noch möglich war. Die Begriffe, die du schufst, sind auch jetzt noch führend in unserem physikalischen Denken, obwohl wir nun wissen, daß sie durch andere, der unmittelbaren Erfahrung ferner stehende ersetzt werden mussen, wenn wir ein tieferes Begreifen der Zusammenhänge anstreben. 这是爱因斯坦纪念牛顿逝世 200 周年时的讲话，收录于 P. A. Schilpp, *Albert Einstein als Philosoph und Naturforscher*, Braunschweig 1979, S. 12. 大意是："牛顿，原谅我。你找到了唯一的道路，你那个时代具有最高的思考与构造能力的人才可能找到的路。你创立的概念，今天仍然引领着物理的思考，尽管我们现在知道，当我们追求更深入地把握联系时，它们必须被别的更加远离直观经验的概念所取代。"

4. 结语

西文中的同一个词，在不同学科中有不同的汉译，这是一个妨碍从中文理解科学的不可小觑的问题。此前讨论过的案例有 vector，它被翻译成向量、矢量、载具、(病毒、细菌)携带者，等等。在数学、物理中把 vector 理解成矢量(带箭头的量)，大概有碍于对 vector field (vectorial field，矢量场) 这个概念的理解。本篇中谈论的 resolve 及其众多的同源词，又让我们注意到了西文汉译的另一个困难。英语一个词常常表示动作、动作的结果以及作为动作结果的实体，而翻译时我们会用不同的汉语词汇，这样必然会带来误解或者错失相关概念之间的内在联系。比如在 soap solution provides analogue solutions to the minimum surface problem (肥皂溶液提供了最小面问题的类比解) 和 to work with the expected solution to a problem leads to the solution of that problem! (对一个问题预期解的研究导致了问题的解决) 两句中，我们的解、解决和溶液对应的英文只有 solution 一个词！而由一个西文词衍生的关联词汇，在汉语中被翻译成字面上看似不相干的多个词，更是司空见惯。汉译会丢失原文的内在关联，是翻译数理文献者应该着重关注的问题。

噫吁嚱，迥然异哉！翻译之难，难于上青天！

▷ 补 缀

1. Emily Dickinson (1830—1886) 有诗 *Time and Eternity* 云：Death is a dialogue between the spirit and the dust. "Dissolve," says Death. The Spirit, "Sir, I have another trust." Death doubts it, argues from the ground. The Spirit turns away, just laying off, for evidence, an overcoat of clay. 这里的 dissolve，就是死亡命令生命融于土。

2. 热力学的 $Q_1/T_1 - Q_2/T_2 = 0$ 按说是比黑体辐射公式 $e_\nu \propto \dfrac{1}{e^{\frac{h\nu}{kT}}+1}$ 更基本的、原则性的关系。但是，可惜，热量 Q 可不是啥根基很硬的物理量。时间没有类似温度的相互标定的问题，才见其可疑。

3. Einstein resolutely maintained his position supported by his physical intuition (爱因斯坦坚决地维持其由物理直觉赖以支撑的立场)。

4. "寂寞寒窗空守寡",古人有对曰"退避迷途返逍遥",意境尚佳,但字面上不成对儿。笔者对之以"污浊泥淖没沉沦"。"寂寞寒窗空守寡"这上联说的是李清照女士自身,不知道"污浊泥淖没沉沦"的作者在下我是否会到了儿也混个一身污泥呢?人老了,最不堪的是让名利的猪油糊了心。

参考文献

[1] Wang Q, Zhao L S, Li C X, et al. The Decisive Role of Free-water in Determining Ice Homogeneous Nucleation Behavior of Aqueous Solutions[J]. Scientific Reports,2016,6:26831.

[2] Sunagawa I. Crystals:Growth, Morphology and Perfection[M]. Cambridge University Press,2005.

[3] Levi-Civita T. Lezioni di Calcolo Differenziale Assoluto[M]. Roma,1925.

[4] 曹则贤.物理学咬文嚼字 028:识尽冷暖说炎凉[J].物理,2009,38(10):751-758.

[5] 汪克林,曹则贤.时间标度与甚早期宇宙疑难问题[J].物理,2009,38(11):769-778.

[6] 汪克林,曹则贤,私人通信。

之九十五 紧绷的世界

> 君子引而不发,跃如也。
> ——《孟子·尽心上》
>
> In the beginning, God said that the four dimensional divergence of an antisymmetric second rank tensor equals zero and there was light.
> ——Michio Kaku[①]

摘要 由拉丁语动词 tendere 引入的 tension, intensive quantity, extensive quantity, tensor 等是极为重要的物理学概念。从协变形式的经典电磁学到广义相对论,tensor 是概念基础。

1. 引子

二十世纪八十年代在中学、大学学物理那会儿,笔者遇到的一个特别有挫

---

① 加来道雄:"起初,上帝说反对称二阶张量的四维散度为零,于是就有了光。"不明白?学学协变形式的电磁学,一切都会明亮起来的,连广义相对论也算上。

折感的问题是滑轮的受力问题。一根绳子搭在滑轮上，绳子一端挂个重物，受重力 F，重物还受上边绳子给的一个张力 T（很久以后我知道了 T 是 tension 的首字母）。这张力 T 可怪异了，在绳子的任一点上都有，还一对一对的方向相反。而且吧，有的书上会让计算滑轮如果有摩擦时，滑轮两端张力 T_1 和 T_2（画的方向都是顺着绳子向外）之间的关系，答案是 $T_2 = T_1 e^{\mu\theta}$，其中 θ 是绳子在滑轮上的缠绕角度。[①]我就纳闷了，这绳子上的张力是咋回事呢，它咋一对一对的方向相反跟歪曲版的牛顿第三定律描述的情形似的？人家重力就不这样！这纳闷儿，因为我在我能有的书里都找不到，又因为怕显得自己蠢也不敢问老师，就一直憋在我心里。张力，唉，张力。

初等物理里面有很多令人困惑处。先说压力，不，压强吧。用手按压一个有些刚性的表面，比如木桌面，能看到按压的效果，手也会有费力、不能随心所欲的感觉。压力，或者压强，pressure（德语 Druck，法语 pression），就是来自动词 press（drücken，presser）的抽象名词，英法语的词源都是拉丁语的 premere，to press。压强的量纲是单位体积的能量（这在热力学主方程 $dU = TdS - pdV + \cdots$ 中明显可见）或单位面积上的受力。压强的国际单位为 Pascal（汉译帕斯卡），符号为 Pa，源自研究大气压的法国哲学家 Blaise Pascal 的姓。标准大气压就是 101325 Pa。物理上的压力不是力，但我们日常生活中会把压力、压强混着说，西语科学文献也有这种混淆，不足为奇。但今天，尤其是明白了物理学无需力的概念之后，压力、压强应该不会再带给我们困扰了。

初等物理课本里常会有这样的描述，对桌面施加一个压力 F（确实指的是力），受力面积为 S，则压强为 F/S。好麻利、好简单的物理，当年我也以为我学得会。我们会看到，事情比这个要复杂。面积是有方向的量，力也是有方向的量，那除法 F/S 得到的压强有什么样的性质呢？没有方向？你用手按压一个光滑的刚性球，或者按压一块豆腐，估计会注意到一些让你深思的现象，下面会详细讨论。若是两手紧握一个物体，那是 compress，to press together，压缩的意思（动词精简，名词止血绷带、打包机，都是其引申义）。一个物体如果被 compressed，它的体积会减小，即物质有可压缩性（compressibility）。如果处理流体问题时，可不考虑其受力状态下的体积变化，则称其为不可压缩流体（incompressible fluid）。衡量物体 compressibility 的物理量既可以称为

[①] 懂了这一题，那么只要见到一根桩子，你就能勒住一头牛。

compressibility，也可以进一步具体一点称为 the coefficient of compressibility（压缩率）。压缩率的定义为 $\beta = -\frac{1}{V}\frac{\partial V}{\partial p}$。对于描述物质的抗压能力，人们还是习惯用压缩率的倒数，称为体弹性模量（bulk modulus）。

2. Strain and stress

提到弹性，就会想到弹簧（spring）①上挂一质量为 m 的体系。将弹簧拉长一段长度，放松，若弹簧能恢复其原状，它就是弹性的。弹簧振动的物理，从简单的胡克定律 $F = -kx$，到简谐振动及其能量二次型 $E = \frac{1}{2}m\dot{x}^2 + \frac{1}{2}kx^2$，到量子化的谐振子模型 $H = (\hat{a}^+\hat{a} + 1/2)\hbar\omega$，$[\hat{a}, \hat{a}^+] = 1$，再到以其为基础的量子场论，据说这足已构成物理 75% 的内容了。我纳闷的是关于弹簧的行为。弹簧就算能回复原状，它在平衡状态两侧的行为也不一样。一根金属丝，微小拉伸和微小压缩，就算是弹性近似，应该也是不一样的。

一个物体被拉、压、拧，外观上会变形（deformed），内里也会非常拧巴、不自在（strained）。这就引入了两个非常重要的关于材料的概念：strain 和 stress。Strain 作为动词，来自拉丁语动词 stringere，拉紧、绞拧的意思，比如 to strain every nerve（绷紧每一根神经）。Stress 作为动词，来自 strictiare，其形容词为 strictus，但 strictus 就是来自动词 stringere，也是紧绷的意思。动词 strictiare 应该有施压的意思，可参校由其而来的名词 constriction 来理解，见于 a constriction in the chest（胸部压迫感）。Stress 作为一般英文动词，有加作用力、强调的意思。

Stress 和 strain 在材料力学、连续介质力学（continuum mechanics）中分别被译为应力和应变（形变），形变是无量纲量，应力和压强的量纲相同，且它们之间有千丝万缕的关系。考虑一个三维物体，其中的应力是由一个 3×3 的对称矩阵表示的，被称为 Cauchy stress tensor（柯西应力张量）：

---

① Spring，来自德语动词 spingen，突然冒出来、跳跃。Plants begin to spring from the seeds，植物从种子中萌发，所以在英语中 spring 作名词还是春天的意思。不过，德语的春天是 Frühling，对应中文早春二月的"早"。

$$\boldsymbol{\sigma}_{ij} = \begin{bmatrix} \sigma_{11} & \sigma_{12} & \sigma_{13} \\ \sigma_{21} & \sigma_{22} & \sigma_{23} \\ \sigma_{31} & \sigma_{32} & \sigma_{33} \end{bmatrix} = \begin{bmatrix} \sigma_{xx} & \sigma_{xy} & \sigma_{xz} \\ \sigma_{yx} & \sigma_{yy} & \sigma_{yz} \\ \sigma_{zx} & \sigma_{zy} & \sigma_{zz} \end{bmatrix} = \begin{bmatrix} \sigma_{x} & \tau_{xy} & \tau_{xz} \\ \tau_{yx} & \sigma_{y} & \tau_{yz} \\ \tau_{zx} & \tau_{zy} & \sigma_{z} \end{bmatrix}$$

最后一种表述中另引入了字母 τ_{ij},是强调非对角项是剪切应力(shear stress)。在静水压情形下,$\boldsymbol{\sigma}_{ij} = p\boldsymbol{\delta}_{ij}$。应力和压强的关系由此可见一斑。

一个物体被 strained 了,各处都会错位,描述这错位的物理量叫 strain。定义如下:考察任一点 $x = (x_1, x_2, x_3)$,位移到 $x + u$,则 $\varepsilon_{ij} = \frac{1}{2}\left(\frac{\partial u_i}{\partial x_j} + \frac{\partial u_j}{\partial x_i}\right)$ 即是 strain tensor,$w_{ij} = \frac{1}{2}\left(\frac{\partial u_i}{\partial x_j} - \frac{\partial u_j}{\partial x_i}\right)$ 是 rotation tensor。应力张量和应变张量之间的关系由广义胡克定律给出,$\boldsymbol{\sigma}_{ij} = -C_{ijkl}\boldsymbol{\varepsilon}_{kl}$ 或者 $\boldsymbol{\varepsilon}_{ij} = -S_{ijkl}\boldsymbol{\sigma}_{kl}$,其中 C_{ijkl} 是 elastic constant, elastic stiffness,弹性刚度(劲度),S_{ijkl} 是 elastic compliance tensor(柔度、顺度)[①]。以后我们会看到,刚度张量和柔度张量的当前写法是不太恰当的,它们都是 (2,2)-type 的张量,应该写成 C^{kl}_{ij} 和 S^{kl}_{ij} 的形式。Strain 和 stress 之间的关系,是一个共轭的关系。常见有 apply a stress (施加一个应力) 的说法,恐不易实现。恰当的说法也许应该是 subject to an action or external stimulus (置之于一个作用或者外部刺激)。三维情形下应力-形变关系不好理解,那看一维情形下拉伸一个物体(tensile test)所获得的普适性的应力-应变关系:开始时应力和应变成正比,将载荷去除后材料会恢复到原来状态;当形变超过一定程度,材料不再能恢复原状,这时对应的应力为屈服应力(yield stress);过了这个点材料进入塑性状态,应力在随形变增加而增加到一个最大值(ultimate tensile strength,极限强度)后会变小;材料形变再继续增大到某个值时就会发生断裂,断裂时材料的应力为 rupture stress(断裂应力),见图1。

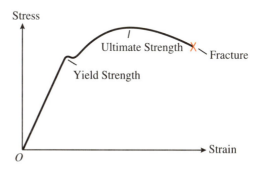

图1 延展性材料的普适应变-应力关系

[①] 偏偏用 S 代表 compliance,用 C 代表 stiffness,奇了怪了。

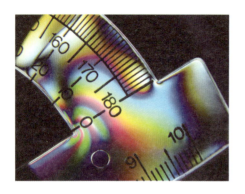

图 2　一块抻过或者扭过的塑料板表现出光学性质的不均匀

补充一点。Strain 有用尽某种资源的意思，a strain on the imagination，那是耗尽了想象力。此外，strain 还可能表示紧绷状态的后果，故 muscle strain 是肌肉紧张，也可译为肌肉劳损。肌肉劳损加继发性感染炎症，这大概是网球肘一类疾病的机理了。Strained state，难免会遭遇放松过程。放松过程，relaxation process，物理学给译成了弛豫过程。弛豫过程是动力学的过程，涉及一大类物理现象，对它的研究也是物理学的一个重点。此处不论。一个 strained 体系，让其放松后，一般不会恢复到整体均匀、平衡的状态。一个经历过 straining 过程的塑料板，弛豫后也会留下损伤或者不均性，会在某个物理性质上，比如对光的散射，表现出来（图 2）。

3. Tendere

拉伸，英文为 to stretch，从对应的拉丁语动词 tendere 引申出了一批科学概念，其中一些甚至是数学和物理学灵魂级的概念。法语是拉丁语系的语言，tendere 以动词 tendre 的形式出现，如 tendre un arc（拉一张弓）、tendre le esprit（打起精神）等。动词的过去分词作形容词，有 style tendue（僵硬、不自然的文笔）的说法。Tendre un arc，拉弓，那难怪用 tension（英法语，张力）来描述 a tense rope（一条绷紧的绳子）的状态了（图 3）。

英语中 tense 作动词和形容词用，词组 tense up 有绷紧、警觉的意思。Tense 作为形容词的意思是绷紧的、拉紧的、紧张的。语音学上，发音时要求舌头和上下颚紧张的元音是 tense vowel，口腔松弛的是 lax vowel。语法书里还会出现另一个意思的 tense，汉译时态。注意，此处的名词 tense 来自拉丁语 tempus，就是时间的意思，请勿混淆。

英文中词干为 tendere 的词汇很多，如 pretend, before + to stretch, 假装，在人前端着；subtend, under + to stretch, 撑开，见于 subtends an angle（张开

一个角),the space subtended by the eigenfunctions of a self-adjoint operator (自伴宿算符的本征函数张成的空间);contend, to stretch together,竞争;attend, to stretch forward,注意、警觉;extend, to stretch out,延展、扩展;intend, to stretch for,打算、为……做准备,等等。Tendere 的其他形容词形式有 tensile(tensible)和 tensive,前者见于 tensile test(拉伸试验)、tensile property,后者见于 tensive rivalry(紧张的竞争),似乎前者更多体现的是其本义。Tensile 用于 stress,是 tensile stress(张应力),老年人表皮比其下的真皮面积大很多,其皮肤上积聚的应力就是张应力。与此相反,婴幼儿表皮比真皮面积甚至会显不足,其皮肤上积聚的应力就是 compressive stress,压应力。不管是 tensile stress 还是 compressive stress,stress 太大了就能把体系给 stress out,让体系发生变形甚至断裂。当然,变形或者断裂不是无规的。图 4 是南极的方糖冰山,重力在浮在水面的积雪中造成的应力使得积雪体发生断裂,断裂几乎成二维正方格子的花样,俗称方糖冰山。这说明积雪在与大地垂直的二维平面内是各项同性的。巧妙、仔细地引入恰到好处的应力,可以得到自组织的图案,这就是所谓的 stress engineering(应力工程)。图 5 为通过应力工程在核-壳体系上获得的应力点阵,精确地再现了相应的汤姆森问题的数学解。

图 3　张弓

图 4　南极的方糖冰山

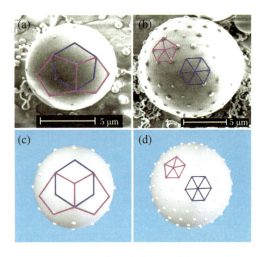

图 5 核-壳体系上的应力点阵与相应的汤姆森问题的数学解（李超荣、曹则贤，2005）

Intend 和 extend 的形容词分别为 intensive 和 extensive。热力学把其关切的物理量分成 intensive quantity（强度量）和 extensive quantity（广延量）。设想有一个处于平衡态的体系，将之数学地分成两个子体系 1 和 2，则满足关系 $Q_1 + Q_2 = Q$ 的量是广延量，而满足关系 $q_1 = q_2 = q$ 的量是强度量。热力学中的强度量和广延量是以成对的方式出现的，是共轭的。具体地说，在热力学主方程

$$dU = TdS - pdV + \sigma dA + \mu_i dN_i + \boldsymbol{E} \cdot d\boldsymbol{P} + \overleftrightarrow{H} : d\overleftrightarrow{M} + \cdots$$

中，熵 S、体积 V、表面积 A、粒子数 N、电极矩 $\boldsymbol{P}$ 和磁矩 $\overleftrightarrow{M}$ 是广延量，而相应共轭的温度 T、压强 p、表面能 σ、化学势 μ、电场强度 $\boldsymbol{E}$ 和磁场 $\overleftrightarrow{H}$ 则是强度量。

4. 物理中的 tensor

在描述一个 strained 物体时引入了 stress tensor 的概念。Tensor，张量，可以说是物理学的一个灵魂级概念。在普通物理课上，另一个我们熟悉的张量是转动惯量，moment of inertia，它还有一个名字叫 inertia binor，愚以为可译成惯性二阶矩，这与其字面意义和定义都符合。这个转动惯量是个二阶张量，因为它的任意一个分量都是构建在两个基矢量上的，$I = I_{ij} \boldsymbol{e}_i \otimes \boldsymbol{e}_j$，$I_{ij} = \int_{\Omega} r_i r_j dm$。由于这个张量是对称的，所以作为其表示的 3×3 矩阵是可

对角化的,故有所谓三个惯量主轴和主转动惯量的说法(就是线性代数语境中的本征矢量和本征值的具象)。

张量 T 关于它的所有元素都是线性的,一个张量就是一个多线性的映射(a tensor is a multilinear map)[1, 2]。表示张量所需的指标的数目称为张量的阶(degree or rank)①,标量是 0 阶张量,矢量是 1 阶张量,如前述的转动惯量是 2 阶张量。考察一个曲线坐标系,将某点的坐标表示为 x^μ,邻近的一点为 $x^\mu + \mathrm{d}x^\mu$;在另一个曲线坐标系下,这两点可分别表示为 $x^{\mu'}$ 和 $x^{\mu'} + \mathrm{d}x^{\mu'}$,则有 $\mathrm{d}x^{\mu'} = \frac{\partial x^{\mu'}}{\partial x^\nu}\mathrm{d}x^\nu = x^{\mu'}_{,\nu}\mathrm{d}x^\nu$。若一个量在坐标变换时按照如下方式变换,

$$T^{\alpha'\cdots}_{\beta'\cdots} = x^{\alpha'}_{,\lambda}\cdots x^{\mu}_{,\beta'}\cdots T^{\lambda\cdots}_{\mu\cdots}$$

那就是一个 (p, q) 张量,其中 p 是上标数目(指示逆变部分),q 是下标数目(协变部分)。对于一个矢量空间,两个矢量的内积定义为 $\langle v, w\rangle = g_{ij}v^i w^j$,其中的 2 阶逆变张量 g_{ij} 就是著名的度规张量(metric tensor),空间弯曲的性质都着落在它身上了。用张量的好处是,它在不同曲线坐标下形式是一样的。若一个守恒定律的形式是一个张量表达式等于零,则在坐标变换下其形式不变,仍能被一眼认出来。与张量对应的是 nontensor。Tensor 的形容词形式是 tensorial,关于 tensor 的数学是 tensorial calculus 或者 tensor analysis(张量分析)。

电磁学有张量表示形式。电磁学的协变张量形式,依然是 Euler-Lagrangian 形式。保持麦克斯韦波动方程形式不变的时空变换为 $x^{\mu'} = \Lambda^{\mu'}_\nu x^\nu$,其中 Λ^{α}_β 就是洛伦兹变换张量,是个 (1,1) 张量。把相对论从电磁学推广到能包括引力,最后会着落到一个二阶协变张量形式的方程上,主角是那个度规张量和(电磁学已有的)能量－动量张量 $T_{\mu\nu}$ 上。1915 年底,爱因斯坦得到了如下形式的引力场方程:

$$R_{\mu\nu} - \frac{1}{2}R g_{\mu\nu} = 8\pi G T_{\mu\nu}$$

其中,$R_{\mu\nu}$ 是可由度规张量 $g_{\mu\nu}$ 导出的里奇曲率张量,描述空间的弯曲[3]。这个方程告诉我们能量－动量张量决定空间如何弯曲。引力场中的测地线方程为 $\frac{\mathrm{d}v^\sigma}{\mathrm{d}s} + \Gamma^\sigma_{\mu\nu}v^\mu v^\nu = 0$,这个方程告诉我们粒子在弯曲的引力场中如何自由下落。

---

① 关于张量的 order or degree or rank or type or valence,西文文献也是很乱的。

有趣的是,这个方程中的量 $\Gamma^{\sigma}_{\mu\nu}$(第二类 Christoffel symbol)是个 nontensor。经典电磁学和它的协变形式,才是狭义、广义相对论的基础!

5. 结语

仔细地回顾了 stress-strain 关系,tension 的概念,以及如何借助张量的概念从协变的经典电磁学形式走到广义相对论,似乎正应了笔者的一个观点,量子力学和相对论之所以难学,那只是因为我们没学会经典物理。

补 缀

电压,Voltage,单位 Volt,这个词来自意大利科学家 Alessandro Volta (1745—1827)的姓。它还被称为 electric potential difference,electric pressure or electric tension。电压应是对 electric pressure 或者 electric tension 的翻译。

参考文献

[1] Schouten J A. Tensor Analysis for Physicists[M]. Oxford University Press,1951.
[2] Frankel T. The Geometry of Physics:an Introduction[M]. Cambridge University Press,2012.
[3] Dirac P A M. General Theory of Relativity[M]. John Wiley & Sons,1975.

九十六　推之成广义

> Generally speaking, every rule has an exception.
>
> —Proverb[①]

摘要　总想 generalizing 点儿什么简直是数学和物理的通病。知道都 generalized 了哪些内容，才能理解 general relativity 到底是怎么个广义法儿。

1. General generality

生物学家给生物分类，弄出了个层次分明的分类结构，即所谓的域（domain）、界（kingdom）、门（phylum）、纲（class）、目（order）、科（family）、属（genus）、种（species）。其中，genus，拉丁语名词，复数为 genera，与生产后代有关，一些与其相关联的词汇如 generate，generator 等，此前已讨论过[1]。在数学上，一个带取向的面的 genus（此语境下被译为亏格数）是其所拥有的洞洞的数目（number of holes，这可以当作分类的特征），无穷大平面和轮胎面

[①] 此句谚语大意是：一般来说，规则都有例外。不过在某些地方，规则有太多的例外以至于人们根本不相信那儿还有规则，比如俄语语法。

(torus) 都是 genus 为 1 的面。Genus 的拉丁语同源词有 generabilis，对应的英文为 generable，意思是 that can be generated（可产生的、可生成的），见于 heat-generable mold（热成型模具）、regenerable energy① 等词。与 generable 同源的形容词有 generative，即有生产、创造能力的，见于 generative organ（生殖器官）、generative artist（有产出的艺术家）、generative grammar 等。Generative grammar 是一种语言学理论，认为 grammar 是一个规则体系，其可以产生字词之组合以形成句子。中国的语言学家们将 generative grammar 汉译为生成语法，一个"成"字让这个译法显得实在不妥。

本篇关切的是与 generable 同源的另一个形容词 general。General，意思是 of, for, or from the whole or all; 或者是 of, for, or applying to a whole genus, kind, class, order, or race. 故此，in general, generally speaking, 那意思是一概而论，不指向特定的对象，也不纠缠于细节，而且可能还允许一点儿模糊。General physics, 普通物理，或者物理通识，大概是说不就单一主题深入探讨。比如谈论抛体轨迹的问题时，给个抛物线方程就凑合了。至于抛体是球形还是锥形的，飞行速度是高于声速还是低于声速的，那就管不着了。General 一词的汉译很多，包括总的、通用的、一般的、全体的、普遍的，等等，见于 general belief（大伙儿的信条）、general rule（通用规则）、general principles（总的、全的原则）of reality, 具体的意思都需要细细揣摩。至于如 general theory of 19th century physics 中的 general, 光凭字面还真猜不出来它到底说的啥。印象中 general premise 是被汉译成"大前提"的，例句如："Arithmetic and some geometry existed among the Egyptians and Babylonians, but mainly in the form of rules of thumb. Deductive reasoning from general premises was a Greek innovation.（算术以及一些几何知识早已为埃及人和巴比伦人所掌握，但主要是以傻瓜定理的形式。从大前提出发进行演绎推理是希腊人的发明。）"而象 physical matter might be conceived as a curved ripple on a generally flat plane（物质可以看成是大体上平的面上的弯曲涟漪。这个想法

---

① Regenerable energy, 汉译可再生能源。以笔者的物理和文字水平，这个英文和它的汉译我一概完全都不懂！Energy as a quantity, 能量作为一个量（可阅读 Roger Penrose 的 *The Road to Reality* 以方便理解），它是如何可以 regenerate 的？而能源不该是对 energy source 的翻译吗？物理学花了约 2600 年才多少有一丁点儿科学的味道。众多以为给自己贴上科学的标签就能成为科学的学科，要想成为真正的科学，恐怕还有漫长的——也许是无尽的——路要走。

是数学家 William Kingdon Clifford 在相对论诞生之前 40 年说的)一句中，generally flat plane 那就是大体上平的面，局部允许是弯曲的。

由 general 进一步衍生的词汇包括 generality，generalize，generalization 等。Generality，即一般性，a generality is a kind of whole, comprehending many things within it, like parts. Generality 有个可比肩的伙伴儿叫 universality，普适性，那可是对理论的极高肯定。据说是在关于对称性、简单性和一般性（generality）的感觉指引下，物理学家开展工作。而真正具有 generality 和极大简单性的能描述自然的方程又必定是非常优雅、细腻的（elegant and subtle）。Generality 有多重要？数学家 Saharon Shelah 说道："I love mathematics because I love generality!"顺便说一下，英文有短语 without loss of generality，意思是不失一般性，数学、物理文献中常作为欲以特例阐述问题时的导入语，有点此地无银的味道。

把结论或猜想或者别的什么东西作推广（generalize）是数学的习惯，说是本能都不过分，这种推广可以是从实数域到复数、四元数域（domain），从有限维到无穷维，或者是从群扩展到域（field），从二元运算扩展到 n-ary operation（代入 n 个变元的操作）。因此，在数学书中到处可见 generalized 的概念，比如 generalized displacement operators（广义位移算符），generalized vector field（广义矢量场），generalized symmetry（扩展的对称性），generalized functions（广义函数），generalized convexity（广义凸性），等等。我们甚至可以说，几乎所有的数学概念都不能幸免。

2. Special species

有趣的是，生物分类中和属（genus）紧挨着的也是最后一个的层次是种，西文为 species。与 species 同源的词，包括 special, specific, specialized，正好是 general, generalized 等的反义词。Species，词源为拉丁语动词 specere, to watch close，即仔细打量，那是另眼相待的意思了。由 specere 而来的词汇包括 spy, spectrum, spectroscopy 等，此前已有论述[2]。据说数学家 Stein 的调和分析（harmonic analysis）和 Shelah 的集合论（set theory）研究，代表了关于数学的完全对立的心理态度，其可归于 specific vs. general 的对照。作为 specific vs. general 的例子，数学上还有 general linear group，简记为

$Gl(n;R)$，那就是由所有的非奇（nonsingular，即矩阵值不为零）的实 $n\times n$ 矩阵构成的群；相应地，有 special orthogonal group $SO(n)$，这是由矩阵值为 1 的正交矩阵组成的群，可以描述 n 维空间中的纯转动。

与 generally speaking 对应的有 specifically speaking，那就是有针对性地或者拿特例讲话了。

3. 广义坐标与广义动量

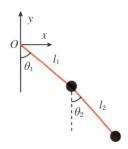

图1 双摆。其构型既可以用两摆端点的坐标 (x_1,y_1) 和 (x_2,y_2) 描述，也可以由作为广义坐标的两个倾角 θ_1,θ_2 给出

学物理的，generalized coordinate 是迟至大一时就躲不过去的概念。所谓的 generalized coordinate，广义坐标，意思是有别于传统的笛卡尔坐标或者别的正交坐标（图1）。在研究沿圆周运动时，广义坐标可以选相对圆心所张的角；而传统的笛卡尔坐标给出圆上点的位置，用的是圆所在平面上所规定的坐标 (x,y)。广义坐标的选择很多，但选择的原则是尽可能多地使用独立坐标，使得运动方程容易解，以及更多地体现体系的不变性（与对称性相联系）。举例来说，沿曲线的运动只需要一个广义坐标，可以选择弧长或者相对（外部）某点所张的角。用弧长作为参数描述曲线本身是微分几何的常规做法，也是理解相对论的基础——测地线是相对论的关键概念。广义坐标 q_i 的时间微分是广义速度（generalized velocity）。因为可以自由地 specify 广义坐标和广义速度的初始值，所以可以把广义坐标和广义速度当作独立变量处理（为什么？盼有识之士指教）。一个体系的独立变量的最大数目是系统的自由度，这就难免要扯到约束上面。处理约束下的力学，就是拉格朗日力学，拉格朗日乘子法就是求约束下极值的计算方法。由拉格朗日量 $L=T(q_i,\dot{q}_i,t)-V(q,t)$，可得广义动量 $p_i=\partial L/\partial \dot{q}_i$。注意，广义动量是广义速度关于拉格朗日量的共轭量，不是广义速度乘上质量。

有了拉格朗日力学，可顺势进入哈密顿力学。哈密顿正则方程才是物理学中最美的方程之一，如何赞美它我还没想好。先有了经典力学运动方程的一般性（generality of motion equation），然后通过泊松括号可推广到量子力学

（generalization to quantum mechanics through Poisson bracket）。广义坐标，拉格朗日力学，哈密顿力学，泊松代数（Poisson algebra），协变形式电磁学，加上黎曼流形（Riemannian manifold）的语言，有了这些铺垫然后让思绪滑入量子力学和相对论就是自然而然的事儿了。有 generality 的理论，那才高。

4. 狭义相对论与广义相对论

众所周知，相对论分狭义相对论和广义相对论。狭义相对论，special relativity，或者 special theory of relativity，也有英译为 restricted relativity 的，意思是该理论局限于处理（is restricted to）惯性系中相对做匀速运动的电动力学问题。狭义相对论的对象和缘起是电动力学，处理的是平直时空的变换，其要点是洛伦兹变换和洛伦兹变换下不变的麦克斯韦波动方程。洛伦兹变换的参数是惯性系之间的相对速度。

麦克斯韦波动方程和牛顿引力方程具有不同的对称性。爱因斯坦希望电动力学的洛伦兹变换也适用于引力问题，因此他在 1907—1915 年的这段时间里要把狭义相对论推广（generalize）到引力问题上，即要求引力场方程也满足局部时空洛伦兹变换下的对称性。为此，首先要采用广义坐标系，方程要弄成协变张量的形式，从而使得理论是 general 的，即形式上不依赖于坐标系的选择（there be no preferred coordinates）。牛顿的引力理论是一个标量理论，电磁学（电动力学）是矢量势理论，为了让它们有同一套对称性，爱因斯坦选择把相对论性的引力理论表示为二阶张量理论形式，为此要采用广义微分（generalized derivative）把矢量的微分弄成二阶张量，最后得到的引力场方程是一个关于对称协变二阶张量的方程[3]（图 2）。在一个弯曲空间中，对一个矢量 A_μ 的协变微分为 $A_{\mu;\nu} = A_{\mu,\nu} - \Gamma^\sigma_{\mu\nu} A_\sigma$，其中 $A_{\mu,\nu}$ 是常规意义下的微分，$\Gamma^\sigma_{\mu\nu}$ 是 Chirstoffel 符号，由空间的度规张量 $g_{\mu\nu}$ 给出。度规张量 $g_{\mu\nu}$ 是一个二阶协变张量，定义了空间的性质。张量方程的特点是，作坐标变换，方程形式不变，也就是那方程的形式具有一般性（of generality）。这就是所谓的广义相对论的广义协变原理（principle of general covariance），彭罗斯谓"保持记号不依赖于坐标系的选择是爱因斯坦理论之精髓(To my way of thinking it is essential for the spirit of Einstein's theory that this notion of coordinate independence be maintained)"[4]。当然了，广义相对论的最终目标是构造对任何形式时空变换下都不变的引力场方程。（广义相对论中的一些广义坐标只是数学记号。）广义相对论，英文为 general relativity，或者 general theory of relativity，也有称为 generalized theory of relativity 的。广义相对论的德文说法为 allgemeine Relativitätstheorie。Allgemeine，特别普通的一个形容词，字面意思是 all meant，all concerned，可理解为"全涉及的"。对于 David Hilbert，Tulio Levi-Civita 这样的对相对论感兴趣的数学家，以及狄拉克这样的学数学出生的物理学家，广义相对论还真是 general theory of physics 而已。

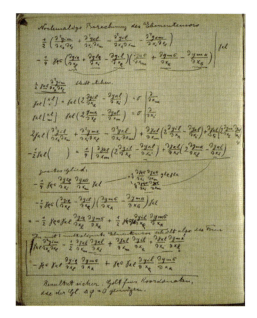

图 2　爱因斯坦的笔记。把方程写成 absolute differential calculus 的形式对他来说也是挑战

补　缀

1. 德语中谈论推广，会用到 Erweiterung 一词，比如 Hermann Weyl 就有"Eine neue Erweiterung der Relativitätstheorie"[5] 一文，对相对论作新的扩展。Erweiterung，对应的英文为 widening，broadening，见于 broadening of spectral line（谱线展宽）。

2. To compare field equations of broad covariance with field equations of limited covariance, such as the Poisson equation of Newtonian theory, the former need to be considered in a similarly restricted class of coordinate systems. 这句中 broad，limited（restricted）分别体现广义与狭义之义。
3. 关于狭义和广义，有个说法：the principle of relativity in the restricted sense, to distinguish it from the extended theory。
4. 何为广义相对论？Einstein's fundamental insights are in the broader ideas that the spacetime geometry can vary dynamically and that the laws of nature are generally covariant, or invariant under arbitrary diffeomorphisms (coordinate transformations) of spacetime. In the broader ideas（更广泛的意义上），generally covariant（一般不变的）。
5. 针对黎曼 ζ 函数，黎曼猜测其非平凡零点的实部都是 1/2，这是所谓的黎曼假设（Rieman hypothesis）或者黎曼猜想（Rieman conjecture）。推广至 Dedekind ζ 函数的黎曼假设是 extended Riemann hypothesis，Dirichlet L 函数的 generalized Riemann hypothesis。所有全局 L 函数的黎曼假设都称为 generalized Riemann hypothesis。

参考文献

［1］曹则贤.物理学咬文嚼字 003：万物衍生于母的科学隐喻［J］.物理，2007，36(9)：726-727.
［2］曹则贤.物理学咬文嚼字 005：谱学：看的魔幻艺术［J］.物理，2007，36(11)：886-887.
［3］Frankel T. The Geometry of Physics：an Introduction［M］.3rd. Cambridge University Press，2016.
［4］Penrose R. The Road to Reality［M］. Vintage Books，2004：458.
［5］Weyl H. Eine neue Erweiterung der Relativitätstheorie［J］. Ann. Phys.，1919，59：101-133.

Conceiving concepts for conceptualization

> Unlike the mathematicians, or the artists, physicists cannot create new concepts and construct new theories by free imagination.
> —C. N. Yang[①]
>
> But only philosophers can conceive of knowledge with knowers.
> —John Ziman[②]

摘要 Conceive, concept, conceptive, conception, conceptual, conceptualize, conceptualization, conceptualism, conceptualistic, 等等, 这一堆乱麻, 岂一个"概念"了得?

[①] 取自杨振宁先生的讲话 *The future of physics*, 大意是: "物理学家不能跟数学家或者艺术家似的凭天马行空的想象去创造概念或者构建理论。"杨先生讲此话时是 1961 年。后来杨先生自己曾回忆起其同陈省身先生谈论纤维丛与规范场论中的联络这个概念, 叹服陈省身先生的"数学概念就在那里"的思想, 不知是否有知今是而昨非的感慨。其实, 倒是数学家和艺术家以外的一些学家们, 包括 physicists, 连想象都不用就创造了一堆儿概念和理论在那里自顾自地陶醉着。当然了, 这些学家们还能否算是学家, 另当别论。

[②] 只有智者才能构思识者存焉的知识。

1. 引子

古代笑话,说一秀才作文,苦于文思不济,搜肠刮肚、抓耳挠腮却一筹莫展。娘子心疼,谓之曰:"观相公模样,怎么写文章比我们女人生孩子还难?"秀才答道:"可不是咋地!女人生孩子那是肚里有(孕),我要写文章,可是肚里却没有(构思)啊。"这里用到一个类比,就是女人怀孕与脑海中构思的类比,有趣的是,在英文中这是同一个词,即 concept。

说起女人怀孕,一般会想到的英文词为 pregnant,pregnancy,来自 prae + gnasci。Gnasci 和 genus 同源,pregnant 的字面意思是 before + to be born,故对应汉语的"产前"。Pregnant examination 不是检查是否怀孕了,而是整个产前期的常规检查,即产检,performed routinely through pregnancy。谈论是否怀上要用到的是 conception 及其同源词。Conception, that's the amazing journey from egg to embryo,谈论的是从卵子到胚胎的那段神奇过程,俗谓怀胎。用怀孕来类比构思或创造力,中西皆然,估计是因为二者的本质都是无中生有。据说尼采就喜欢 uses images of fecundity and pregnancy as metaphors for human creativity(用生殖和有孕的图像作为人类创造力的比喻)。尼采相信女性,或者真理,的迷人之处在于能够为男性注入对智识的好奇心,使其孕育新的思想(the attraction of women, or of truth, can impregnate man with intellectual curiosity, making a man pregnant with new ideas)。顺便提一句,在海马那里,concept(conception)和 pregnancy 都是雄性的事儿。

2. To conceive

Concept,动词形式为 conceive,来自拉丁语 concipere,com-(together) + capere (to take),意思是孕育,包括抽象的"在脑海中孕育(构思)"。Concept,汉译概念,太过偏颇,错失很多内容。概,是刮平斗斛的木板,汉语的概括、概览、概念,总给人以简明、大略的印象,而这重意思只是 concept 的一个侧面。To conceive, that's to have (capere), and in a sense of together (com-)。Together 才是理解 concept 的关键。当人们汉译 the concept of something 时,习惯性地将之译成"……的概念"可能并不合适。试举一例,图 1 是 the concept of the global observing system,那不是关于全球观测系统的概念图,

而是整体构想，即在尽管"八字还没有一撇"的情况下也作了畅想型的通盘考虑，图上的"八字是撇捺齐全的"。恕我大胆妄言，a concept 在其可以被译成概念的语境下译成糅念也未尝不可。糅，混合，所谓杂糅百家、阴阳杂糅，体现的是"com-"的本义。

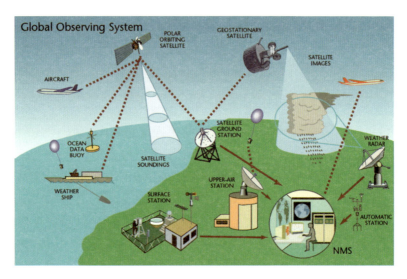

图 1　The concept of the global observing system

为了更好地理解 conceive（concept），不妨先看看它的同源词 deceive、perceive 和 receive 等。Deceive，来自拉丁语 decipere，de（from）＋ capere（to take），其前缀是 from。因此，when you deceive someone, the result may be taking（deceive 的结局是拿走点什么）。当我们理解 deceive, deception 时，应该记得其更多的是"骗取"的意思。Perceive, per（through）＋ capere（to take），observe, to grasp mentally, to become aware，应该是看透、看穿以及感知、理解的意思。Perception or perceptivity，对应汉语的感知力、理解力、眼光，见于例句："Space and time, according to Kant, were organs of perception.（据康德的观点，空间和时间是感知的辅助物。）"Perception power 是一个人作为学者的要素之一，杨振宁先生就对 Einstein's perception of fundamentals of theoretical physics（爱因斯坦对理论物理基础的感知力、识见）推崇备至[1]。Perception 既依赖于被感知的对象，又依赖于我们自身的感官，因此 perceptions are apt to be deceptive（感觉极具欺骗性）。这一点，放言要从事实验研究者，当为入门第一识见。Berkeley 主教的名言 Esse est percipi

(存在就是被感知),其中 percipi 是 percipere 的完成式。Receive,re(back)+capere(to take),接收,接受,属于常见词。另一个不常见的同源词是 incipere,英语为 incept,inception,意思是 beginning,start,见于 Democritus is credited with the inception of atomic theory(原子论肇始于德谟克利特)[2]。此处不论。Beginning,start,也是 concept 内在的含义,受孕乃生命之始,这一点容易理解。可惜这层含义在 concept 被汉译时总是被丢掉了。Conceive,实际上还有 receive,其和生殖有关的意义更多地表现在进一步的衍生词上。Conceptive,能受孕的;conception rate,受胎率;conceptacle,生殖巢,等等。Conceptacle(conceptaculum,生殖巢),receptable,汉译花托(图2),如果我们记得它们的词干是 to take in,这些意思就都好理解。

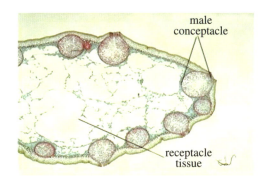

图2　植物的生殖巢和花托组织

    Conceive 的一层意思是想象、构想、持有某种观点等。The book is written in American English(or what the authors conceive as such),这里的 conceive as such 是"自以为是那样"的意思。Conceive 有时候和 of 连用,如 conceive of a valid knowledge of reality(构思关于实在的有效知识)。能 conceive(of)concepts,ideas,knowledge 的人,那可不是一般意义上的学者。泡利21岁时写出了237页的相对论综述,no one studying this mature, grandly conceived work would believe that the author is a man of twenty-one(难以相信这篇成熟、构思宏伟的经典之作是一个21岁小青年写的)。至于"Physical matter might be conceived as a curved ripple on a generally flat plane(物质可以看成是大体平整之面上的弯曲涟漪)",这个思想是数学家 William Kingdon Clifford 在相对论诞生之前40年就表达了的。

顺便提一句，conceit 和 concept 一样也源自 conceive，是 idea, thought, opinion 的意思，不过 fancy 过了头、有幻想的成分，也就进而有了虚荣、自负的意思。所谓的 conceit under the cover of modesty，即是披着谦虚外衣的自负。

3. Concept 及其衍生词

Concept，那是大脑 conceiving 的结果，必有综合和抽象等多方面的意味在其中，故被解释为 an idea or thought, esp. a generalized idea of a thing or class of things; abstract notion。这个"对一类事物之广义的想法"，显然与中文"概念"中的"概"字大有悖逆，这是我们在把 concept 理解为概念时必须记住的一点。在遇到 concept 一词时，最好不要简单地以概念应对之。试举几例。Echo early Greek concepts about classic forms，返照早年希腊人关于古典形式的思考（过程）、观念；纵欲会把人抛入 bodily-concept of life，这里的 concept 是指肉体得来的对生活的认识；而 "a recurrent driving force generating theories is a concept of a reality beyond and above the material world…" 一句，我理解为"一个频发的、产生理论的驱动力是对实在在超越物质层面之上的思考[3]。在如下这句中，authorship should be limited to those who have made a significant scientific contribution to the concept, design, execution, or interpretation of the research study（只有对该项研究的构思、设计、执行或者诠释做出实质性科学贡献者才可以（在论文上）署名），此处的 concept 应该还有开端、发起的意思。最初的念头来自谁是关于一项研究中所谓科学贡献的重点。对这些 concept 具体案例的理解和翻译可能都不确切，我想说的是，遇到 concept 一词不能简单地译成"概念"一词了之。记得我上大一时，学校特别大方地免费发放了原版四卷本的 *New Concept English* 和六卷本的 *English for Today*。这个 *New Concept English*，在吾国以"新概念英语"的面貌流行多年，我就实在想不通它和"概念"有什么关系①。作者是要强调其新创（构思）的教学模式或者教材吧？其实，能够用概念翻译 concept 一词的语境，真是不多。有一个事实，可作为旁证。Concept 的德语形式对应为 Konzept，意思是怀胎、设想、方案、草稿等。但作为中文理解的概念，它是另外一个词 Begriff，对应动词为 begreifen，其主干动词 greifen，就是抓住、掌握的意思。

---

① 更神奇的是，把 new concept English 理解成新概念英语的还能教英语。

Concept，哪怕是在概念这个狭隘的意义下来理解，都是物理学的灵魂。这也就能理解为什么存在很多以 concept 为题的物理学名作了[4-7]，在这些地方，concept 的含义一般不能仅仅作概念解，难怪有些作者会费些笔墨解释一番："The word 'concepts' refers to the ideas that underlie modern physics. (concepts 一词指的是作为近代物理基础的那些思想。)"[4] Mathematical simplicity and beauty play a role in the formation of concepts in fundamental physics. (在构造基础物理概念的实践中，当考量数学简单性与美（的理念）。)场是物理学的一个中心概念（central concept），因而场论自然地也就成了物理理论的主体。即便是谈论实验，为了从实验得出任何有意义的结果，在直接的感官直觉和实际的实验装置之间的各个层面上都需要 formulate（构想、表述）concepts。实验是 theory-laden 的事业，实验及其从业者都应该饱含理论的汁液才对。

Conception，由 concept 添加名词性词尾而来，更抽象。Intuitively, conceptions stand to concepts as do many to one（直觉上，conception 之于 concept 有多对一的意味）。同其他如此构造的词汇一样，这样的名词表示动词的主动或被动的过程，以及由此产生的结果。Conception，汉语解释一般是受精（怀孕；胚胎）、概念、创意、构想（过程）等意思。注意，它还是某个过程或者事件链的开始（坐胎是生命的开始；草稿是一份文本的开始）。在如下几句中，to foster a new conception of language（培育新的语言概念框架），conception of the world（关于世界的构想），positivistic conception of physics（物理学的实证主义观念），任何单一词汇的汉译都失之偏颇。有时候，根据上下文大致能确认其所指。There can be other conceptions of reality, based on the concept of potentials, structure or process. 这一句中的 conceptions 可理解为观念（体系），而 concept 则是寻常的概念。To reverse the historical order of the genesis of our conception (of formal logic). 因为谈到形式逻辑的 conception 之产生的历史顺序，conception 显然是指构造过程。The conception of purpose, therefore, is only applicable within reality, not to reality as a whole. （目的的观念，只用于实在范畴之内是可行的，而非针对实在作为一个整体。）这里的 conception 是一种想法、说法。至于 to affix his philosophical conception（体系构造）upon the rock-solid equations of Newtonian science，因为是哲学的 conception，又要固定在牛顿科学之磐石般坚实的方程基础上，那大约指的是概念体系、思想体系。

由 conception 加前缀而来的名词有 preconception 和 misconception。

Preconception，pre（before）+ concipere，即（抱有）先入为主的观念。当年美国人 Percival Lowell 宣称在火星上看到了运河（canals），人们说他"found his own observation of the planet guided by preconceptions（在 preconception 导引下获得了对该行星的自己的观察）"。这是典型的心里有鬼就能测量到鬼的案例！至于把在一个空间点上测量到的时间序列全凭计算愣反演出连波源处的动力学过程都有鼻子有眼的从而确认那是某种梦寐以求的波，那属于信仰的范畴。Misconception，错觉、理解错误，misconception and superstition（错误观念与迷信），这里的 conception 都不可按照概念来理解。Misconception of mathematical logic，数理逻辑，这牵扯的可不是一个概念，而是一个概念体系或者对问题的理解。尴尬的是，面对 misconception 我们可能束手无策。"The greatest misconceptions growing out of relativity concern the nature of time（对相对论最大的误解涉及时间的本性）"，那又咋样？目前，我们对时间的本性还是没有正确的 conception。任何人学物理前都有所谓的 pre-conception（前概念）或者 mis-conception，"前概念"难免想歪了，因而很多是错误的，于是成了 misconception。

一个 notion（意见、想法），一旦上升到 conceptual 的层面，那就有点高了。有人在谈论 conceptual and mathematical aspects of quantum mechanics，你理解为是谈论量子力学的"概念与数学"不会露馅，但如果理解为"框架与数学"会更确切些。有时候，干脆就有 conceptual framework（概念框架）的说法。至于"The conceptual origins of Maxwell's equations and gauge theory"，那还真是要谈论麦克斯韦方程组与规范理论的概念起源[8]。什么是 conceptual origin？清楚 π 是圆之周长与直径之比就达成了 conceptual understanding（理解概念源头）。与存在和具体的认知实践相比，conceptual 形容的对象用词也要尽可能抽象，比如说德谟克利特混淆了原子的物理不可分割性（physical uncuttability）与概念上的不可分割性（conceptual indivisibility）[2]，你看那 cut 就是源自北欧的土语，而 divide 则来自拉丁语的 dividere。我想，对于物理学这种其实更多是思想体系的一门学问，若是有本书能提供关于物理学的 histo-conceptual anlysis（历史概念分析），那一定会极大地让物理学习变得更容易，也更接近物理的本色。多想自己有能力做这样的事情！

动词 conceptualize，to form a concept，愚以为是更加学术化了的 conceive，见于 conceptualize space and time（概念化空间与时间），conceptualize the propagation of virtual particles（概念化虚粒子的传播），有

人干脆就说 conceptualize the formidable concepts of the new physics（概念化新物理的艰涩概念）[9]。这 conceptualize concepts，怎么也该形成思想体系并给出数学描述吧，那可不是一个"概念化"就能打发得了的。Conceptualize 意味着认识层面的提高，having invented a new way to conceptualize space and time，the Greek philosophers tried to understand the nature of light（发明了 conceptualize 空间和时间的新方式，希腊的哲人们试着理解光的本性）。

讲一步由 conceptualize 而来的抽象名词是 conceptualization，这应该算是 conceiving 之最高形式。据说庞加莱的所有研究活动，即便是实验的，也已是一种 conceptualization 的形式（…toute activité, même expérimentale, est déjà une forme de conceptualisation. 参见 Preface to Henri Poincaré's *L'analyse et la recherche*，即《分析与研究》）。据信"the primitive conceptualization of space and time is more in harmony with spacetime and non-Euclidean geometry（一些关于空间和时间的原始 conceptualization 可能与时空的概念以及非欧几何更契合）"[2]。由 conceptualization 而来的一种教条，conceptualism，按照一贯的译法，可译成概念主义，它是介于 nominalism（唯名论）和 realism（实在论）之间的一种教条，认为一般性是显性地作为 concepts 存在于头脑中，而隐性地作为共有的特性存在于事物中。秉持这种教条的学者是 conceptualist（概念论者？），则 conceptualist 范儿的得用形容词 conceptualistic 来描述。

4. 结语

一个合格的学者，特别是物理学家，应该是 a conceptive man（图3），拥有 a conceptive mind；至少他不该被确诊患有 inability to conceive or the inability to carry a pregnancy，即某种意义上的 academic infertility（学术不育症）。思想的孕育，包括比较单纯的概念创立，是一个学术人的受孕与怀胎，是值得欣喜地享受的艰难历程。倘使一个学者 is able to conceive of the concepts of researching the foundation（有能力

图3　A conceptive man（善于思考的人，怀孕的男人）

思考研究基础问题的框架体系），如克拉贝隆①之于热力学，如爱因斯坦之于相对论，那就已臻学问之第一重境界了。

物理学是一个概念体系，比物理学更是一个（原始）概念体系的是语言。Human language is unique in its ability to communicate or convey an open-ended volume of concepts!（人类语言因为其有能力传达体量不封顶的concepts，因而是独一无二的！）语言能力的一个标志是 match words to concepts（所言所思对得上号）。注意到 the conception of language as a fundamentally mutative phenomenon（语言的 conception（观念体系及其构造？）是根本上不断变迁的现象），或许于 Hamilton 这样以研究运动为本职工作的物理学家来说，这是非常容易理解的。

构思新的概念困难，放弃已有的概念同样困难。有艺术家指出，为了给新物理学 conceptualize concepts，有必要首先放弃客观世界是平直的、连续的线性欧几里得空间，时间是一条连续的河流的信条，以及因果律是联系事件的链条之类的信条[9]。这个艺术家的见识不简单。然而，这却不是一件率性而为的事情。不是凑出一个量纲为长度或熵的表达式，就意味着自然界就必须有这种所谓的长度或熵的。没有同 concept 正确关联的物理图像，不能和其他知识体系相洽，那个 concept 就不过是个噱头而已。

To conceptualize concepts conceptualistically？还是先学学怎么 to conceive a concept 吧！

补 缀

1. 本来是题为"To conceive a concept"的，结果就变成了"To conceptualize concepts"。看着层次立马提高了一大截。
2. 看来，确实需要肚子里有货才能文如泉涌。George Eliot 于其名文 *Silly novels by lady novelists* 中云："Empty writing was excused by an empty stomach.（腹空是文字空洞的起因。）"

---

① 因为很少有人懂热力学或者在意热力学的历史，克拉贝隆显然是一个被严重低估了的物理学家。马赫是一个对经典物理及其创造者都有客观清晰认识的大家，在他那里我们总能看到冷静但却正确的评论。

3. 1913 年，Hermann Weyl 发表了 *Die Idee der Riemannschen Fläche*（黎曼面的思想）一文，其流行的英文译法为"The Concept of a Riemann Surface"。
4. Gedanken ohne Inhalt sind leer, Anschauungen ohne Begriffe sind blind.（没有内容的思想是空洞的，没加提炼（未能把握）的直观是盲目的。）语出 Immanuel Kant 的 *Kritik der reinen Vernunft*（纯粹理性批判）。拿着英汉字典对着英文"Thoughts without content are empty, intuition without concepts is blind"，很容易理解为"没有内容的思想是空洞的，没有概念的直觉是盲目的"。
5. All the concepts that appear in our language are classical. —Freeman J. Dyson.

参考文献

[1] Yang C N. Einstein's Impact on Theoretical Physics[J]. Physics Today, 1980, 33(6): 42.

[2] Russell B. History of Western Philosophy[M]. Simon and Schuster, Inc., 1946.

[3] Manin Yu I. Mathematics as Metaphor[M]. American Mathematical Society, 2007: 15.

[4] Sachs M. Concepts of Modern Physics[M]. Imperial College Press, 2007.

[5] Cao Tianyu. Conceptual Developments of 20th Century Field Theories[M]. Cambridge University Press, 1997.

[6] Longair M S. Theoretical Concepts in Physics[M]. Cambridge University Press, 2014.

[7] Gottfried K, Weisskopf V F. Concept of Particle Physics, vol.1[M]. Oxford, 1984;

Gottfried K, Weisskopf V F. Concept of Particle Physics, vol.2[M]. Oxford, 1986.

[8] Yang C N. The Conceptual Origins of Maxwell's Equations and Gauge Theory[J]. Physics Today, 2014, 67 (11): 45.

[9] Shlain L M. Art & Physics[M]. William Morrow and Company, Inc., 1991.

九十八 Phase: a phenomenon

陈山川位象。
—— [晋]张华《博物志》

月有阴晴圆缺……
—— [宋]苏轼《水调歌头》

万象皆宾客。
—— [宋]张孝祥《西江月·过洞庭》

一切诸相,即是非相。
—— 《金刚经》

成一切相即心,离一切相即佛。
—— 六祖惠能《坛经》

摘要 汉语相、象、像的用法很混乱。对应相的英文词 phase 与 phenomenon, phantom, fancy, fantasy 等有着千丝万缕的联系,此外还有 phase factor, phasor, phason and phaser 这些令人眼花缭乱的衍生概念。Phase 是二十世纪物理学的主旋律之一,其所关联的数学与物理艰深得让人胆怯。记住 phase 可理解为"现象、阶段"或许有益。

1. 相、象、像

这些年作为一个半吊子作家,在下时常会遭遇因相、象、像三字的用法而来的恼火。当颟顸携着权威居高临下地指手画脚时,无助的作者除了哀怨自己不是权威之外,便只有黯然落泪的份了。不过,话说回来,相、象、像这三字之用法确实历来混乱不堪,文字"权"威们除了蛮横地来个惯常的一刀切,倒也想不出啥别的招数。

相(xiàng),从木,从目,视也。所谓伯乐相马,风水先生相宅,年轻男女相亲①,都是 to look upon, to inspect carefully and technically, circumspect and expect。"相"这个动作关注的对象是外貌,即相貌(appearance)也。相首先是面相,脸上表现出来的应该与相有关,如卖相、吃相,《西游记》就对猪八戒的吃相多有褒贬。人之面相,就是其内在之表象(你看,相、象是相通的)。根据Stokes' theorem, $\int_\Omega d\omega = \int_{\partial\Omega} \omega$,或者鄙人的"内涵都在表面上"定理,表象(表现)包含着全面的内在信息。"相由心生"(出自佛教经典《无常经》),就是这个定理的通俗表达。所谓"非人臣之相","岂吾相不当侯邪?(见《史记·李将军列传》)",谈论的都是人之面相同其内在与前途的关联。推测吉凶祸福、贵贱夭寿的相面之术,在中国历史上一直是显学,《麻衣神相》的印数大概能和人类共同的经典《几何原本》②相比拟。

把光(photo, φως)影给画下来(graphein, γράφω),就得到了相片(photograph),那个照相片的装置叫照相机。到照相馆里去照相片的年代,相机是稀罕物,纪录影象的材料也是稀罕物,因此照相是尽可能照脸的,只为了求得能和人联系起来的面相,故那时人的 photograph 是相片。到了纪录影象、映象(image)不差钱的年代,相片(或者叫照片更合适)里面,其他部位才冠冕堂皇地也占有一席之地(图1)。等到 CCD (charge coupled device)成为了纪录影象的器材,连续的、偷偷的,根本不管被照对象是啥姿态、啥表情、愿不愿意的照

---

① 相(xiàng)亲是看异性还可意否,相(xiàng)是动词;相(xiāng)亲相爱,to love reciprocally,相(xiāng)是副词。
② 全世界各种语言版本的总和。汉语的《几何原本》估计没多少人读,一来谁会喜欢真学问,二来难见让人放心的中文译本。

相——嗯,该叫监控——就成为可能了,这些都是拜科学与技术的进步所赐。

图1　笔者在不同 phases 的相片(左,1980)与照片(右,1992)

象,除了指那种大鼻子、大块头的动物以外,还指 appearance,phenomenon,character,如象征、象兆、现象、形象、印象、假象、天象、险象、脉象等词语中的"象"字,皆为此意。象作动词,有描述、描绘之意,见于随色象类、赫赫可象、因势象形等成语。

像,从人,从象,这决定了它既是和象同义,又可能专指人,见于画像、雕像、塑像等词,似乎和英文的 image,imaging 相对应,所谓影之像形也。据说段玉裁注《说文》,言:"然韩非之前或只有象字,无像字。韩非以后小篆即作像。"如此说成立,则"像"字的用法应多有限制。即以人像(image,picture)之义而言,用象亦可。古人"上瞻兮遗象,下临兮泉壤"中的遗象,可能真的只是生者脑海里的印象(impression),倘自作主张给改成遗像,却到哪里去寻一幅画像或者相片去。至于说到两个人相貌相似,长得像(similar),这没问题。延伸用于比喻的场合,说雪花像柳絮一样纷纷扬扬,似也问题不大。但是,倘用作"如同(as,being similar to)"之义,硬装作"好像"不认识一样,坚持说"好象"是错的,那就有点不象话了。象与像字用法的混乱,除了历史渊源以外,近代简化字方案的几番来回折腾也功不可没。"象"一度被误认为是"像"的简化字(去掉了"人"旁),这就有点颠倒历史了。

相也和象(similar,looking like)相通。《西游记》有句云"几树青松常带雨,浑然相个人家",就是例证。比较一下相貌和象貌,看似是同一个词,却也有细微的差别:前者强调一个人在他者眼中的视觉效果,而后者强调一个人(物)自身的表现。对待相似的——其实是有内在联系的——不同字词,认真体会其细微差别力求正确使用但又容许模糊地带的存在,才是科学的态度,愣充专家非要给个硬性的标准不过是假托权力的傲慢。说到这里,笔者想到了"连接、联接、联结、连结、链接"这一组词,硬性地给出个使用标准恐怕是徒劳的。它们之间有区别也有联系,那联系是微妙的,那区别也就不易明确划定。

这一篇,单说一个与"相"字有关的物理概念,phase,汉译相、相位、位相、阶段等。Phase 的字面上的多面性以及所含物理内容的深刻程度,鲜有其匹。

2. Phase and phenomenon

Phase,来自希腊语的 phainesthai,现代希腊语就写成 φάση,同源词有 fantasy(φαντασία),phantom(φάντασμα)等。它的第一重意思是指月亮或者行星之照度及形状之不断再现的变化各阶段;发展的任意阶段或者形式;事物可以被观察或者考虑的任何方式;非均匀体系中存在的任何可区分的部分;振荡周期的一部分,等等。有时,phase 不过就是强调某个时刻或者时段,如 heroic phase 就是逞英雄的时刻,the history enters a new phase 的意思是历史进入新阶段[①]。

月亮绕地球运动的周期约为 29.5 天。在一个周期里,可观察到月亮被照亮部分形状的变化(图2),或者说月亮被照明因而呈现出来的相是周期性变化的。Phase of moon or lunar phase,汉译月相,此处的相就是相貌、象貌的意思,所谓 phase is a phenomenon(德语为 Erscheinung),就是这个意思。Phase 在中文物理文献中被译为相位,是位相的颠

图2　一个周期内的月相

倒,此位相就是"陈山川位象"中的位象。位象,本义是位置(position)和表象(appearance)。笔者猜测,把 phase 译成相位,不知确否? 当然,人们谈论 phase of moon 时,谈论的是作为时间函数的月亮外观。朔、上弦月、满月和下弦月,大致对应英文的 new moon, waxing crescent, full moon and waning

---

① 也许理解成"展现了新面貌"会更确切些。

crescent。"正月到十五，十五的月儿圆"，事物的外观，以及运动的节律，是可作为时间的度量的，而这正是时间的本质。Phase is time，与 phase (microstate) 作为点在 phase space（见下文）中的几何变换对应其随时间的动力学演化，是一致的。其实，反过来想才是对的。物理事件就是那么发生了，不需要基于重复再现的事件抽象而来的时间概念！利用抽象概念反过来描述抽象概念得以出现的具体物理事件，是一种智慧，使得对物理的简洁描述成为可能，但也埋下了误解时间和整个物理学的隐患。从字面上看，月相一个周期变化对应的时间就是一个月，中文如此，西文也如此（Mond/月亮，Monat/月；moon/月亮，month/月；lune/月亮，mois/月）。在用中西文理解 phase 时，应牢记它有时间的含义，指事物的发展阶段（所展现的外观）。

月相是由太阳（光源）、地球（观测点）和月亮（被观测物体）三者之间相对位置变动带来的月亮外观的周期性变化。以子夜时刻为准，月亮在天空的位置当然也是变化的。中文把 phase 理解成位相、相位，是有道理的。在天文学史上，金星之 phase 的发现具有重大意义。1610 年 9 月，伽利略发现金星也有"月相"式的盈亏（图 3），他给开普勒发信说："The Mother of Loves emulates the shapes of Cynthia.（金星也仿照月亮的模样。）"地心说和日心说都能解释金星的相，但结果却不同。在地心说中，金星总在地球和太阳之间，所以不会超过半圆；在日心说中，金星可以跑到地球的背面去成为"满月"。伽利略的这个发现，成了否定托勒密体系（地心说）的第一个直接证据。另一个直接证据是四颗木星卫星的发现。伽利略谈月相，自然用的是意大利语 fase della luna（fasi lunari）。缺乏飞出地球的本领限制了伽利略的想象力，今天人们知道，从月球应该也能看到地球的 phase，笔者仿照伽利略的话，将之称为 fase della terra（地相），见图 4。

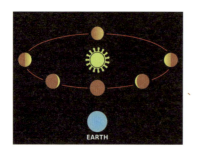

图 3　金星的相

图 4　在月球上看过去，地球也存在相的变化

就词源来说，fantasy（phantasia，φαντασία），emphasis（έμφαση），phantom，phantasm（φάντασμα），意思都是 appearance of a thing（外观、现象），只是表现有细微不同而已。Fantasy 的意思是幻想、幻想产物，fantasia 指幻想曲或即兴作品，fancy 的意思包括想象力、想象的事物、自命不凡等；emphasis，汉英字典会说它是强调的意思，但必须记住是轮廓、外观鲜明突出而来的强调（phase 就在έμφαση 里呢）；phantasma（复数 phantasmata）被汉译为幻象、幻灵，而 phantom 被汉译为鬼怪、幽灵。物理学研究的就是现象，因此这些词汇都会以各种面目出现在物理学中。举例来说，粒子是微观的，粒子概念多是 fantasy 的产物，证实或者抛弃之过程也带有 fancy 的色彩，因此许多存在或不存在的粒子都被贴上过 phantom particle 的标签。顺便提一句，phenomenology，现象学，作为一门哲学，对物理学家或许有醍醐灌顶的作用。佛经云"凡所有相，皆是虚妄"，因为相是一方（眼睛、大脑）对相互作用结果的诠释，有歪曲和误会的可能。物理学的要务是通过现象看本质（拉丁语 essence，即 being），例如彩虹就是现象，因为在不同的角度有不同的观察结果，而本质起码应该具有参照系不变性。与 phenomenon 相对的另一个哲学术语是 noumenon，汉译本体、实体。此处不论。

3. 振动与波的 phase

考察平面上的匀速圆周运动，其在任一方向上的投影可表述为 $x = A\sin(\omega t + \varphi_0)$，这是关于单一频率振动的标准描述，是个单变量正弦函数。这里的 $\Phi = \omega t + \varphi_0$ 是振动的相位，φ_0 是初始相位。一个来回振荡的物理现象，不管是 oscillation，vibration，抑或 liberation，都可以用这样的单变量正弦函数描述。如果是关于空间和时间的多变量正弦函数，形如 $y = A\sin(\mathbf{k} \cdot \mathbf{x} - \omega t + \varphi_0)$，这是描述波的利器，其中 $\Phi = \mathbf{k} \cdot \mathbf{x} - \omega t + \varphi_0$ 是波的相位。形如 $y = A\sin(\mathbf{k} \cdot \mathbf{x} - \omega t + \varphi_0)$ 这样的波是全空间的分布。用这样的函数叠加而成的波包表示局域的存在，或者把不管什么样的时空变化函数 $f(x,t)$ 都分解成这样的波之叠加，是处理物理问题的一种便利，也带来物理理解的灾难。对于沿一维空间传播的单一频率正弦波，$y = A\sin(kx - \omega t + \varphi_0)$，有 $\partial\Phi/\partial x = k$；$\partial\Phi/\partial t = \omega$，故可定义相速度（phase velocity）$v_p = dx/dt = \omega/k$。与相速度相伴随的概念是群速度，group velocity，那是关于波包的性质。

电力的输送一般采用单一频率,我国交流电的频率标准为 50 Hz。在交流电输送和使用方式中,有 single-phase electric power(单相电)和 three-phase electric power(三相电)的说法。这里所谓的相,是振荡电压信号的 phase。三相电是指频率皆为 50 Hz 的三组交流电,相互间的相位差保持为 $2\pi/3$。若单相电压为 220 V(振幅值,相对于零线),则两个火线之间的电压为 $220\sqrt{3} \sim 380$ V。三相电的接法一般采用三相五线制,即三根火线(L)、一根零线(N)和一根地线(E)。

事物发展的不同阶段(phase),入了 $\sin(kx - \omega t + \varphi_0)$ 的形式,在中文中就成了相位(phase)。Phase 描述运动与变化,引出了一些有趣的短语,如 in phase, out of phase, dephasing 等。月相同地球上的潮汐是 in phase 的,意思是它们的表现有时间上的关联[①]。考察一维链的振动问题,假设相邻两格点有固定的相位差,这种每一格点各自振动而相邻点有固定相位差的(in phase)集体振动,被称为格波(lattice wave)[②]。相应地,步调不一致,或者相位差(动作的阶段差)有点儿凌乱的(图 5),那应该是 out of phase。至于 dephasing,那指的是一个量子体系恢复到经典行为(相位不关联)的机制,估计是因为处于量子态的粒子可一概看作波的缘故,故有相位的问题?系统一旦进入经典领域,相位带来的效应可能就给平均掉了。Dephasing,汉译有失相(估计参照了失稳的译法)、散相,笔者倾向于散相的译法,不妨比照武林高手散功的说法。与 dephasing 相关联的概念有 decoherence,汉译退相(xiāng)干。

图 5　In phase and out of phase

---

① 一些高等动物的雌性,其生理周期同月相是 in phase 的。这再次说明太阳－地球－月亮这个三体体系才是生命的家园。单靠地球是不足以产生生命的。此外,我猜测某些高等动物的雄性可能也存在同月相 in phase 的行为。
② 弱弱地问一句,格波应该没有麦克斯韦波动方程那样的波动方程,它和电磁波应有所区别吧?

相位是描述光束的关键概念,调制传输介质的性质可以带来很多奇异的性质,关于这些性质的描述多牵扯到 phase。举例来说,近期有研究表明,单色电磁波隧穿一个用介电常数近似为零的材料做成的二维窄通道时,据信在通道内相位不变[1]。又,光纤的色散引起光脉冲不同频率的分量变得 out of phase,脉冲的包络会展宽;如果光强足够引起折射率随强度的变化,折射率的非线性变化会引起相位调制,但是 time-varying phase 等价于频率变化,此是所谓的 chirp(啁啾)过程[2]。在光学的诸多场合,相位的用法让人困惑。比如,若一个光脉冲的宽度远小于其周期,比如宽度为 attosecond(10^{-18} s)量级、频率约为 6×10^{14} Hz 的绿光脉冲,相位到底在说什么?若光束的强度弱到一定程度可被看作是断续的光子流的话,用 particle 的图像说话,相位又作何解?

4. Phase, phase factor, phasor, phason and phaser

在振动和波的经典描述中,复数表示被自然地引入。因为有恒等式 $e^{ix} = \cos x + i\sin x$,作为实系数二阶微分方程解的、应该表现为实数的物理量,也会被随手写成含 e^{ix} 的形式,比如一束入射光的电场矢量被表示为 $\boldsymbol{E} = \boldsymbol{A}e^{(ikx-\omega t+\varphi)}$,全然不顾电场不能是复数的事实。这样写的理由,我猜,是因为二阶微分算符(必须是二阶的!)的本征值问题,其解为 $\cos x$ 和 $\sin x$(或者 e^{ix} 和 e^{-ix}),的形式。采用 e^{ix} 和 e^{-ix} 复数形式的表达,容易通过叠加而得实解。我不知道在考虑高阶、非线性问题时这么做是否也是可以的。

在更高深的物理如量子力学中,薛定谔方程是含虚系数的二阶微分方程,它的解——波函数(wave function),先验地是复数,其相位更是带来深刻的物理,而这其中的数学其实并不是那么显而易见,甚至我怀疑有误解或者尚未认识到的内容。波函数作为复数总可以写成 $\psi = Ae^{i\varphi}$ 的形式,此处的 φ 被称为 phase factor,汉译相因子。相位的存在,让人们用关于 $|\psi_1 + \psi_2|^2$ 的计算轻松地糊弄了对波(水波、光波)干涉现象的解释①。进一步地,波函数的相位还为诸多奇异量子现象提供了廉价的解释,如 Josephson 效应(两块超导体中间夹

---

① 真实的干涉条纹显然不是等间距、等亮度、全域分布的。

一非超导的薄层可以承载直流超导电流以及在直流电压下产生交流电流的现象）、反常量子霍尔效应、Aharonov-Bohm 效应等。当然，薛定谔方程的解不是个 trivial 的问题。波函数还存在与参数空间回路之几何相关的相因子（路径依赖的相因子早在 1930 年代就被狄拉克阐述），称为 Berry phase。Aharonov-Bohm 效应也被证明是一个几何相问题。激光是建立在相干性概念之上的，相干性也是用波函数相位因子描述的。

欧拉公式 $e^{ix} = \cos x + i \sin x$ 保证了 $\cos x = (e^{ix} + e^{-ix})/2$。这样，针对实的振动 $A\cos(\omega t + \varphi)$，函数 $Ae^{i(\omega t + \varphi)}$ 是它的解析表示（analytical representation）。函数 $Ae^{i(\omega t + \varphi)}$ 被称为 phasor，有时候只把 $Ae^{i\varphi}$（也可写成 $A\angle\varphi$）称为 phasor。Phasor 的汉译比较乱，相量的说法或可接受。因为 $Ae^{i(\omega t + \varphi)}$ 是复平面内的一个 vector，不知道相量是不是参照 vector 的向量译法，虽然 vector 的向量译法属于错译。

准晶的发现刺激了研究多重单胞（multiple unit cells）铺排问题的兴趣。彭罗斯铺排（具有五次转动轴）使用了风筝和飞镖两种单胞，而十二次准晶则包含等边的正三角形和正方形。以随机或者规则的方式使用多重单胞使得某种铺排成为可能，这个额外的自由度被称为 phason degree of freedom[3]。Phason，汉译相子。

此外，加来道雄有本书，名为 *Physics of the Impossible：A Scientific Exploration into the World of Phasers, Force Fields, Teleportation, and Time Travel*[4]。我不知道该如何翻译 phaser 这个词。有趣的是，汉译本直接把这个副标题 A Scientific Exploration into the World of Phasers, Force Fields, Teleportation, and Time Travel 放过了。

5. 作为复数的波函数及其多分量形式

波概念的一大胜利是解释了光的双缝干涉，为此参照了水波的双缝干涉。数学上表现为将来自两个源的电矢量 $\boldsymbol{E} = Ae^{i(kx - \omega t + \varphi)}$ 相加，且因为强度正比于振幅的平方，这给等间距的干涉条纹一个说得过去的"解释"。然而，量子力学的（复）波函数同经典力学中可用复数表示的力学或电磁振荡，其间是有不小差别的。归一化波函数的模平方被当成粒子出现的几率密度，为了保证物理量为实数，量子力学对对应物理量的算符施加了自伴随（self-adjointness）的要求。波函数从一开始就必须是复数，不只是因为薛定谔方程有虚系数的问题，而是从物理上说，当位置和动量在哈密顿力学中被当作一对共轭量处理时，这个种子就埋下了。复数是二元数，哈密顿正则方程的形式就暗含着二元结构的内禀代数。复数和实数之间不是虚与实的区别，而是二元和一元的区别。二元数，如同旋量（spinor）、矩阵，它是携带固有代数的。记住复数是二元数的事实，complex number is real，一个虚部为零的复数依然是个二元数，有两个 parts。归一化的复波函数，其相位是物理、数学的实在，表现出某些物理效应一点也不应令人惊讶。在解释一些量子现象时，用来解释现象的总是相位差，相位值 $\varphi(x,t)$ 似乎未被确定。另外，动能算符（平移算符。与泰勒展开渊源颇深）的本征函数 $e^{ipx/\hbar}$ 常常被随意地解释成相位因子，似乎不是很合适。这个问题好象存在于固体物理中。

量子力学用复波函数（二元数），量子化条件为位置－动量两者之间的非对易关系，因此要考虑波幅－相位两者（dyad）是天经地义的事情。1972 年，狄拉克强调说量子力学的重要特征不是非交换代数，而是 phase。波函数 $\psi(r,t)$ 是一个全局函数，而电子的密度（one-electron density matrix）却可能是局域的（spatially localized），或者电子态密度感受的扰动是局域的，这就是 Walter Kohn 所谓的电子之近视问题（near-sightedness of electron）[5]。态密度 $\propto \psi^*\psi$ 排除了全局性，因为它是个实数，或者说是一元数。全局性，或者复波函数隐含的性质，存留在相位中。依赖路径或者过程的相因子揭示了全局与拓扑的重要性。

波函数是二元数结构，同波函数的多分量形式不是一回事。多分量波函数的量子力学形式是从泡利开始的，1927 年泡利给出了描述带自旋电子的非相对论性量子力学方程 $\left[\frac{1}{2m}\left(\sigma\cdot\left(p-\frac{e}{c}A\right)\right)^2+e\varphi\right]|\psi\rangle=i\hbar\frac{\partial}{\partial t}|\psi\rangle$，其中，$\sigma$ 是泡利矩阵，波函数是两分量的，$|\psi\rangle=\begin{pmatrix}\psi_+\\\psi_-\end{pmatrix}$ [6]。第二年，狄拉克给出了相对论性量子力学方程，$i\hbar\gamma^\mu\partial_\mu\psi=mc\psi$，此处的波函数选择为四分量的[7]。复数的内禀代数结构，同多分量波函数对应的代数结构（体现在作为方程系数的泡利矩

阵和狄拉克矩阵中)，它们耦合在一起带来了丰富的量子力学图景。似乎未见从这个角度对量子力学的讨论。

6. Phase space

与 phase 有关的重要拓展概念是 phase space（相空间，发展阶段空间）。Phase space 经玻尔兹曼、庞加莱等人发展[8]，但是是 Ehrenfest 夫妇在其 1911 年的德语文章中首次明确使用了 Phasenraum 这个词[9]。James Gleick 认为相空间是现代科学最 powerful 的发明之一[8]。

Phase space，也叫 state space，由系统所有粒子之坐标和动量张成的空间，系统的所有可能状态都对应相空间中唯一的一个点。如果加上时间维，则被称为 extended phase space。引入相空间的必要性其实很好理解。确定一个二阶微分方程所决定的行为，需要位置和速度（或者动量）这两重变量（坐标）的初始条件，位置和速度（或者动量）是独立变量。考察足球场上的一个球员，他的行为由他在任一时刻的位置及瞬时速度所决定。在任一时刻既处于正确位置又采取正确运动姿态（由速度矢量表示；如果考虑到碰撞的需求，则应选择计入了质量的动量，$p = mv$）的球员才是好球员。系统的状态随时间演化表现为相空间里的一条轨迹（phase space trajectory，phase portrait）。此轨道的形状可以解释许多以其他方式也许不易说清楚的运动的性质。相空间是高维空间，对于由 N 个粒子组成的体系，其相空间是 $6N$ 维的。位置、速度和时间在我们的感知中是混杂在一起的。高维的相空间替代三维物理空间，这为系统的状态（演化）提供了 pictorial form，对于职业数学家来说，这个图画形式的运动演化描述很直观。（体系如何演化的）微分方程的解形成一个全局的相之图景（a global phase portrait），一个流的几何图像（the geometrical image of flow）。Hamiltonian Mechanics is geometry in phase space（哈密顿力学是相空间中的几何），数学家 Vladimir I. Arnold 如是说，这句话反映了数学家对哈密顿力学的理解。

相空间中的一些结构特征，固定点、周期性轨道、不变圆环面等，对动力学系统提供了定性的理解，比如相空间中任何形式的闭环都意味着周期性运动

(图6)。当然了,相空间概念的引入不只是为了直观,使用相空间语言的哈密顿力学和经典统计学带来了很多深刻的内容。

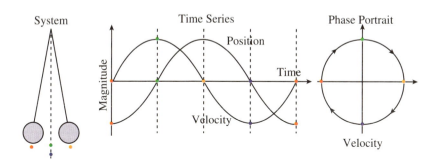

图6 单摆系统的摆锤位置(position)和速度(velocity)随时间变化曲线,以及位置-速度空间中的相图(phase portrait)。相图为一闭环,说明这是一个周期性运动

某种意义上,Lissajous figures(李萨如图形)就是二维的相空间中的轨道,因为那是两个调谐时间序列 plotted against each other,即提供了二维空间的坐标点。就李萨如图形而言,两个谐振信号的相位差决定了最终获得的图案花样(图7)。李萨如图形上的任一点都定义了瞬时的相位差,因此李萨如图形上的点真正是 phase point。

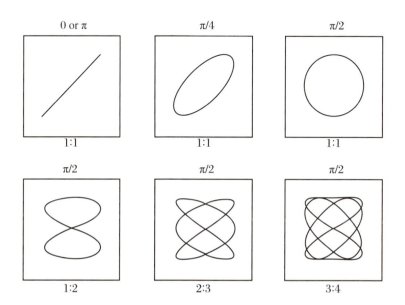

图7 李萨如图形随频率比与相位差变化的示意图

图 8 在运动中不停变换分布形态的椋鸟群

既然提及了 phase space，那刘维尔定理就是躲不掉的。这个定理以 Joseph Liouville（1809—1882）命名，内容是：相空间中的分布函数沿任何系统的轨迹是个不变量。或者换个说法，在一个在相空间中运动的点（即系统状态）的附近，点的密度不随时间改变。不知道为啥，我总是把刘维尔定理和椋鸟群的形态变换联系到一起（图 8）。这个不随时间改变的密度，即是经典的先验概率（a prior probability）。考察相空间的分布函数 $\rho(q,p)$，$\rho(q,p)\mathrm{d}^n q\mathrm{d}^n p$ 是系统处于无穷小相空间体积 $\mathrm{d}^n q\mathrm{d}^n p$ 中的几率，则有全微分 $\frac{\mathrm{d}\rho}{\mathrm{d}t}=\frac{\partial\rho}{\partial t}+\sum_i\left(\frac{\partial\rho}{\partial q_i}\dot{q}_i+\frac{\partial\rho}{\partial p_i}\dot{p}_i\right)=0$。因为 $(\rho;\rho\dot{q},\rho\dot{p})$ 是一守恒流，根据连续性方程，有 $\frac{\partial\rho}{\partial t}+\sum_i\left[\frac{\partial(\rho\dot{q}_i)}{\partial q_i}+\frac{\partial(\rho\dot{p}_i)}{\partial p_i}\right]=0$，而这个表达式和分布函数对时间的全微分之间只差一项 $\rho\sum_i\left(\frac{\partial\dot{q}_i}{\partial q_i}+\frac{\partial\dot{p}_i}{\partial p_i}\right)=\rho\sum_i\left(\frac{\partial^2 H}{\partial q_i\partial p_i}-\frac{\partial^2 H}{\partial p_i\partial q_i}\right)=0$，这里用到了哈密顿正则方程，因此分布函数对时间的全微分必须为零。

谈论相空间，微分几何的知识是必不可少的。相空间可以描述动力学系统，为什么还是引入了 manifold 的概念？因为流形比相空间的维度少，让运动方程的解更容易一些。运动系统有一些守恒量，或曰运动常数，这些守恒量对运动变量施加了一些代数关系，将运动变量限制到相空间的一些区域内，而这些区域通常是微分流形。

如果知道力学和光学在哈密顿那里是一门学问，波动力学（量子力学）的概念是弥补经典物理那儿只有波动光学的缺失，就能够理解量子力学的相空间表述的必要性与正当性了。相空间里的量子力学[10]，应该是量子力学的恰当表达形式。

相空间、相空间中的点、系综（ensemble）、有限尺寸单胞，这些概念构成了统计物理的基础。Gibbs 引入了系综的概念：a very great number of such systems, all identical in nature but differing in phase（大量数目的本质上相同但相不同——处于不同的微观态——的系统所构成的集合）。这些系统构成

extension-in-phase,即在相空间中的一些点(各对应系统的一个微观态)的分布[11]。力学系统的运动由运动基本方程的哈密顿形式给出,即哈密顿正则方程被当作一个关于相空间中图形的变换。计算给定相空间体积中的系统数目得到了对系综的统计。对于闭合系统,玻尔兹曼假设熵正比于系统宏观态随占据的相空间体积(取对数),$S \propto \log \Omega$。玻尔兹曼引入了相空间中有限尺寸单胞(cells of finite size in phase space, finite cell in phase space)①的概念,用这些单胞来对系统的微观状态计数(前提是相空间中体积守恒),最后导出 $S = k \log W$,W 是实现系统宏观状态的微观状态数。在量子统计中,这个 finite cell 的体积被定义为 $h^{N/2}$,其中 h 是普朗克常数,N 是相空间的维度。这里隐藏的假设是,每一个空间变量和它对应的动量所张成的二维空间中,finite cell 的体积为 h,即普朗克常数。

7. Matter phase and phase diagram

存在另一个意义上的相空间,由系统的宏观状态,比如温度－压力,或者温度－外加磁场等,加以参数化的空间。所谓的相,可以是指凝聚状态如固、液、气等相,也可以是磁化构型如铁磁、亚铁磁、反铁磁等相,还可以是超导(超流)与常规导体(流体)相。细分一些,固相有不同的晶相,液相也有不同的结构。相图英文为 phase diagram,而 diagram (dia + graphein) 意思是划过去,因此 phase diagram 的重点在于其中划线的特征。这些线是相的分界,由克拉贝隆描述,其断点和交叉点具有

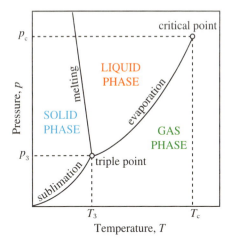

图 9　水的简化相图。水的固相和液相都非常复杂

---

① Cell,拉丁语 cella,意思是小的、遮蔽了的空间,译成"小屋"大概是最合适的。然而,这个单词在汉语中应该有不下几十种译法,典型的有细胞、池、电池、监房、囚室、蜂巢,等等。

特别的意义。比如水的温度－压力相图中(图9)，就有一个三相点和一个临界点①(液－气界限的断点)，临界点的外侧(更高温、更高压的状态)，水处于既有气体特征(充满空间)、又有液体特征(比如能溶解物质)的超临界态，具有不易把握、不易理解但更有科学和应用价值的特性。

相作为物理条件的函数，当条件参数变化到某个值时，会引起相的变化，这就是 phase transition (相变，相的变迁)。"一旦过了温饱线，脸面的幸福就比皮肉的幸福更要紧……"(出自韩少功《豪华仓库》)这句话就是在谈论相变的机制。相变与临界现象是物理学的重要研究内容，有英文 *Phase Transitions and Critical Phenomena* 系列专著。

顺便说一句，粒子物理中也有 phase structure 的说法，这里的相由不同粒子谱的对称性表征[12]。在量子色动力学语境中提及的相变，则是夸克/胶子从局限于重子内部到可自由运动状态之间的转变，以及电磁相互作用和弱相互作用从分立到统一的转变[13]。

8. Phase theory and phase field

电、磁和光都是自然发生的现象，到了十九世纪后期，它们统一于麦克斯韦的理论中。电磁场强度不足以描述电磁现象，而电磁势又 over-describe (过描述。有多余的自由度)了电磁现象，这里面牵扯进了规范(gauge)的问题。外尔(Hermann Weyl) 1918 年和 1929 年的两篇论文，试图构建广义相对论的电磁理论。电磁势以相因子 ($e^{i\int A_\mu dx^\mu}$) 的形式出现，即动量和电磁势结合为 $p_\mu - \frac{ie}{hc} A_\mu$，正好描述电磁学。是 London 建议 Weyl 在此处添加了"i"从而把尺度因子(scale factor)改造成了相因子(phase factor)，让电磁理论有了 intrinsic phase freedom (内禀相自由度)。局域相不变性(local phase invariance)是电磁理论的正确量子力学特征。(Therefore, local phase invariance is the correct quantum mechanical characterization of electromagnetism.)此后的发展就是外尔称为 Eichinvarianz 的理论，即 gauge

---

① 把 critical point 翻译成临界点让人无语。Critical point 肯定在界线(面)上，那还用说。Critical，这里的意思是 decisive，修饰一些相图上会发生重大改变的点(designating or of a point at which a change in character, property, or condition is effected)。

theory（规范理论），规范函数在相位表示里面。杨先生认为规范不变性应该是相位不变性，规范场应该是相位场，关键思想是不可积相位因子[14,15]。因了不可积相因子，对称性与相因子之间的缠绕（entwining）①变得亲密而自然[16,17]。量子化、对称和相位因子是二十世纪物理学的主旋律[14,15]，杨振宁先生此话不虚。有趣的是，三个主题都源自人类认知史上的原初概念：量子化源自测量的单位，对称性来自几何形状的美，而相位，如前所述，来自对月相（相貌）的观察。物理学家对相位的物理格外关注的历史其实并不长（图10），欲深入理解的读者，请自行修习量子力学、量子场论和规范场论。

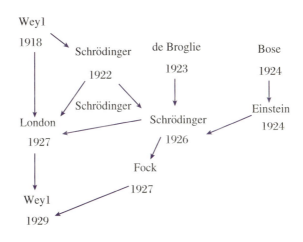

图10　相理论的历史（复制自文献[17]）

9. 结语

Phase 是事物的外观、表现，这些表象就构成了我们的世界。在叔本华那里，世界是意志与表象（die Welt als Wille und Vorstellung）。叔本华的思想来源于康德，康德认为经验世界纯是表现的综合体，表现的存在与联系只在我们的表示中。这个 Representation（Vorstellung），以及 representation 所选取的 picture，不可避免地成了他的德国后辈们创造量子力学时使用的语言。因此，此一哲学及其相关语汇，对于物理学习者具有特别的意义。Phase，phase space，大致来说含有某种类比的意味。类比是生成概念的途径，但也先验地带

---

① 此处用词有别于用于其他语境的 entanglement（纠缠）。

有庸俗理解的危险。关于相位，此前人们似乎未能充分认识其重要性，今日对相位的认识也未必已经完备。狄拉克云："相位这个量是很好地隐藏在自然之中的，也因此人们未能更早地认识到量子力学。"不知未来相位理论是否会为我们带来全新的物理。

笔者有一种感觉：表示，不管对与错，都可以是发现的路径，甚至是必经的路径。比如，作为对相对论量子力学方程负能解的电荷共轭诠释，产生了反粒子的概念。但是反粒子就在那里，不管有没有量子力学方程及其负能解这些表示。表示，表象，与 reality 之间的关系，确实费思量。Phase is phenomenon, even fantasy or phantom。人谓想象就是真相，真相就是想象。凡不符合想象的，都不是"真相"。初读物理，会觉得这些表述也太不客观了。待到略窥门径，便会慎重对待想象与真相的同一与区别。好的物理学家，关注物理的真实，也会细心培育他的幻想之花。

补 缀

1. Phase problem, the loss of information (the phase) from a physical measurement.（相位问题，即物理测量时信息丢失问题。）对于这种把信息理解为作为薛定谔方程解的波函数之相位的观点我未置可否。首先，作为薛定谔方程的波函数，其作为复数是个有结构的二元对象，用 phase 这个多值实数来描述恐有不妥之处。再者，描述电子的量子力学方程还有泡利方程和狄拉克方程，有更多的内容。描述光子的量子力学方程为克莱因－戈登方程。信息是什么，似乎未见清晰的定义。
2. 不是基于坚实科学基础上的技术繁荣，是 phenomenon, phase, fantasy, phantasma, phantoscope, kaleidoscope, artascope。

参考文献

[1] Liberal I, Engheta N. Near-zero Refractive Index Photonics[J]. Nature Photonics, 2017, 11: 149-158.
[2] Dudley J M, and Genty G. Supercontinuum[J]. Physics Today, 2013, (7): 29-34.

[3] Hayashida K, Dotera T, Takano A, et al. Polymeric Quasicrystal: Mesoscopic Quasicrystalline Tiling in ABC Star Polymers[J]. PRL, 2007, 98(19): 195502.

[4] Kaku M. Physics of the Impossible: A Scientific Exploration into the World of Phasers, Force Fields, Teleportation, and Time Travel[M]. Anchor, 2009.

[5] Kohn W. Density Functional and Density Matrix Method Scaling Linearly with the Number of Atoms [J]. PRL, 1996, 76: 3168-3171.

[6] Pauli W. Zur Quantenmechanik des magnetischen Elektrons[J]. Zeitschrift für Physik, 1927, 43(9 – 10): 601-623.

[7] Dirac P A M. The Quantum Theory of the Electron, Proceedings of the Royal Society A: Mathematical[J]. Physical and Engineering Sciences, 1928, 117 (778): 610.

[8] Nolte D D. The Tangled Tale of Phase Space[J]. Physics Today, 2010, 63 (4): 33-38.

[9] Ehrenfest P, Ehrenfest T. Begriffliche Grundlagen der statistischen Auffassung in der Mechanik[J]. Encyklopadie der mathematischen Wissenschaften, 1911, 4 (32): 3-90 .

[10] Schroeck F E Jr. Quantum Mechanics on Phase Space[M]. Springer, 1996.

[11] Wheeler L P. Josiah Williard Gibbs[M]. Yale University Press, 1966.

[12] Meyer-Ortmanns H, Reisz T. Principles of Phase Structures in Particle Physics[M]. World Scientific, 2006.

[13] Meyer-Ortmanns H. Phase Transitions in Quantum Chromody-namics[J]. Rev. Mod. Phys. , 1996, 68(2): 473-598.

[14] Yang C N. Einstein's Impact on Theoretical Physics[J]. Physics Today, 1980, 33(6): 42.

[15] Wu T T, Yang C N. Concept of Nonintegrable Phase Factors and Global Formulation of Gauge Fields[J]. Phys. Rev., 1975, D12(12): 3845-3857.

[16] Yang C N. Thematic Melodies of Twentieth Century Theoretical Physics: Quantization, Symmetry and Phase Factor[J]. Inter J. Mod. Phys. A, 2003, 18: 3263-3272.

[17] Yang C N. The Thematic Melodies of Twentieth Century Theoretical Physics, Ann. Henri Poincaré, 2003, 4(Suppl. 1): S9-S14.

九十九 西文科学文献中的数字

在生物学中，三十条和十五对是不等价的
——曹逸锋[1]

I know numbers are beautiful. If they aren't beautiful, nothing is.
——Paul Erdős[2]

Die ganzen Zahlen hat der liebe Gott gemacht, alles andere ist Menschenwerk.
——Leopold Kronecker[3]

Όλα είναι αριθμός.
——Πυθαγόρας[4]

Non mi legga chi non e matematico.
——Da Vinci[5]

---

[1] 逸锋 2010 年说这话时 14 岁。有儿可为师，不亦庆幸乎！
[2] 我知道数字是美的。如果它们不是美的，那就没别的了。——厄尔多什
[3] 上帝创造了整数；其他的都是人类的杰作。出自 Heinrich L. Weber, *Kronecker*: *Jahresbericht der Deutschen Mathematiker-Vereinigung* 2, 5-23 (1891/1892) p.19。
[4] 万物皆数！——毕达哥拉斯
[5] 不通数学者，莫读我作品（达芬奇）。此句的流行英译有 Let no one read me who is not a mathematician。

摘要 英文的数字表达深受希腊语、拉丁语、德语和法语的影响，更远的源头可能是梵语，形成了多种表达方式共存的局面。弄懂源头语言中的数字表达，有利于理解西文文献中数字的不同用法。

数字表达是科学文献的重要组成部分。其实，日常生活中也不乏基于数字的表达。因为是科学工作语言的缘故，英文如何表达数字是科学工作者普遍关切的问题。又因为英文自身的复杂历史问题，英文中的数字表达多样、繁琐，容易产生误用。本文试图就西文科技文献中的数字表达给一个较为全面的介绍，特别地，对造成英文数字表达混乱局面的语言源流问题会予以格外关注。限于作者见识短浅，本文虽然历经15年酝酿之久仍难免挂一漏万，容以后再慢慢收集补充。

鉴于本文篇幅较长，内容繁多，叙述拉杂，恐对读者们的耐心是个考验，故作如下粗略章节划分：

    一、数的来源
    二、0的引入
    三、几种语言中数的写法
    四、关于零的表述
    五、数的进制
    六、西文的大数表示
    七、10次方记号体系
    八、关于多重性的表示
    九、月份与星期中的数字与非数字
    十、具有特殊意义的数字
    十一、关于数字的零星知识
    十二、结语

一、数的来源

数学是物理的语言载体，所凭藉之物。限制我们在物理学领域深入程度的，除了理解物理的能力严重不足以外，还有数学知识的严重不足。柏拉图学园的门上，赫然刻着 $\alpha\gamma\epsilon\omega\mu\dot\epsilon\tau\rho\eta\tau o\varsigma\ \mu\eta\delta\epsilon\iota\varsigma\ \epsilon\iota\sigma\iota\tau\omega$（不通几何者莫入）。这句话挂在物理的门上，也一点没有违和感——如果物理学确实有门的话。物理学几何化所涉及的几何之深邃，远高于柏拉图时代对几何学的认知。当然了，物理学所需要的及其所带来的数学,岂止是几何学一门。欲治物理者,当知晓充分多的数学。这与其说是对物理学家的为难,不如说是对有志成为物理学家者的额外奖赏。

数学是一门符号语言,最基础的是数字的记号(notation),来自自然和人的自然行为。不管是中文的一二三,还是罗马的ⅠⅡⅢ,它们首先都是划痕。可以想象,人类一开始计数,如同记事一样,用的是图形化的符号。数字,首先肯定应是划痕的简单重复,这划痕可以是短杠,可以是圆点,或者是楔形的痕迹。古代中国用的是短杠(图1),圆点加短杠的计数见于玛雅文化(图2),而楔形数字(文字)见于古巴比伦(图3)[1,2]。

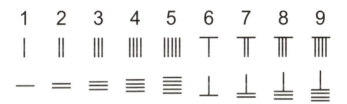

图 1　古代中国用竖杠和横杠表示数字 1～9

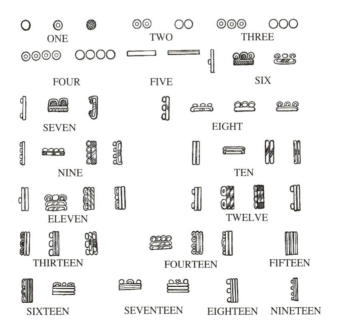

图 2　玛雅文化中的数字 1～19

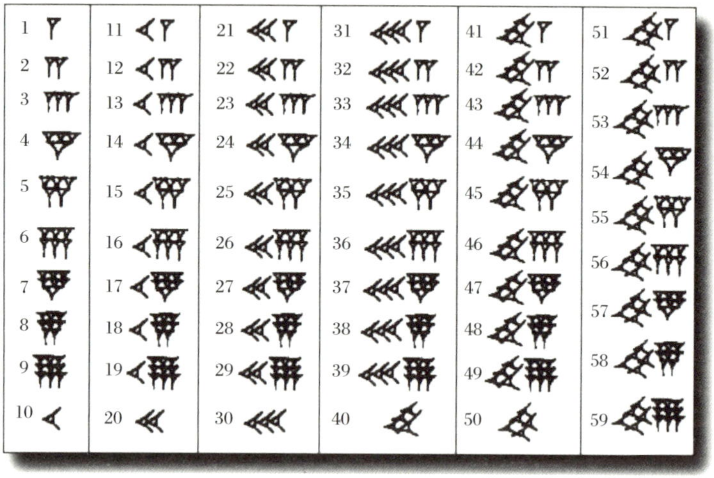

图 3　古巴比伦的数字 1~59

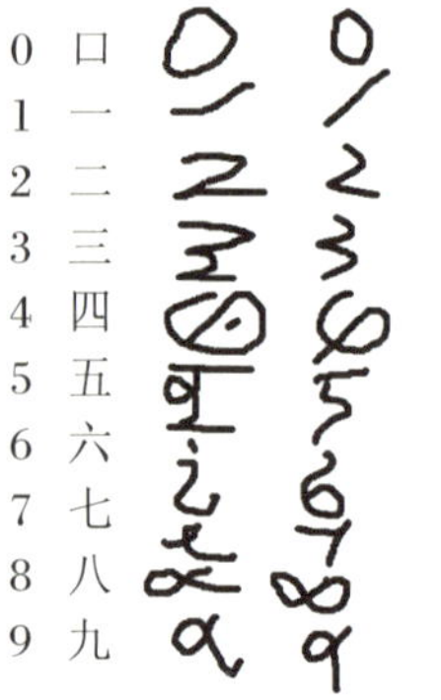

图 4　可能的汉字经草书到阿拉伯数字的演变（来自中文互联网）

如今国际通用的是阿拉伯数字。据说阿拉伯数字 1、2、3、4、5、6、7、8、9、0 是在公元三世纪由印度婆罗米（Brahmi）人发明，在公元八世纪由阿拉伯人所创建的波斯帝国所采用，后流行于天下。然而，最近有学者认为，印度是拼音文字，不大可能单独为数字重新制定额外的 10 个字符。笔者以为这个观点有道理。中文的数字是现成的字，罗马数字是用现成的字母，都没有另外再创造数字字符。有中国学者猜测，阿拉伯数字可能是由汉字的草书（图 4）进一步演化而来的。草书出现于汉初，比阿拉伯数字的出现早了 500 年。比较一下印度某地发现的数字写法（图 5），这种说法就更显得有道理了。印度文字能影响整个欧洲，有印欧语系的说法，汉字输入阿拉伯文化几个表示数字的字符，应该不过分。

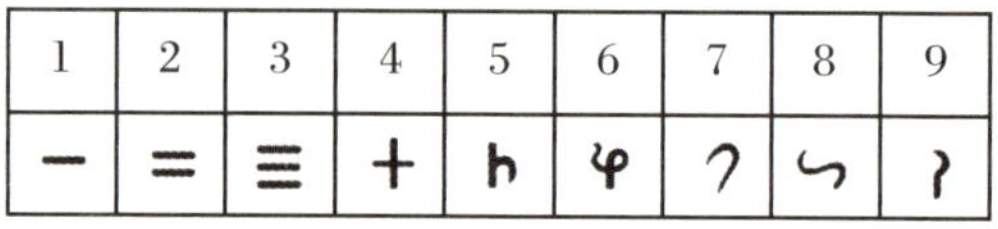

图 5　印度的婆罗米数字（取自 History of mathematics-wiki）

阿拉伯数字可能来自汉字草书的说法，不能细琢磨，笔者越琢磨越觉得有道理。图 6 是 1956 年在西安发现的"阿拉伯幻方"[①]，比较图 6 和图 4，是有那种发现了缺失的进化阶段证据的感觉。

图 6　1956 年在西安发现的铸铁"阿拉伯幻方"，现存陕西历史博物馆

科学的一部分努力就是构造符号体系，为数字构造符号，为化学元素构造符号，为电子元器件构造符号。一套好的符号让科学在其基础上的发展成为可能，并把科学引向我们不能想象的高度和新境界。关于这一点，比照一下用西方字母 a_{11}，a_{12}，a_{13} 和用甲、乙、丙表示的矩阵及其运算就能体会一二。没有对数字的灵活运用，那依赖于数字灵活运用的科学就要被耽误了。就算术运算来说，阿拉伯数字 0，1，2，3 的发明具有至关重要的意义，它的字形同与其进化有关的 Hindu-Arabic number system（印度-阿拉伯数字体系）相比较是最简洁的。就表达来说，简洁是硬道理。中文的壹、贰、叁、肆用来防止涂改账本或者支票无疑是科学的，用来进行三位数乘法都困难。罗马字母的 I，V，X，L，C，D，M 数字记号体系，用来纪年凑合，用来计算就要了命了。埃及数字更复杂，100 是一段盘绕的绳子，1000 是一朵白色的睡莲，10000 是一个竖起的手指，100000 是一只青蛙（图 7）。这样的体系一个要命的缺陷是，你看不到这样的数字既是一个个具体的量，也是有序的、具有结构的体系。今天的人们不需要再创造

---

① 这是一个 6×6 的幻方。幻方有很多，其要求是：沿行、列和对角线运算得来的数字是相同的。

数字体系,但是确实需要懂得其结构,从而发展出对数的感知与运算。(Present day students do not have to create a number system, but they do need to understand its structure in order to develop number sense and operations.)[3]

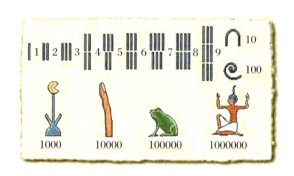

图 7　古埃及的数字

说到数的结构,毕达哥拉斯学派认为 whole number as the critical foundation of all natural phenomena(整数是一切自然现象的关键基础)。The central position of number was everywhere evident.(支撑数之中心地位的证据是随处可见的。)后世认为物理世界可以通过 mathematization 加以理解多少归于毕达哥拉斯学派的观点。整数概念的产生,来自物理上我们能够将某些对象同环境分离开来,从而作为一个 unit(单元、一)处理。这种分离从来都是理想的产物。两个看似互相独立的对象,也许存在我们看不到的关联——但是看不到真好。人们能理想化出十进制的自然数是因为我们的手指头是分立的。对鸭子来说,这种可能就不是显然的。由对某些整数"三人组"(triad)成立的毕达哥拉斯定理——古埃及人就知道(3,4,5)是这样的 triad——能得出无法表述成整数的东西,比如$\sqrt{2}$。这突破了它赖以建立的基础的范围。难怪毕达哥拉斯学派的人对它避之如瘟疫。无理数,非公度,它带来的冲击源于我们的计数是以分立的整数为基础的,而整数来自自然,属于直观的层面。

毕达哥拉斯学派重视数在认识自然中的作用。毕达哥拉斯说万物皆数固然没啥道理,但他发现了数在音乐中的重要性。他建立的音乐同算术之间的联系存在于 harmonic mean(调和平均数)、harmonic progression(调和序列)①等

---

① Harmony,本义是安装得当。把 hamony(hamonic)译成和谐、调和,妨碍了对相关问题的正确理解。说什么宇宙的和谐,其实人家是在讨论宇宙中的天体是如何恰当地装配的。

概念中。毕达哥拉斯用形状思考数，这引入了 constructible numbers，figurate numbers 的概念。我们至今还在使用的"squares（平方）and cubes（立方）of numbers"就归功于他。他还使用过 oblong numbers（矩形数）、triangular numbers（三角数）、pyramidal numbers（金字塔数），这是用单元堆积出的相应形状所要求之单元的个数（下文会有详细讨论）。这些数，如果学习晶体学的、研究线粒体的人们不能了然于胸，那相应的研究就不过是无头苍蝇的乱撞——而这竟然曾是科学史上真实的一幕。

计数问题，取决于语言自身的发展历史，也取决于文明发展的程度，在各种语言中会有不同的表现。以汉语为例，汉语的计数用表述有简写的一、二、三、四、五、六、七、八、九、十、百、千、万、亿（亿以后的词汇见下文），还有大写的壹、贰、叁、肆、伍、陆、柒、捌、玖、拾、佰、仟（古文和金融体系在用），以及国际通用的阿拉伯数字。而在有些语言里，三就太多了，所以没有三以上的数字。注意，因为一、二、三以一般人的智力都是可以熟练运用的，稍有一点历史的文明的语言里，一、二、三就可能有多种说法，且说法也有多种花样，如汉语的俩（对、双）、仨（一对半）等。数字的形式是有具体的文化语境的，"咱二人年貌相当……""咱俩儿谁跟谁呀？"来自浓郁的乡土文化，而"2 个人认识 1 年多了"的写法，若是被当成出版标准就有点儿过了。

洋文也同样有多套数字表述系统且体现不同文化底蕴的问题。以英文为例，试看 five-fold symmetry（五次对称性）、cinquefoil（五叶植物）、pentagon（五边形）、quintuplet（五胞胎），这四个涉及"五"的不同表达，分别来自德语、法语、希腊语和拉丁语。读者由此可以感受到英语层次之低，以及奉英语为圭臬的 non-english-speaking 科学家写英文文章该有多难。使用来自希腊语或拉丁语的表述，对于说英语的人来说，是一种心灵上的救赎。最近读到一个笑话，说一个学新闻的英国姑娘在电视节目中用了 decade（十年，源自希腊语）这个词，被老师臭骂了一通。老师的理由是：电视是给没文化的人看的，应该直接说 ten years 才对。英语用词层次之丰富，实在让人无语——这也是国人学英文时不易准确把握的地方。英语用词层次丰富，在数字表述上也给科学表达带来了极大的麻烦，相信学习物理、化学、生物、医学等学科的人们感受会很深。满篇飞舞的来自各种语言的数字，估计说英语的本土人都忘了其本源了。

二、0 的引入

数是最有表现力的工具(Dantzig)[4]。从计数的萌芽，经 0 概念的发明，再到无穷大的发现，这是一部惊心动魄的人类智力演化史。数字的功能是计数，计数的前提是存在，这样看来，计数的体系中一开始没有 0 就可以理解了。当计数形成层次体系，就会遭遇某个层次缺失的问题，比如水泊梁山的将领数目是一百单八将。这百位数和个位数之间就有个空(void)，汉语是用个"单"字连接的，它是个位数的修饰词。"0"的发明，首先是位数表达的需要(positional notation)，以区别比如 54 和 504。直觉上这个标记应该和 1～9 的记法截然不同，用圆点是个最自然的选择。据说古埃及数字还没有 0，0 的概念由玛雅人最早提出来。今天我们用的数字 0 是印度人发明的，印度在公元前三世纪出现了比较有代表性的婆罗门式的数字 1～9，到了笈多王朝(公元 320—550 年)时期才出现 0 的写法。当时是实心小圆点，后来才演化成为小圆圈"0"。近期对巴克沙利(Bakhshali)手稿(成书年代尚无定论)里的数字(图 8)研究表明，那时 0 不只是用来表示数位，人们已经学会 thinking zero in a numerical way，将 0 当作用于运算的数了。

图 8　发现于巴克沙利手稿里的数字，0 是个实心的圆点

从前没有 0，现在它有了，它就是一个存在，而且有非常重要的功能。比如作为代数加法的单位元素，它是必不可少的！这中间的深刻哲学，值得玩味。

注意，汉语的零，在作为数字以外的用法都不是 0 的意思。零，余雨也。零，见于零碎、零星，对应英文的 piece，fraction，scattered。

三、几种语言中数的写法

中文的数字写法为〇、一、二、三、四、五、六、七、八、九、十、百、千、万、亿、兆、京、垓、秭、穰、沟、涧、正、载、极等，不过兆以后的数字笔者从未用过。汉字表示大数的字,其所表示的数到底多大,基本是没谱的。《风俗通》云"千生万,万生亿,亿生兆,兆生京,京生秭",天知道这"生"字对应哪个数学算法。具体地,比如秭,《广韵》说"秭,千亿也",而《说文》则说"秭,数亿至万曰秭",诚可谓莫衷一是。至于兆,汉语解释是万亿为兆,那是 10^{12},不过当前中文科学文献中,兆是百万(10^6),用于兆赫(MHz)、兆帕(MPa)。为了防止记账时篡改,汉字的数字〇至千还有大写形式,分别为零、壹、贰、叁、肆、伍、陆、柒、捌、玖、拾、佰、仟。此外,还有廿(20)和卅(30)。严格来说,这不是新的数字体系。

中文的数字是单音节字,且中文的数字是严格按照顺序排列和读出的,因此用中文数数和进行简单计算是可以迅速掌握的。这可能不是啥好事。入门容易,常让学习者起轻蔑意,以为那学问也不过尔尔,而这是做大学问的大忌——这种货色在中国学者中似乎极为普遍。数字入诗,可以方便数字的教学。论及中文教数字,北宋邵雍的《山村咏怀》是经典,可用来教小儿唱歌加数数儿:

一去二三里,
烟村四五家,
亭台六七座,
八九十枝花。

数字入诗词,还有助于提升表现力。带数字的诗词,笔者最喜欢的是元朝张鸣善的小曲《水仙子·讥时》:"……说英雄谁是英雄?五眼鸡岐山鸣凤,两头蛇南阳卧龙,三脚猫渭水飞熊。"数字的使用满足 Benford 定律,因此十进制的数字,用一开头的比例高达 $\log_{10}^2$,故而中文中可见卖弄"一"字的诗就不奇怪了。清朝王士祯的《题秋江独钓图》乃其中上品,有大情趣,诗云:"一蓑一笠一扁舟,一丈丝纶一寸钩。一曲高歌一樽酒,一人独钓一江秋。"

数字的一些常见西文语种的写法如下。认识不认识的,请耐心做到脸熟。

阿拉伯数字:1, 2, 3, 4, 5, 6, 7, 8, 9, 10
希腊语:Ένα, δύο, τρία, τέσσερα, πέντε, έξι, επτά, οκτώ, εννέα, δέκα
拉丁语:Unus, duo, tres, quatuor, quinque, sex, septem, octo, novem, decem
俄语:Один, два, три, четыре, пять, шесть, семь, восемь, девять, десять
法语:Un, deux, trois, quatre, cinq, six, sept, huit, neuf, dix

意大利语：Uno，due，tre，quattro，cinque，sei，sette，otto，nove，dieci
德语：Eins，zwei，drei，vier，fünf，sechs，sieben，acht，neun，zehn
英文：one，two，three，four，five，six，seven，eight，nine，ten

为了方便体会对英、德、法等语种与数字相关表达的影响，希腊语的 0～10 及其拉丁语转写罗列如下：μυδεν (meeden, 0)，ενας (enas, 1)，δύο (duo, 2)，τρείς (treis, 3)，τέσσερα (tessera, 4)，πέντε (pente, 5)，εξι (hexi, 6)，επτά (hepta, 7)，οκτώ (octo, 8)，έννέα (ennea, 9)，δέκα (deca, 10)。梵语的 1～10，可惜我只看得懂拉丁语转写，也罗列如下：eka (1)，dvau (2)，trayas (3)，catvaras (4)，paca (5)，sat (6)，sapta (7)，astau (8)，ava (9)，dasa (10)。西语同梵语的关系，从这些数字来看几乎是显然的。顺便说一句，发现西语源于梵语，提出印欧语系这个概念的人是物理学家哈密顿，就是那个命名了 Hamiltonian 的 Sir William Rowan Hamilton。物理学，如同数学，首先是一门语言，自然语言。这下你相信了吧！

德语的 11～20 分别是 elf，zwölf，dreizehn，vierzehn，fünfzehn，sechzehn，siebzehn，achtzehn，neunzehn，zwanzig。这里 elf (11) 是新词，zwölf (12) 和 zwanzig (20) 是基于 2 构造的词，13～19 用的是个位数字 + zehn (10) 的方式。再往后，dreißig (30)，vierzig (40)，fünfzig (50)，sechzig (60)，siebzig (70)，achtzig (80)，neunzig (90)，则是个位数字 + zig 的形式，而 zig 就是 zehn 的变体。这个体系，大体和中文数字体系相同，但它别扭的地方是念两位数时要先念个位数。

英语是条顿化了的德语，自然其数字的表示也和德语有渊源。英文的 11～20 分别为 eleven(11)，twelve(12)，thirteen(13)，fourteen(14)，fifteen(15)，sixteen(16)，seventeen(17)，eighteen(18)，nineteen(19)，twenty(20)。可见 eleven(11) 是新词（字面是 10 后 1），twelve(12) 和 twenty(20) 是基于 2 构造的词（twenty，即意大利语的 venti），13～19 用的是个位数字 + teen 的方式。这里的 teen 就是 ten(10)。因为 13～19 都以 teen 结尾，所以英文的 teenager（teen + age + r）就是年龄在 13～19 岁的人。汉语把 teenager 译成少年，失之偏颇。

意大利语的 11～20 的说法是 undici (11)，dodici (12)，tredici (13)，

quattordici(14), quindici(15), sedici(16), diciassette(17), diciotto(18), diciannove(19), venti(20)。注意，11~16 都是把 10 放在后面，而自 17 起，10 放到了前面。30~90 依次是 trenta(30), quaranta(40), cinquanta(50), sessanta(60), settanta(70), ottanta(80), novanta(90)。大数数字用 cento, mille, milione, miliardo (10^9)。

法语的 10~20 依次是 onze, douze, treize, quatorze, quinze, seize, dix-sept, dix-huit, dix-neuf, vingt。其中 11~16 是个位数 + ze（比较德语的 10, zehn）的结构，17~19 是 10（dix）+ 个位数的结构，vingt(20) 是基于 2 的新词。后面的数字，采用的是 trente（30），quarante（40），cinquante（50），soixante(60) 分别加上 1~9 构成的。注意，它的 six(6), seize(16), soixante(60) 的写法，字头也不尽相同。到了 70，麻烦来了，法语采用的是 60 + 的模式，用短杠连接，如 soixante-trois(63), soixante-treize(73)。因为 un（1）和 onze（11）是元音开头的，为了可读性，有 soixante et un（61）和 soixante et onze（71）的写法。到了 80，更麻烦了，80 被用 20 进制表示成了 quatre-vingts（4 个 20），81~99 是用 quatre-vingt + 1~19 构成的，如 quatre-vingt-onze（91），quatre-vingt-dix-sept(97)。其大数单位为 cent, mille, million, milliard，与拉丁语同。法语的 1% 用的是 centieme。一个货币单位(1元)，的 1% 为 1 分。我记得中文的《我的叔叔于勒》等汉译法国文学作品里是把分分钱译成生丁的，其实没必要。

为了掌握西文数词，必须要深入、详细地了解拉丁语和希腊语数词，因为这是现代西文数词的基础。一些新出现的词如果包含数字，一般都会以拉丁语或者希腊语为基础构造，这显得有学问。虽然学习自然科学的人都非常熟悉希腊语的字母，但习惯阅读希腊文字的人不是太多，因此在下面介绍希腊语数词时，注音符号大多时候就不加了，因为输入不方便。希腊语数字会加上相应的拉丁化形式（可能有误！），这样大家就能从英语、德语或者法语文献中的数词看到其可能的希腊语来源了。

希腊语的一些基数词（拉丁语转写）如下，注意与上节中略有出入，这是希腊语自己有变迁的缘故，转写也没有规范，还有随性的变化。许多希腊语词转写入拉丁语就造成了谬误且流传了下来。ενα(ena) 1, δυο(dyo) 2, τρία(tria) 3, τέσσερα(tessera) 4, πέντε(pente) 5, εξι(eksi) 6, επτά(hepta) 7, οκτώ (octo) 8，εννέα(ennea) 9，δέκα(deka)10，έντεκα(enteka) 11，δώδεκα(dodeka) 12，δεκατρία(dekatria)13，δεκατέσσερα(dekatessera) 14，δεκαπέντε(dekapente) 15，δεκαέξι(dekaeksi) 16，δεκαεπτά(dekahepta) 17，δεκαοχτώ(dekaoxto) 18，δεκαεννέα(dekaennea) 19，είκοσι(eicosi) 20，εκατό(hekato) 100，χίλια(xilia) 1000，εκατομμύριο(ekatommyrio) 1000000。拉丁语系的 mille 猜测是来自 χίλια，miiliard 来自 μμύριο。另外，在 μια φορά(mia fora, once)，δυο φορές (dyo fores, twice)的表达中，μια 是比较特殊的。希腊语数字也有阴阳性的问题，比如1，εἰς(阳性。让人想起德语的 eins)，μία(阴性)，εν(中性 en。让人想起英语的不定冠词 an)；2，δύο，(duo)；3，τρεῖς(阳性，阴性，treis)，τρία(中性，tria)；4，τέτταρες(阳性，阴性，tettares)，τέτταρα(中性，tettara)，等等。太麻烦了。

希腊语的序数词(拉丁语转写)如下：πρῶτος(protos) 1，δεύτερος(deyteros) 2，τρίτος(tritos) 3，-τέταρτος(tetartos) 4，πέμπτος(pemptos) 5，ἕκτος(hectos) 6，ἕβδομος(evdomos)7，ὄγδοος(ogdoos) 8，ἔνατος(enatos) 9，δέκατος(dekatos)10，ενδέκατος(endekatos)11，δωδέκατος(dwdekatos)12，δέκατος τρίτος (dekatos tritos)13，δέκατος τέταρτος(dekatos tetartos)14，δέκατος πέμπτος (dekatos pemptos)15，δέκατος έκτος (dekatos ektos) 16，δέκατος ἕβδομος (dekatos evdomos)17，δέκατος ὄγδοος(dekatos ogdoos)18，δέκατος ἔνατος(dekatos enatos)19，εικοστός (eikostos)20。如今英文里的源自希腊语的数字，可能字面上没有序数词的意思，但却又是来自希腊语的序数词，如 tetrahedron，(正)四面体，来自 τέταρτος (第四)。

注意，希腊人是把字母当作数字使用的，α，1；β，2；γ，3；δ，4；ε，5；ζ，7；η，8；θ，9；ι，10；κ，20；λ，30；μ，40；ν，50；ξ，60；ο，70；π，80；ρ，100；σ，200；τ，300；υ，400；φ，500；χ，600；ψ，700；ω，800。注意6，90，900 比较特别，看似更像希伯来语字母，或者是古字母弃置不用了？输入不便，故此处不论。

拉丁语的基数词 1，2，3 有性的变化。1，unus(阳性)，una(阴性)，unum(中性)；2，duo (阳性、中性)，duae(阴性)；3，tres (阳性、中性)，tria (阴性)。四以后没有性的变化。4，quattuor；5，quinque；6，sex；7，septem；8，octo；9，novem；10，decem；11，undecim；12，duodecim；13，tredecim (decim et tres）；14，quattuordecim；15，quindecim；16，sedecim；17，septendecim；18，duodeviginti（二十少二。或者 octodecim）；19，undeviginti（二十少一。或者 novendecim）；20，viginti；21，viginti unus；22，viginti duo；23，viginti tres；30，triginta；38 duodequadraginta（四十少二）；39 undequadraginta（四十少一）；40，quadraginta；48，duodequinquaginta（五十少二）；49，undequinquaginta（五十少一）；50，quinquaginta；60，sexaginta；70，septuaginta；80，octoginta；90，nonaginta；100，centum；200，ducenti；300，trecenti；400，qudringenti；500，quingenti；600，sexcenti；700，septingenti；800，octingenti；900，nongenti（100 至 900，是复数形式的，有性的变化。前面给出的是阳性复数形式，阴性复数形式结尾为-ae；中性复数形式结尾为-a）；1000，mille。

拉丁语的序数词变化很烦，但是影响着现代西语中的序数词形式，所以还是应该知道。第 1，2，3 有性的变化。第 1，primus；第 2，secondus 或者 alter；第 3，tertius；第 4，quartus；第 5，quintus；第 6，sextus；第 7，septimus；第 8，octavus；第 9，nonus；第 10，decimus；第 11，undecimus；第 12，duodecimus；第 13，tertius decimus；第 14，quartus decimus；第 15，quintus decimus；第 16，sextus decimus；第 17，septimus decimus；第 18，duodevicesimus（octavus decimus）；第 19，undevicesimus（nonus decimus）；第 20，vicesimus；第 21，vicesimus primus（unus et vicesimus）；第 22，vicesimus secundus（alter et vicesimus）；第 30，trigesimus（tricesimus）；第 40，quadragesimus；第 50，quinquagesimus；第 60，sexagesimus；第 70，septuagesimus；第 80，octogesimus；第 90，nonagesimus；第 100，centesimus；第 200，ducentesimus；第 300，trecentensimus；第 400，qudringentensimus；第 500，quingentensimus；第 600，sescentensimus；第 700，septingentensimus；第 800，octingentensimus；第 900，nongentensimus；第 1000，millensimus；第 2000，bis millensimus，等等。

还有罗马数字的说法，即拉丁语用字母表示数字，这些表示法还见于钟表、墓碑以及一些文献中。具体地，1，Ⅰ；2，Ⅱ；3，Ⅲ；4，Ⅳ，ⅠⅠⅠⅠ；5，Ⅴ；6，Ⅵ；7，Ⅶ；8，Ⅷ；9，Ⅸ，ⅤⅠⅠⅠⅠ；10，Ⅹ；11，Ⅺ；12，Ⅻ；13，ⅩⅢ；14，ⅩⅣ，ⅩⅢⅠ；15，ⅩⅤ；16，ⅩⅥ；17，ⅩⅦ；18，ⅩⅧ；19，ⅩⅨ，ⅩⅤⅠⅠⅠⅠ；20，ⅩⅩ；21，ⅩⅪ；22，ⅩⅫ；28，ⅩⅩⅧ；29，ⅩⅩⅨ，ⅩⅩⅤⅠⅠⅠⅠ；30，ⅩⅩⅩ；38，ⅩⅩⅩⅧ；39，ⅩⅩⅩⅨ，ⅩⅩⅩⅤⅠⅠⅠⅠ；40，ⅩⅬ，ⅩⅩⅩⅩ；50，Ⅼ；60，ⅬⅩ；70，ⅬⅩⅩ；80，ⅬⅩⅩⅩ；90，ⅩⅭ（一百少十），ⅬⅩⅩⅩⅩ；100，Ⅽ；101，ⅭⅠ；

200，CC；300，CCC；400，CD（五百少一百），CCCC；500，D；600，DC；700，DCC；800，DCCC；900，CM（千少一百），DCCCC；1000，M；2000，MM。这里，X（10），是两个 5（V）；L（50），L 是字母 C（100）的下半部；C（100）是 centum 的首字母；M（1000），是 mille 的首字母。

相较于拉丁语，意大利文的序数词简单多了，这代表的是该语系的正确演化方向。意大利文的序数词 1～10 分别为 primo，secondo，terzo，quarto，quinto，sesto，settimo，ottavo，nono，decimo。自 11 起，序数词由基数词（略有变化）加词尾 -esimo 构成，如 sedicesimo 16，diciasettesimo 17，等等。

英文中的多少周年纪念、植物多少年生等带数字的表达，用的是拉丁语表示，但也偶尔有希腊语和一些古怪的表达法，兹罗列如下（括号里为对应的数字）：Biennial（2），Triennial（3），Quadrennial（4），Quinquennial（5），Sexennial/Hexennial（6），Septennial（7），Octennial（8），Novennial（9），Decennial（10），Hendecennial（11），Duodecennial（12），Tredecennial（13），Quattuordecennial（14），Quindecennial（15），Sextodecennial（16），Septendecennial（17），Duodevigintennial（20－2），Undevigintennial（20－1），Vigintennial or vicennial（20），Trigentennial（30），Quadragennial（40），Semicentennial or Quinquagenary（半百，50），Sexagennial（60），Septuagennial（70），Demisesquicentennial or Septuagesiquintennial（半一百五十，75），Octogintennial（80），Nonagintennial（90），Centennial（100），Quasquicentennial（125），Sesquicentennial（150），Septaquintaquinquecentennial or Terquasquicentennial or quartoseptentennial（175，$3 \times 25 + 100$，$\frac{7}{4} \times 100$），Bicentennial（200），Quasquibicentennial（225），Semiquincentennial or bisemicentennial（250，半个五百，两个半百），Tercentennial or Tricentennial（300），Quadricentennial 或者 Quatercentenary（400），Quincentennial（500），Quinsemicentennial（550，五个半百），Sexacentennial（600），Septuacentennial or Septcentennial（700），Octocentennial（800），Nonacentennial（900），Millennial（1000），Bimillennial（2000），Quindecimillenial（15000），等等。

四、关于零的表述

据说斐波那契在他的《算书》（*Liber Abaci*）里把阿拉伯的 0（sifr）译成了

cephyrum，在意大利语中它变成了 zefero，最后变成了法文的 zéro 和英文的 zero。在德语里，这个字变成了 Ziffer，是数字的意思，对应英语的 cipher。Cipher 作动词成了密写、解算术难题，进一步地，decipher 是破解数字密码。德语里的 0 是 Null。电线接法里面的零线，德语是 Nulleiter。测量仪器的零位是 Nullage。此外，德语的 Nicht 是 not，nothing，但表达 0.0 时会说 null comma nichts。

法语的 0，既有 zéro，也有 nul。Null 作为 0 在英语中也常见。Michelson-Morley 实验不能证实有地球相对于固定以太的运动，但他们（或者持存在光以太观点的人们）原以为是有的，因此这个实验被说成是 failed to detect the existence of ether，或者 failure of the Michelson-Morley experiment to detect the existence of ether，这里的 failure，fail，不是说实验失败了，而是指取得了 null-result，零结果——那个期待的地球相对以太的运行速度得到的确实是零结果。另一个用法是 null method（zero method），即将待测信号与已有信号同时引入探测器，两者相等时会使得探测器零响应（zero response）。Wheatstone 电桥法测电阻用的就是这种策略。"安培于是切换到 null method，他相信这个方法能提供精度和一般性，其结果只能得到 zero。"[5]

英语中源于 null 的词有不少，如 nullification 归零，（法令）废止，nullable（可空的）。此外，aught 指任何事物，零，见于 for aught I care。Naught 就代指 0，有 comes to naught 的说法。Nought 也是 0。在拉丁语中，nihil 是 nothing，是 0，量子力学中的 annihilation operator（湮灭算符），其词干就是 nihil。Nihil 的缩写 nil 在英语里是 0，见于 nilpotential 等数学概念，"the nilpotent (0) ensures that they are unique (1) units (1)"。你看这里 0 作为单元和 1 联系起来了。zero 是加法的 identity 元素，任何数加 0 等于自身。1 是乘法的 identity 元素，任何数乘 1 等于自身。只有乘法的封闭体系构成了群，既有乘法又有加法的封闭体系构成了代数（algebra，字面意思是阿拉伯语的加法）。

小时候在乡下读书，同学中考零分的事情时常发生，老师会谐谑地说："给你个大鸭蛋，拿回家去就着馍吃。" 鸭蛋代表 0 绝对合格，西人也说："The resembance between an egg and a nought." Egg 代表数字算啥神奇，它还是行星绕太阳轨道的首选呢。有趣的是，在英语中还会用 love 代表零，在足球、网球比赛中，三比零会说成 three love。一场 0∶0 的比赛会被描述为 love-all。

这里的 love，是对法语 l'oeuf——the egg（蛋）——的（故意?）误用。另一说法是英国在十七世纪就有 play for love 的说法，意思是没有彩头的比赛，除了 love 以外没有别的考量——靠玩公益发财的都这么说。

五、数的进制

用有限的符号，表示无限个的数字，数系（numerical systems）就自然生成了。二进制（base 2-，binary），只用两个基数就够了。黑白、上下、左右、有无、开关等物理状态，都可以赋予 0 和 1 的角色来实现二进制。但是，有无、开关这类的物理体系，无信号的状态是容易造成误判的，故可靠的体系都会选择有信号的状态再进一步区分两种状态出来，比如摩尔斯码用电磁波信号的长短来区分 0 和 1，而模拟电路会采用高低电平来区分 0 和 1。二进制是莱布尼茨发展出来的，可见其出现之晚。它应该是属于抽象的、公理化层面的存在。

计数是人类最初的科学实践，最方便的工具就是自身的手指，故数字是 digital（来自 digitus，手指）。两手伸开，如果不出意外，我们会发现我们每只手有 5 个手指头。五是自然的进制，历史上军队以五人为一小组，设伍长，有队"伍"之说。我们两手共有 10 个指头，所以十进制最后成了最常用的进制。The decimal numeral system (also called base ten or occasionally denary) has ten as its base. 这句话里的 decimal，ten，denary 都来自数字 10。在 10 不够用的场合，算算术要连脚丫子一起上的，所以有 20 进制（vigesimal）。此外，一年有 12 个月，那是因为一年的天数（约 365.25）除以一个月的天数（约 29.5，a synodic month）约等于 12，是取整得来的。10 和 12 的最小公倍数是 60，西方有 60 进制（sexagesimal），中国的天干地支纪年也是采用 60 进制。一年有 365 天，取整，得 360。360 是一个有大量除数的数，好用。我们看到，一个圆被分出 360 度，或者分成 12 个扇面，每个扇面表示 1 小时。一个小时，被分成了 60 小部分，称为 pars minuta prima，字面意思是第一级小部分，以 minuta（小）表示之，故 minuta 汉译为——或者说对应汉语的——分，很恰当。把第一级小部分再细分成 60 小部分，称为 pars minuta secunda，字面意思是第二级小部分，以 secunda（第二）表示之，seconda 汉译为秒（小也。参照渺字）。如果愿意，还可以定义 pars minuta tertia，第三级小部分。我们看到圆的度数 360 不是一个关于圆的好量度，你把它定义成 60 度也行。圆的正确度量是其弧度为 2π，这是一个等曲率曲线之积分长度与其曲率半径的比值，是关于一个特殊几何对象的微分几何描述。

印度的数进制特别乱。有十进制，那是肯定的。在耶柔吠陀梵书（*Yajurveda Samhita*）中有 eka（1），dasa（10），sata（100），sahasra（1000），ayuta（1000），niyuta（10000）等关键词。这些十进制的数字项被称为 dasagunottara samjna（decuple terms）。这些梵语词进入了西文中，比如 1 在希腊语和俄语（ena，odin）中，10 就是 deca，而 sata 就是 centa。门捷列夫曾用梵语的一、二、三（eka，dvi，tri）做前缀命名他所预言的八种元素。他精确地预言了他称为 ekasilicon，ekaaluminium 和 ekaboron 的元素，就是今天的 germanium（锗）、gallium（镓）和 scandium（钪）。印度还有二十、六十和百进制。据《摩诃僧只律》卷十七记载，一刹那者（箭头穿过一片花瓣的时间定义为一刹那。这再次说明，时间不过是物理事件的计数！）为一念，二十念为一瞬，二十瞬为一弹指，二十弹指为一罗预（亦作罗豫、腊缚），二十罗预为一须臾，一日一昼为三十须臾。又据《大智度论》卷三十载，六十念为一弹指。可见 20 进制和 60 进制在古代印度已然成形。此外还有百进制（centesimal scale）。《佛说普曜经》（*Lalitavistara*）中有百进制的数，在那里 koti 是 10^7，100 kotis 是 1 ayuta（10^9），100 ayutas 是 1 niyuta（10^{11}），100 niyutas 是 1 kankara（10^{13}），等等。

法语的数字是 10、20、60 进制混用的，也算是奇葩。英语中也保留了表示 12 和 20 的专门的词 dozen 和 score。英语的 dozen，字面就是 2+10，故是 12，汉语将之音译为"打"，a gross = a dozen dozen，即 144。不知这可否看作是 12 进制的表示。在 A. E. Housman 的如下这首诗中，"Now, of my threescore years and ten, Twenty will not come again, And take from seventy springs a score, It only leaves me fifty more"，score 是 20。所谓 threescore years and ten，就是汉语的 70 高龄。

二进制物理上容易实现，但一个位（bit，a small piece）只能表示两个数，这样表示的数字会很长。4 个 bits 可以表示 16 个数，编程的时候就可以用 16 进制，hexadecimal system。在电子学和计算机科学领域，会把 8 个 bits 称为一个 byte（字节），可表示 512 个数；再多一位，可表示 1024 个数，1024 在这个语境下被表示为 1 k（kilo，千）。

十进制用于表示小数，便利明显。荷兰学者 Simon Stevin（1548—1620）于

1585 年出版了小册子 de Thiende（荷兰语 1/10），引入了十进制的小数（decimal fraction）。有了十进制小数，则比如 0.66 是当作 66 个 0.01 处理的。这个十进制用于重量/长度的测量、铸币以及弧的划分等。十进制的小数，英文为 a decadic fraction，长相类似 0.893425671；二进制的小数，英文为 a dyadic fraction，形如 0.10010110；而三进制的小数，英文是 a triadic fraction，形如 0.212201102，等等。

数字用不同的进制表示，结果是不同的，但是数论研究的数自身的性质，与进制无关。比方说 9 是个平方数，用什么进制表示都不改变这个事实，这叫科学。科学的特征是刚性，跟科学家的脾气和性别无关。自然决定了数学的结构。

六、西文的大数表示

西文表示大数字，一般是用拉丁语词头，仍以英语为例讨论。在美国以及所谓的学术界（scientific community），大数字以 10^3 为单位分段，词干"llion"对应的是 10^3。在这个体系里，大数依次是 thousand（10^3），million（10^6），billion（10^9），trillion（10^{12}），quadrillion（10^{15}），quintillion（10^{18}），sextillion（10^{21}），septillion（10^{24}），octillion（10^{27}），nonillion（10^{30}），decillion（10^{33}），等等。这里的规律是，n-llion 代表的数字，n 用拉丁语给出，是 10 的 $(n+1)\times 3$ 次方。所以，例如 novemdecillion 字面上是 19-llion，代表的数字是 $10^{(19+1)\times 3} = 10^{60}$。在英国（整个欧洲？）的体系里，thousand（10^3），million（10^6），1000 million or milliard（10^9），billion（10^{12}），trillion（10^{18}），quadrillion（10^{24}），等等。这里的规律是，n-llion 代表的数字是 10 的 $6n$ 次方。在这个体系里，举例来说，$10^{60} = 10^{10\times 6}$，所以是 decillion，即 10-llion。

还存在关于其他奇葩大数的专门表述。Googol 是 10^{100}。因为一个有钱没文化的主儿错签了支票，这个字变成了 google（有钱是硬道理啊！）。因为更加没有文化，这个 google 进一步地变成了谷歌。有趣的是，谷歌的中文对应物为百度，不知可否理解为 10 的一百度自乘，这恰是 10^{100}。Googolplex 是 $10^{googol} = 10^{10^{100}}$，gigaplex 是 1 后面跟 1 trillion 个零，更吓人。此外，zillion 表示任意大的整数。作为记号，n-plex 代表 $10\textasciicircum n = 10^n$，$n$-minex 代表 $10\textasciicircum(-n) = 10^{-n}$。据说数学证明用到了 10^10^10^10^7 这么大的数。

大数的产生，如在印度与玛雅文化中，是为了因应计时和天文学（星星太多了）的需求，故大数有天文数字之说。遇到大数，没有约定的数学计数体系的话，可干脆就用具体的物理对象做类比来形象地加以描述，如印度人的恒河沙数。含含糊糊也是一种策略，如英文的 billions upon billions，miriads of milliards，以及中文的多如牛毛、数不胜数、不计其数，等等。大数儿自然也见于微观世界，如细菌的数目，一滴水中水分子的数目，这些都是大数。丹麦诗人 Piet Hein 写了一首名为 atomyriades 的诗，这题目就是 atom + myriad。这首诗原文照录如下：

> Nature, it seems is the popular name
> for milliards and milliards and milliards
> of particles playing their infinite game
> of billiards and billiards and billiards.

看到没，诗里有 milliards and milliards and milliards 和 billiards and billiards and billiards 的说法。

就运算而言，排列组合中时刻用到的阶乘（factorial）轻易就能产生大数。为了处理 $n!$，引入了 Stirling 近似，$\ln n! = n\ln n - n + O(\ln n)$，这个公式是统计物理学的灵魂。一个人口大国，让人们在同一时刻以传统节日的名义互访，是对阶乘的蔑视。

七、10 次方记号体系

在 10 次方记号体系中，数字同数字前缀（缩写。注意大小写！）可总结如下：10^{24}，yotta-（Y）；10^{21}，zetta-（Z）；10^{18}，exa-（E）；10^{15}，peta-（P）；10^{12}，tera-（T）；10^9，giga-（G）；10^6，mega-（M）；10^3，kilo-（k）；10^2，hecta-（h）；10^1，deca-（da）；10^{-1}，deci-（d）；10^{-2}，centi-（c）；10^{-3}，milli-（m）；10^{-6}，micro-（μ）；10^{-9}，nano-（n，小九儿）；10^{-12}，pico-（p）；10^{-15}，femto-（f）；10^{-18}，atto-（a）；10^{-21}，zepto-(z)，等等。负 10 次方的数，常见于单位显得太大了的物理量的表示中，比如原子间距的典型值为 0.2 nm（nanometer），电容器常见单位 pF（picofaraday），激光脉冲宽度的单位 fs（femtosecond），等等。记住，即便是关于同一个物理量，每一个尺度上也都是截然不同的物理。波长 500 nm 的可见光和波长 0.5 nm 的 X 光，光物理是不一样的。同样是波长 500 nm 的可见光，脉冲宽度为 1 ps 和宽度为 1 fs 的脉冲激光束，其光路上也在发生不同的故事。

八、关于多重性的表示

数学上的 n-tuple 是 n 个元素的序列（sequence）。这个-tuple 的表示，源自拉丁语的 plus，或者希腊语的 -πλοῦς，意思是多(重)的。二元数（binarion），可以表示为 2-tuple，四元数（quaternion）可以表示为 4-tuple，八元数（octonion）可以表示为 8-tuple，而十六元数（sedenion）可以表示为 16-tuple。有代数结构的多元数就这么些选择。如果关注每一个数量表示的重数，则可罗列如下：single (1), also singleton, sole, only; double (2), also pair, twice; triple (3), also triplet, treble, thrice, threesome, troika, trio; quadruple (4); quintuple or pentuple (5); sextuple or hextuple (6); septuple (7); octuple (8); nonuple (9); decuple (10); hendecuple or undecuple (11); duodecuple (12)……centuple (100)，等等。

物理上，一个分布，比如极性电荷的分布，其所产生的电磁场可以通过计入其 0 阶矩，即总电荷，1 阶矩，即偶极矩（dipole moment），2 阶矩，即四极矩（quadruple moment），3 阶矩，即八极矩（octuple moment）……逐次逼近。总电荷为零的体系，其振荡发出电磁波，从偶极矩开始；而非极性的质量分布振荡产生引力波，是从四极矩开始才可以有。极性的电荷为什么总体上看其零阶矩会为零，非极性的质量振荡是否一定产生引力波，这些问题我都不懂。参照电磁波规范形式凑出来的引力场方程，总给我以不踏实的感觉。至于更进一步的硬凑所导出的引力波问题相应的方程，更是超出我的理解范围。

如果是论及多重的对象，词尾可能是-let (-et)。原子的能级有多重性（multiplicity），跃迁只发生在具有相同多重性的或多重性相差 2 的能级之间。碱金属原子的谱线只有 doublets（2，指两条谱线，但字面上只有数字），碱土金属原子的谱线有 singlets (1) 和 triplets (3)。金属钛则有 singlet (1), triplet (3) 和 quintet(5)，金属钒有 doublet (2), quartet (4) 和 sextet (6)[6]。七重和八重对应的英文词为 septet 和 octet。

这一套词汇也出现在多胞胎的表述中，略有改动。一胎生多少孩子的一个表述是数字加词尾-ton。一胎，单胞胎，是 singleton。双胞胎，是 doubleton。双胞胎又叫 twin，字面意思就是 2，分 identical twins（全同双胞胎，同性别）和

fraternal twins（父源双胞胎？性别不一定相同）。三胞胎是 tripleton，四胞胎是 quadruplets，五胞胎是 quintuplets，也简化为 quins 或 quints。2009 年，一位美国妇女生出了八胞胎（octuplets），其此前的第一胎为六胞胎（sextuplets）。怀八胞胎啥感觉？医生说"你可以将之（负担）设想为单胞（singleton）的八倍增加（eightfold increase）"，这种想法相当幼稚。Singleton，doubleton 还是桥牌术语里的单张、双张。

多项式或代数方程也是要用到拉丁语数字表示的地方。说到多项式或代数方程，汉语谓"几元几次"。比如二次型（quadrature，字面意思是 4。用形说话，意思是方、平方）的标准形式，一元的（unary）形如 $q(x) = ax^2$，二元的（binary）形如 $q(x,y) = ax^2 + bxy + cy^2$，三元的（ternary）形如 $q(x,y,z) = ax^2 + by^2 + cz^2 + dxy + eyz + fzx$。一元多项式方程称为 monic（1）polynomial equation。就多项式的次（degree）而言，degree 1 是 linear（线性的），degree 2 是 quadratic，degree 3 是 cubic（字面不是 3。用形说话，意思是立方），degree 4 是 quartic（如果全为偶次的项，则是 biquadratic，二重平方项），degree 5 是 quintic，degree 6 是 sextic（hexic），degree 7 是 septic（heptic），degree 8 是 octic，degree 9 是 nonic，degree 10 是 decic。把这些形容词加到方程前，就是一元几次方程的意思，比如 quintic equation 是五次方程。阿贝尔证明了 quintic equation 没有代数解，对这个问题的进一步研究带来了群论。注意，quintic equation 没有代数解是说没有代数通解，一些特殊形式的五次代数方程有代数解。五次代数方程可以有其他函数如椭圆函数表示的解。

著名女数学家诺德的博士论文名为"Über die Bildung des Formensystems der ternären biquadratischen Form"，这里含有数字 ter-3，bi-2，quadra-4（平方），biquadratic equation 是平方项作为变量的二次型代数方程，形如 $z^4 + a_2 z^2 + a_0 = 0$。这篇论文似应是谈论三元二重平方形式的形式系统之构造。

九、月份与星期中的数字与非数字

一年十二个月和每周七日，是我们使用数字表达的场合。然而，因为文化差异，西方的表述和我们的大不相同。关于月份，中国实行两套历法，中国人提起阳历的月份就是从 1 数到 12，容易掌握。农历的一月到十二月历史上会留下

图 9 Janus 的形象

一些别称,如把一月称为正月和元月(阳历的一月也称元月),二月称为仲春,三月称为暮春等,这些别称基本上也只是一些文艺人士还在使用。西方(英德法意等语种中)的十二月份名称来源众多,比较复杂。兹以英文为例说明,一月是January,来自希腊神Janus,这老兄是双面人(图 9),同时看前和后,也即过去和未来,故用来命名新旧年交接的第一个月。二月是February,来自拉丁语的februum,赎罪,古罗马的赎罪节在这月里。三月是March,与战神(火星)Mars 有关。四月是April,来自 aprilis,apero,有 latter,second 的意思,因为罗马历新年从 March 开始,故 April 的本义是第二月。五月是May,来自希腊女神 Maia。六月是 June,来自希腊女神 Juno,此女是天神朱庇特(Jupiter,木星)的姐妹和妻子。七月是July,来自罗马皇帝Julius Caesar。八月是 August,来自罗马皇帝 Augustus Caesar。九月(September)、十月(October)、十一月(November)和十二月(December)的词头依次是 7(septem-)、8(octo-)、9(novem-)和 10(decem-),因为它们本就是古罗马历的七、八、九、十月。因为两位皇帝的名字把七、八月给占了,这才造成了这个历史遗留问题,给中国人学西文带来了一些困惑。十二月份的名称,意大利语分别为 Gennaio,Febbraio,Marzo,Aprile,Maggio,Giugno,Luglio,Agosto,Settembre,Ottobre,Novèmbre Dicembre;德语分别为 Januar,Februar,März,April,Mai,Juni,Juli,August,September,Oktober,November,Dezember;法语分别为 Janvier,Février,Mars,Avril,Mai,Juin,Juillet,Aoûg,Septembre,Octobre,Novembre,Décembre。可见是大同小异。一句话,西语的十二个月,只有后四个月是直观的数字,而且还错位了。

至于一周的七日,中文是用星期一至六加上星期日对付的,因为这不是我们文化里有的东西。西方一周的第一日是 Sunday,dies solis,day of the sun,星期日(意思是星期中用太阳表示的那天)。第二日,即中文的星期一,是 Monday,Lunae dies,day of the moon,星期月。星期二是 Tuesday,Martis dies,字面来自北欧的神 Tyr,是星期火。星期三是 Wednesday,dies Mercurii,字面来自盎格鲁－撒克逊的神 Woden,是星期水。星期四是 Thursday,Jovis dies,字面来自北欧的神 Thunres,是星期木。星期五是 Friday,Veneris dies,字面来自女神 Frigg,是星期金。星期六是 Saturday,Saturni dies,dies sabbati

(安息日),字面来自希腊神 Saturn,是星期土。德语星期七日的说法分别是 Sonntag,Montag,Dienstag,Mittwoch(周中),Donnerstag,Freitag,Samstag,其中除星期三以外六个与英文严格对应。法语的说法分别是 dimanche,lundi,mardi,mercredi,jeudi,vendredi,samedi。比较来看,拉丁语的说法才真是"星"期,一星期七日是 dies solis,dies lunae,dies martis,dies mercurii,dies jovis,dies veneris,dies saturni,对应中文的日、月、火、水、木、金、土各星。我们若是在英文文章中谈论星期几是该星期的第几日时,要注意中文与西文的不一致。

十、具有特殊意义的数字

有些数是有特殊意义的。比如 Platonic solids(正多面体),就只有 tetrahedron(4 面),cube,octahedron(8 面),dodecahedron(12 面),icosahedron(20 面)五种。Icosa-,20,来自希腊语的 είκοσι(eicosi)。Cube,立方体,是按照形状来描述数的残留痕迹。若按照其他几个正多面体的构词方式,它应该是 hexadron(6 面)。柏拉图在《蒂迈欧》一书中猜测元素(风、火、水、土和天上的 quintessence,第五种存在)的形状就是这样的,开普勒用它们构造宇宙的模型。当电镜使得观察微晶粒成为可能时,人们发现这些正多面体确实是完美晶粒的外形。正多面体着落到 4,6,8,12,20 上是拓扑的要求。正多面体允许边数最多的小面是五边形,由五边形构成的正十二面体,人类在四千年前就制作出来了(图 10)。不过,为什么要用石头制作正多(曲)面体,十分费解。

图 10　在苏格兰出土的人类四千多年前用石头制作的正多面体

三体问题(three-body problem),logistic equation 的周期三(period 3)解的出现,都意味着混沌。

对平面图的任意分割形式，四种颜色就足以让接壤的（adjacent）两块区域总有不同的颜色。这就是著名的四色定理。此定理于1852年被提出，于1976年被证明，但是其证明方法仍然受质疑。

晶体允许 $n=1,2,3,4,6$ 次转动轴的存在，5次转动轴因为和平移对称性冲突，故不被允许。但是，5 和黄金分割数（golden ratio）相关联，黄金分割数 $\varphi=0.5\times 5^{0.5}-0.5$。在准晶情形（即傅里叶变换依然是格点分布的空间格点分布），允许的转动轴为 $n=1,2,3,4,6,5,10,8,12$ 次。八次准晶和白银分割数（silver ratio）$\lambda=\sqrt{2}-1$ 有关，十二次准晶和白金分割数（platinum ratio）$\mu=2-\sqrt{3}$ 有关[7]。

六角密堆积（hexagonal close packing）是大自然最炫酷的图案。Alex Thue 关于六角密堆积是最有效堆积方式的证明，笔者认为其乃是最天才的、最简洁明了又有深刻影响的几何证明，不输于牛顿的关于椭圆是受平方反比律引力之行星的可能轨道的平面几何证明。

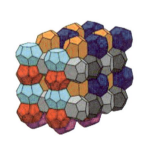

图11 截角八面体作为单胞的三维空间铺排方式

在三维情形下，晶体有 7 种晶系，14 种 Bravais 格子，对应的点群共有 32 种，空间群共有 230 种。7 种晶系分别是 triclinic（三斜）、monoclinic（单斜）、orthorhombic（正交）、tetragonal（四方、四角）、trigonal（三角）、hexagonal（六角）、cubic（立方）。而使用凸多面体单胞填满三维空间所得到的 convex uniform honeycomb（凸一致蜂窝）结构共有 28 种。开尔文猜想提及的 truncated octahedron（截角八面体）是凸多面体单胞之一，见图11。

特殊单李群（exceptional simple Lie group）的维度只能是 14，52，78，133，248 五种可能。

矢量叉乘（cross product）只存在于三维空间。如果不要求结果唯一，也可以存在于七维空间。习惯用矢量叉乘理解电动力学的朋友当心了。

数系包括实数 R，一元的（unarion）；复数 C，是二元数（binarion）；四元数是 quaternion，交换律已经放弃了；八元数是 octanion，结合律放弃了；十六元数是 sedenion，连 norm multicativeness 都放弃了。换个说法，十六元数是把 alternativeness 都放弃了，即其乘法连 $x(xy)=(xx)y,(yx)x=y(xx)$ 这样的条件都不能满足了。是算法决定了多元数所能拥有的单元的数目。哈密顿是在将复数扩展至三元数以描述电磁学发现此路不通的情况下，发展了四元数的概念的。

神奇的 137：$1/137 = 0.0072992700729927007299270\cdots$，其循环长度为 8。注意，0729927O 是镜面对称的。在物理上，精细结构常数约等于 1/137。据说这个 1/137 赤裸裸地出现在各种场合。

以上列举的是物理上会遇到的部分特殊的数。数，及其相连的结构与法则（理），都是真实的存在（的反映）。

十一、关于数的零星内容

西文文献中或明或暗的数字很多，一般阅读文献时都会遇到一些。这些内容太零散，这里集中罗列一些，没有任何章法。

a) 质数与质子。质数与质子，大概跟中文的"质"字只有半毛钱的关系。质数（素数），英文为 prime（第一）number，估计意思是论重要性排第一位的数。质子，proton，字面意思是第一个家伙。作为气体分子、原子离化后得到的所谓阳极射线（应该是一次离化的，singly ionized），荷质比排第一的家伙就是 $^1H^+$，近似是一个裸核。Prime 作第一解的词汇很多，prime minister（首席部长），prima classe（第一流），以及在欧洲引起平民起义的初夜（noce prima）权之争，等等。符号上加的一撇被称为 prime，作强调用。变量 x primed 是 x'，doubly primed 是 x''。原子碰撞，在路上碰到的第一个原子是 primary knock-on atom，第二个是 secondary knock-on atom，第三个是 tertiary knock-on atom。

b) 在许多场合，英语表述会保留拉丁语或者希腊语转写的数字，如"first blood, double kill, triple kill, quadra kill, penta kill, aced"，这里的 first, double, triple, quadra, penta 表达的是一次连续击杀数，对应数字 1, 2, 3, 4, 5。

c) 二维（two-dimensional）笛卡尔坐标系的轴把平面分成四（four）个无穷

大的部分，称为 quadrants（字面是 4），每一个 quadrant 由两个半轴（two half-axes）限定，它们一般会被按照第一到第四（from 1st to 4th）用罗马数字 Ⅰ，Ⅱ，Ⅲ，Ⅳ 表示。Quadrant 汉译象限，估计译者当时想到了两仪生四象。相应地，在三维情形，空间被分成了八个部分（eight regions）或者 octants（字面是 8），那就该翻译成卦限了，因为四象生八卦。三坐标皆为正的 octant 称为第一卦限（first octant），其他的没有专门的名称。扩展到任意 n 维空间，quadrant 和 octant 对应的词叫 orthant（应是来自"正交"一词）。天文观测和航海用的六分仪，sextant，是复杂的量角器，因张开的扇面为圆的 1/6 而得名。也有 quadrant (1/4)，quintant (1/5)，octant(1/8) 等不同制式。

d) 古印度学者 Kanada（亦作 Kananda，atom eater）就已经提出，同一类物质的原子 Atoms（anu）可以结合成两原子（dvyanuka，diatomic molecules）和三原子（tryanuka，triatomic molecules）。这里的 dvy- 和 try-，就是 2 和 3。

e) Diode，di-hodos，是二极管。Triode，tri-hodos，是三极管。任何两路（三路）的器件都可以是 diode（triode）。半导体的 transistor，是 transresistance（超越阻碍）的缩写，汉译三极管，是从其有三条腿的形象来的。Transistor 通常有至少三根接线（at least three terminals）。Hodos 是 way 的意思，见于 method，meta-hodos，the way of doing anything。Anode，是上游（路），汉译阳极，cathode 是下游（路），汉译阴极。

f)《爱丽丝漫游奇境记》中有一段用拉丁语阴性形式的 Prima（第一）、Secunda（第二）和 Tertia（第三）为奇境中的三个人物命名，照录如下：

    Imperious Prima flashes forth
    Her edict "to begin it."
    In gentler tones Secunda hopes
    "There will be nonsense in it!"
    While Tertia interrupts the tale

这里的一、二、三是序数词，与等级有关。相应地，在谈论教育时，primary eduction，一级的，是初等教育；secondary education，二级的，是中等教育；高等教育不是 high education，而是 tertiary education，第三级教育。Secondary source，tertiary source，指第二、三手资料。

g) 氢元素的三个同位素被命名为 protium（第一者），deuterium（第二者），tritium（第三者），汉语分别译为氕、氘、氚，暗含一、二、三之意且取洋文第一音节来规定这三个字的发音。这三种原子的离子（严格来说，只是个原子核）分别被称为 proton，deuteron 和 triton。

h）积分求曲线弧长（arc length of curve），需要进行 rectification of a curve。求截面的面积（area of a planar section），用到的是 quadrature，求体积（volume of a solid），用到的是 cubature。

i）原子失去电子，即为电离了。根据失去电子的个数，可以是 singly, doubly, triply, quadruply, quintuply, sextuply, septuply, octuply, nonuply, decuply……, n-tuply ionized atoms。另有 trebly 的说法，与 triply 意思同。

j）物理学家乔治·茨威格（George Zweig）认为重子是由三重（trey, triplet）Ace 组成的，而介子是由 Ace 和 Anti-ace 的二重体（deuces, doublets）组成的。Ace，就是如今的流行语夸克。

k）英文一次、两次、三次的说法为 once, twice, thrice；四次是 frice，少见。

数字加 some 作词尾很有意思，twosome, threesome, foursome，名词，几人组的意思。Dan Brown 的小说 *Lost Symbol* 有一句："The threesome arrived at a reading desk.（那三人来到一张阅读台旁。）"

l）音乐领域有 solo, duo (duet), trio, quartet, quintet, sextet (hexad), septet, octet 的说法，分别是独奏、二重奏至八重奏。**一个地方如果其主导哲学是滥竽充数，就会鼓励各种花哨的合作而逼死独奏者**。两行体的诗是 couplet，三行体的诗是 tercet（terza rima，意大利的三行体），四行体的诗是 quatrain。

m）半。英语的半，除了采用来自德语 halb 的 half 以外，还有来自希腊语和拉丁语的前缀 semi-，hemi-，demi-。有 demisemi-的用法。此前专门谈论过，此处略[8]。Semi-major axis, semi-minor axis, 是指椭圆（行星轨道）的半长轴和半短轴。

另有个拉丁语词前缀，sesqui = semis（half）+ que, 意思是一倍半，一个半,如 sesquicentennial,那是 150 周年;sesquipedlian 是一只半脚那么长。Sesquioxide 是三氧化二某物,如 gallium sesquioxide,也就是 Ga_2O_3,digallium trioxide。在数学上,sesquilinear form 是 bilinear form(双线性)的推广,复矢量空间 V 上的映射 $\varphi:V\times V\to C$ 是 sesquilinear 的,如果满足 $\varphi(ax,by)=\bar{a}b\varphi(x,y)$,$\varphi(x+y,z+w)=\varphi(x,z)+\varphi(y,z)+\varphi(x,w)+\varphi(y,w)$,其中 a,b,x,y,z,w 都是复数。

n) Ian Stewart 曾叙述了这样的一个故事:有个国家,叫 Duplicatia,货币为 Pfunnig(仿德国的 Pfennig);两个 Pfunnig 兑换一美元;有个国家,叫 Triplicatia,货币为 Boodle;三个 Boodle 兑换一美元;有个国家,叫 Quintuplicatia,顾名思义,当然是五个当地货币兑换一美元。所有这些商业换算行为(类比对称性操作)并行不悖,但只在相应的国家才是可行的。Stewart 用这个例子来解释规范对称性(gauge symmetry),或曰局域对称性[9]。

o) 人体的肌肉有 bicept,tricept,quadricept,分别是二头肌、三头肌、四头肌。

p) 处方用拉丁语,有 bis in die(b.i.d.),ter in die(t.i.d.),quater in die(q.i.d.),依次是一天二、三、四次。Quaque die,each day,每一天(一次);quaque altera die,每隔一天(一次)。Semel in die,一天(一次)。Semel,once,semel pro semper,意思是 once for all。

0) Nil-,nihil-,nul-,零。Nil desperandum,天下没有值得后悔的事儿。Nihility,一切皆空。Zero totality,零是全部,颇有老子的"无中生有"的气魄,这是物理学之形而上学的基本思想。量子力学、量子场论一直在用算符讨论 creation and annihilation(产生与湮灭)的问题。

1) 英语的 one 和希腊语的 ενα(ena)、拉丁语的 unus、德语的 eins 都有点关系。至于不定冠词 an(a)、希腊语的 ενα(ena)、法语的 un(阴性形式 une),联系也比较明显。One 的副词形式是 only。牛顿把他的拉丁语名字 Isaacus Neuutonus 中的字母重新排列(anagram)写为 Jeova Santus Unus,即 Jehova,the only God,这里的 unus 是一、唯一。

Un-,uni-作词头在许多字里都是 1 的意思,见于 uniaxial(单轴的),unifoliate(单叶的),uniform(单一形式,一致的),unicorn(独角兽),等等。

Unique＝one and only，独特的。Unanimous，unus＋animus（一个大脑），意见完全一致的。Unison＝unus＋sonus，一个声音，见于短语 in unison（齐唱，步调一致）。Universe，unus＋versus，to turn，the totality of all things that exist，囊括一切，是谓宇宙。University 是 universe 的衍生词，抽象名词，意思是 the whole，西方的一种教育机构。University，汉译大学。

Unit，汉译单元，元就是一，作为整体的一，所谓"抱元守一"。Union，一体，unite，结合成一体。Unity，成一个整体的样儿，见于 national unity（国家的统一）、economy unity（经济一体化）。一个有单位元素(unit)的赋范代数是 unital，而 the unit element in a Banach algebra is unique（Banach 代数的单位元是唯一的）。用 unitary 修饰的科学概念随处可见，汉译一般是幺正、酉正甚至就是一个酉字。我偏爱幺正的译法，因为骰子的一点是幺，麻将的一条是幺鸡。如果一个变换，若保持矢量的内积不变，它就是 unitary 的，或者说，一个 unitary transformation 是两个希尔伯特空间的 isomorphism（同构），即 $\langle x, y \rangle_{H_1} = \langle Ux, Uy \rangle_{H_2}$。一个复数域上的方阵被称为 unitary matrix，如果其转置共轭也是它的逆，即 $U^+U = UU^+ = I$。Unitary matrices 构成的群是 unitary group。矩阵值都是＋1 的 $n \times n$ 幺正矩阵构成的群，则是 special unitary group，简记为 SU(n)。粒子物理标准模型是 SU(3)⊗SU(2)⊗SU(1) 理论。

Monad 源自希腊语的 μοναδως，μόνος，单元的，一体的，作前缀形式为 mono-。

Monad，a unit；something simple and indivisible[10]。在莱布尼茨那里，连续性原理排除了原子的存在，物质是无限可分的，但最终每一个物体有一个非物质的、点状的源头(origin)，即 monad。Monad 是一切活动的中心[11]。圆加上圆心的一点是 monad 的形象。氢原子，the elementary element，就是这么个形象。数学上有 monadic operator（单变量算符），化学上有 monad radical（单价根）。Mono-修饰的概念，一般译成单，如 monomer（单体），monochromatic light（单色光），monotonous function（单调函数），等等。

2）表示二的英文词或前缀实在太多，此前谈非常二的物理学介绍了一些[12]。Two 是大家熟悉的英文词，它的变体还出现在 Mark Twain（标尺 2，船员用语。被美国作家 Samuel Langhorne Clemens 用作笔名）、between（两者之间)、entwine/twine/twist(两者缠绕,拧)、twilight zone (twi+light,晨昏时的光,在日夜两者之间。德语为 zwielicht,都藏着 2)等词汇中。著名的作家、物理学家中都有 Zweig,汉语音译茨威格,德语本义是树枝、树杈,字面是 2。二意味着分歧,一些带 twain 的短语很有意思,如 for such twain to agree (难)、never the twain will meet (水火不相容)。

Bis-,bin-,bi-是拉丁语的 2,以其作前缀的词汇众多,如 bilinear map (双线性映射)、biconvex lenses (双凸透镜)、binary star (双星)、binate leaves (双子叶)、bistort (bis-tortus,双重拧巴),等等。出现在 combine (合二为一)里的 bi-,已不太容易辨认了。化学上 bivalent 也作 divalent,二价的。

Deuce 是骰子的两点。作为赛点的引申义是因为此后要连得两分才算赢。前缀 deutero-(2)见于 deuteragonist (二号角色)、deuterocanon (二号典籍,副典)。

Di-作为 2,见于 dimer (二聚体)、dipole (偶极)、dihedral angle (二面角)。Didymium,钕镨混合物,字面上 didymos = twin,其形容词为 didymous,growing in pair (双生的)。注意,diatomic = di + atomic,如 diatomic molecule (双原子分子),而 diatom = dia + tom,硅藻属。Dilemma,意思是两可境界,两难境界。有专门描述在诺贝尔奖评选和操作过程中种种不要 face 行为的小说,名叫 Cantor's dilemma。

Dozen,twelve,douze(法语),dodeca-,字面上都是 2+10。

Duel,决斗,两个人的事。Duality,对偶性,据说:"The number two appears to always have carried with it the idea of duality (数 2 总是带着 duality 的思想),of opposites and mutual antithesis (相反和互为对立面),as we've seen with the Pythagoreans."[13] 对偶性是物理学的关键思想之一,此前已有论述[12]。Duplex,意思是有两部分的;duplicate,一而二,复制。

Dyad,二分体,愚以为可译为二并体。Dyad provides an alternative way to the description of second rank tensors (Dyad 提供了关于二阶张量的两类描述),$D(A, B) = AB$ 是 dyad,A 和 B 是两个矢量。Dyad 有点乘算法,$A \cdot BC = (A \cdot B)C$,$AB \cdot C = A(B \cdot C)$,$AB \cdot CD = (B \cdot C)AD$,$AB : CD =$

$(A·D)(B·C)$,$(AB):(CD) = (A·C)(B·D)$。还有 dyiatic 的说法，$\sum_\lambda \xi_\mu(k,\lambda)\xi_\nu(k,-\lambda)$ 是垂直于 k 方向（k 是波矢）的 dyiatic[14]。Diad 是心肌细胞的一种结构。

Second 可作动词用，赞成、附议的意思。To second is to die，武无第二，当第二死路一条。

有胡克提出引力平方反比律的说法。1679 年，他在写给牛顿的信中，提出了引力大小与距离的平方成反比这个概念，但是说得比较模糊，并未加之量化（原文是：… my supposition is that the Attraction always is in a duplicate proportion to the distance from the center reciprocal）。现在的通行说法是 inversely proportional to the squared distance。

Bikini 是太平洋上的小岛，1946 年在那里爆炸了原子弹，因此一款女士泳衣，其视觉效果具有原子弹爆炸般的威力，被设计者命名为 bikini。又因为该款是 two-piece suit，两件套，这里的 bi- 就被误当作 2 理解了，由此有了衍生设计和衍生词汇，monokini, unikini（这应该是一件套的）；trikini（这应该是三件套的）；tankini, microkini，等等，不知如何汉译。注意，micro-，macro- 常常被汉译为微观和宏观，会带来很多误解，它们就是普通词汇小和大。

提及同样类型的两个事物可以用的词汇包括 couplet，distich，duad，duet，duo，dyad，twain，twosome，brace，pair，span，yoke，couple，等等。

3) 三足够少又算多，表示数字三的字很多。Three (third)，ter-，terzo-，tri-，terce (tierce)，都表示三或第三。Sesterce = semis tertius，意思是 two and a half，两个半。Tiercel (tercel)，一窝雏鸟里的三儿；ternate，三出的（植物）；trefoil，三叶的，如 trefoil knot（图 12）；tertial，第三列的，三趾；ternary operaton，三参数操作；tertiary，第三等的，第三期的；ternion，triad，tryad，trine，也作形容词，threefold，三个一体或一组的，等等。古典哲学里的 triadic pattern 包括概念（Begriff）、判断（Urteil）和结论（Schluss）。Tervalent，也作 trivalent，三价的。Throuple (3) 是 couple (2) 的对应词汇。Triviality(平庸)，

图 12　Trefoil knot，三叶形纽结

trivial solution（平庸解），字面意思是三岔路口，所以是 commonplace。

Tri-还被凑出了一个抽象词 triality，three generations of fermions related by triality（三代费米子由 triality 联系起来）。

Troika 是三驾马车。大文豪席勒的 trigamy, trinogamy（三人婚，齐人之福），用法语说是 une ménage à trois（3）。三人组的一个说法是 trio。西方神话里有许多 trio of women，女神三人组，如名画《帕里斯的评判》中的谁都不好得罪的女神三人组是天后 Hera、智慧女神 Athena 和爱神 Aphrodite。剑桥大学有数学 tripos, tripodat。Tripod，三条腿。被称为 tripodat 的老兄要坐在三条腿的凳子上和申请学位者激辩。

量子理论中关于测量的基本性（elementary of measurement）宣称必须有不可或缺的 triad：发射体－信号－吸收体。康德哲学的 triad 是存在、原因和互反性（Kant's triad of substance, cause, and reciprocity）。

4）前面提到，因为用四角、四边来描述正方形（square），所以 quadrature 是二次型，quadratic equation 是一元二次方程，一元四次方程是 quartic equation。一个方阵（square matrix）中的数排成 quadratic array（方阵列）。A quart, quarter 是 1/4，一元钱的 quart 就是 25 分，一小时的 quarter 就是 15 分钟。Quartan，四天一次的；quarterly 是一年四次的，表示刊物时，比如 Fibonacci quarterly，那就是季刊。Quattrocento，四百，在意大利指公元十五世纪；意大利人还用 trecentro，三百，指公元十四世纪。

Quaternity 是个专有名词。能代表规则图形中的单元数目的数字是 figurate numbers，比如三角数，正方数（平方数）。把 1，2，3，4 个小石子（圆点）排成四行，可构成一个边为 4 个单元的等边三角形，这四个数之和是 10，故 10 是三角数。等边三角形，和又为 10，这就带上了一些神秘色彩。毕达哥拉斯学派为此专门造了一个字 τετρακτύs（tetrad or tetractys），字面意思是 4，指 1，2，3，4 这个集合以及这个边为 4 个单元的三角形。可能因为还有四元素说吧，Pythagorean quaternity（4）which for him was a symbol for the unity（1）of the world，这个 quaternity 竟然被看成是世界一统的符号。

Tetra-,包括 tera-,tra-,tetratto-,是来自希腊语的四。Terahertz 的光,是频率为10^{12}(=1000^4)Hz 的光。Tevtron,tera-eV-tron,是把粒子能量加速到10^{12}(=1000^4)eV 的质子－反质子对撞机。Tetra-常见于诸如 tetragonal(四角形),tetrapod(四足动物),tetralogy(四幕剧)中。Trapezium,trapeza,four-footed bench,意思是不规则四边形,梯形。Trapezius,后背上的斜方肌。这里的 tra-,是 tetra-的缩写。Tetarto-,见于 tetartohedral,就是 tetrahedral,四面的。Tctra-后面接元音开头的词,会省略,如 tetroxide,四氧化物。Teflon,聚四氟乙烯,是 polytetrafluorethylene＋on 的缩略语。

历史上德语是物理学的工作语言,一些重要的词就原封不动地进入了英语文献。一个重要的概念是 Vierbein theory(四条腿理论),又叫 tetrad theory。Tetrad 表示会选取一组局域定义的四个线性不相关的矢量,这称为 tetrad。仿照四维情形,有 zweibein(两条腿),triad(3),pentad/fünf(5),elfbein(十一条腿)的表示,可笼统地称为 Vielbein(许多条腿)表示。此套语汇中德语与拉丁语齐飞。1929 年,外尔将 Vierbein 的概念引入广义相对论[15]。把狄拉克 spinor 引入引力理论就要求使用引力的 tetrad formalism,这种表示让引力的规范结构明晰。

5)Finger,手指,来自 Penkwe-,就是数字五,汉语也有手是五指山的说法(这事儿孙悟空比较清楚)。Quin-,quinque-是拉丁语的 5。骰子和扑克牌的 5 点,花样是正方形四个顶角和中心各一个点,这称为 quincunx pattern。Quinary,五个的;quintan,五天一次的;quinquefoliolate,五叶的;quinquevalent,五价的。Quintessence = quint + essence,汉译精华、典范、精髓,字面上是第五存在,指水、火、土、风四元素之外的构成天上世界的元素。Quintupule 可缩写为 quint。

Penta-是希腊语的 5。Pentathlon,是五项全能,pentastich 是五行诗。

6)Hexa-,sex-是 6。Hexakosioihexekontahexaphobia,666 恐惧症,是对数字 666 的恐惧,英语写成 sixsixsixaphobia[16]。The Hexaemeron,6 天,谈论的是创世的 6 天。Hexapod,六足昆虫。Semester,汉译一学期,不确。Semester = sex menstris,是 6 个月。有人翻译每学年三学期制,谓 three semesters，那一年得 18 个月。Sestet，就是 sextet，sextette。Senary，六个一组的。Sextus，Sexta 是拉丁语人名，就是分别给男孩、女孩用的老六、小六子。Sextus Propertius，来自拉丁语的名字诶，字面上就是"咱家的小六子"。

7) Hepta-，septa-，septi-是 7。Heptad 是七个（人）组，heptarchy 七人寡头，heptastich 是七行诗。Saptarishi，古印度的七圣人。Septenary，七个一组的；septilateral，七边（方）的。Septentrional，英汉字典会解释为北方的，但它的字面是 seven + trio，七头耕牛，指大熊座的 big dipper asterism（大勺子星群）所含的七星，就是我们中文的北斗七星。缩写 Sep 经常和 Mer（meridional）、Ori（oriental）和 Occ（occidental）一起代表北、南（字面是中）、东、西四方。另有 australis（南）、meridionalis（中）、borealis（北，字面是熊）的表述，Terra Australis，南方的土地，即 Australia。

Seven liberal arts 是西方人文学科的七艺，其下三部（trivium，字面是三途）分别为语法、逻辑和修辞，上四部（quadrivium，字面是四途）分别为算术、几何、音乐和天文。柏拉图在他的《理想国》（*Republic*）中讲述了他学园里开的这七门课。这七艺是修习哲学（liberal art par excellence）和神学的基础。中国周代有设六艺之说，包括礼、乐、射、驭、书、数。

8) Octo-，octa-是 8。Cuboctahedron 有 cubo-（立方，六面，正方形的）加上 octa-hedron（八面，三角形的）共 14 面，是阿基米德多面体的一种。它的 dual 是 rhomic dodecahedron，有规则的 12（do + deca）个菱面。Octopod 是八足动物，而 octopus 是八爪鱼。

Octet，八位字节，八重奏。化学中有所谓的 octec rule，即主族元素的原子结合成的状态总是使得每个原子有 8 个价电子，其中共享电子重复计数。这其中的原因是主量子数为 2 的原子，其闭壳层构型为 $2s^2\,2p^6$。这不是什么严格的定律，遇到 NO 这样的分子，就要当作例外处理。

佛家的八正道为正见、正思维、正语、正业、正命、正精进、正念、正定。没想到，熟知佛家经典的物理学家 Murray Gell-Mann 把它引入了粒子物理，称为 eightfold way，eight-way。这个理论把介子和自旋 1/2 的重子纳入 octet（八重态），把自旋 3/2 的重子纳入一个 decuplet（十重态）（图 13）。十重态的排法让人联想起毕达哥拉斯的 τετρακτύς（quaternity）。

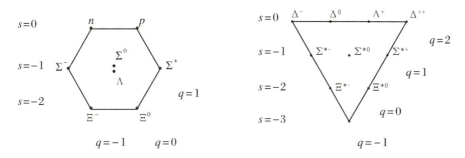

图 13　自旋 1/2 重子的八重态和自旋 3/2 重子的十重态

9) Nono-，nano- 是 9。Nonagon 是九边形，nonet 是九重奏。Nano-，指 10^{-9}。Nanosecond 是纳秒，nanometer 是纳米。纳米技术涉及的物质典型尺度是 nanometer。如果要给纳米技术指定唯一的带科学味的关键词，愚以为应该是 quantum confinement（量子限域）。

10) Deca-，deci- 是 10。Decade，decennary，十年。Boccaccio 1353 年著有小说 *Decameron*，意大利文字面是十日，汉译《十日谈》。英译本是把原书名保留着的，不敢译成 ten day gossip。Decalogue 是十诫。

Five-fold symmetry（五次对称性）是晶体学所不允许的。1982 年 4 月 8 日，Dan Schechtman 在合金样品的电子衍射花样中见到了十重对称的斑点，颤抖着手在实验记录上写下了"(10 fold???)"的字样。这个不同寻常的花样开启了准晶的研究，让他收获了 2011 年度的诺贝尔化学奖。

100) Hecto-，cento- 是百。Hectare，hector + are，10000 平方米，汉译公顷。此外就是 hectogram，hectometer 等。Century，世纪，一百年；centenary，百年。西班牙语名著《百年孤独》(*Cien años de solidad*)，译成意大利文是 *Cent'anni di solitudine*。Cien，cent，就是一百。

1000) Mille，kilo-，千。Millenary，千（年）的。Millennium，千年，千禧年，千年纪念。Millipede，millepede，千足虫，马陆，北京周边山里就有很多。Kilo- 是常用的前缀，见于物理单位如 kg，kcal，km 等。Kilo 是希腊语 χίλιοι 的转写。英文的 thousand，sand，thus-hundi，比百多、好几百的意思。

许多）Multi-，mani-，-ply 是多。Multiple，multifold，多重的。Multifold，对应的德语是 mehrfach 或者 multifach，还可以是 mannifaltig。数学家黎曼引入了 mannigfaltigkeit（多重，多叠）此一微分几何概念，英译为 manifoldness，后来干脆就是 manifold。这个重要的概念在汉语中变成了流形。流形上的微分几何是广义相对论的基础。作为简单的数学概念，multiple 是倍数，multiplication 是乘法。太大了的数，英语表述为 beyond number，without number，即无数。

无穷）。Infinity，字面就是无穷无尽。拉丁语和法语的 fin，就是结尾、结束。Final 就是最后的、最终的，infinite 就是无穷无尽的。Affine，ad + finis，来到边界上的意思。Affine geometry，一种强调连接的几何，是从欧克里德（笔者决定从此放弃欧几里得的说法）几何到微分几何到广义相对论的应有之义。可惜，这个词被随意音译为仿射几何，完全不知所云。Ad infinitum，直至无穷大。许多数学对象都意味着无穷大，比如整数、奇数、偶数、实数、无理数等的个数。德国数学家 Georg Cantor（1845—1918）研究了 infinity of infinities。他的 transfinite numbers 的理论让自己也精神崩溃了。

无穷大的符号是个躺倒的 8 字，据信西方人采用的是 Ouroboros（衔尾蛇）的形象（图 14）。我倒觉得，阴阳鱼的形象与其接近。0 生 1，无中生有；1 生 2，两个个体之间的 interaction 是本源。2 生万物。3，就是多。包含 3 以至无穷个个体的物理体系，描述其行为只用 interaction，pair potential，2 足矣。

图 14　代表无穷大的衔尾蛇、数学上的无穷大符号和太极图

十二、结束语

数学是自然科学的基石，自然科学各学科都有数字表达的需求。计数是人类最早的文化活动，数字表达有很多已经融入了日常语言表达，变成隐性的。

阅读英文科学文献，到处可见数字，如"The only（1）way to make a nonzero（0）universe（1）out of these for each（1）to be unique（1）…"，短短的一句英文，数字1就以不同面目出现了四次。由于历史演化的原因，英文的数字表达源出多头，纷乱杂芜，不过也还算有章法可循。数字是文化和科学的元素，书写数字应顾及其功能与尊严，不可率性而为。欲以英文撰写论文者，多点谨慎、少点自作主张，应能避免一半的错误。论及数字的表述，汉语文似乎遭遇了更大的麻烦。近些年来，汉语文中充斥着"10 余年来的发展"，"6、70 年代的人们"，"他们 2 个之间的感情"等不忍卒读的句子，实在不敢恭维。

物理学是一条思想的河流。是一位物理学家看出了语言演化的源流，实属必然。看得出自梵语到英语的演化路径，托马斯·杨除了要有物理学家的深刻洞见，还要有了解类似茄汁逐步变成 catch up 这种奇异过程的背景知识。

关于数字，历史上就有将之无限拔高的倾向。万物皆数已是具有两千多年历史的口号。这个口号的物理 duplicate 是这样的一种思潮，即 numbers as the ultimate reality。一切自然现象固然都有数的关系，允许从数的角度的描述，但将数认定为最终的物理实在，涉嫌故弄玄虚，弄假成真就不好了。然而还就有把 numbers 当成 reality 的，试图通过摆弄 numerology 来获得物理的真谛。一个明显的例子是所谓的普朗克单位（Planck units）。把光速、引力常数、普朗克常数、库仑常数和玻尔兹曼常数作乘除开方运算拼凑出一个时间、长度、质量、电荷、温度量纲的数，就以为这是具有神性光芒的特征量值，并以此为基点去构造物理学。我很怀疑这里是不是犯了本末倒置的小错。对哈密顿这种业余是大语言学家的数学家、物理学家和天文学家来说，数是个严肃的东西，"Therefore, Hamilton resists the temptation to introduce the ordinal and cardinal integers until he has developed the operations on time steps（因此，哈密顿拒绝在发展出基于时间间隔之上的运算之前引入序数、基数的诱惑）"[17]。这些数应该和它们之间允许存在的运算一起处理。看到这里，你就明白为什么是哈密顿引入了四元数的概念以及代数律（结合律、交换律、分配律）的了。数的结构与运算，及其所关联的物理过程，才是数的价值所在。

再啰唆几句数字结构及语言表达的影响问题。汉语的数字，一来是单音节字，二来太科学了，采用十进制且严格按照数字自身的顺序，因此就只需要记住 0~10，百、千、万、亿这几个字符就行，特别方便学习。说中文的小孩子很容易学会数数和九九乘法表。与之相对,法语和德语的数数问题就困难多了。首先得记住很多长短不一的字词。德语的两位数的读法是先读个位数,用 und(和)连接,词就特别长。3625,用中文念是三千六百二十五,7 个字节从左到右一气呵成。用德语,那是 drei Tausand sechs Hundert fünf und zwanzig,约 18 个字节。法语更绝,1～100 的数字就有十进制、二十进制和六十进制的痕迹,要念出 73×84 = 6132 能把学法语的外国人逼疯了。然而,然而,这世界上数学的绝大部分是法国、德国人创造的!为什么啊?我瞎猜,也许一个原因就是入门太难,所以数学对法国人、德国人来说是件严肃的、要认真思考的事儿。一个两三岁的小孩儿,轻松地学会了 1～100 的数数、加法以及九九乘法表,这轻而易举的入门,会不会不经意间带来轻飘飘,日后自然也不会认识到这里的难度?入门容易的东西,会给人造成不过尔尔的坏印象,让入门者的脚步太过轻浮,遂断了进入更高层面所应有的敬畏感。时至今日,吾国还有许多大学者误以为自己学会了加法呢!加法和乘法有交换律,$1+2=2+1$,$2×3=3×2$,三岁孩子都懂的,但为什么却是数学上的 commutative law? Commutation, noncommutativity,它们在物理学上意味着什么?笔者曾不停地念叨过:"对于任何一个数学和物理概念,都有太多我不知道、知道了也学不懂的内容。我说的任何一个是指每一个,with anyone I mean everyone。"

从前失却敬畏心,可能是我辈终不能入学问高境界的诅咒,信夫?

(2003 年 9 月 7 日动笔,2018 年 4 月 27 初稿。)

补 缀

1. 我佛释迦牟尼曾问:"汝知数不?"(《地藏经》)
2. Dr. Googol 是 *Adventures in Mathematics,Mind and Meaning* 一书中的虚拟主角。
3. 自打有了 *Thousand-and-one Nights*(《一千零一夜》),thousand-and-one 就成了大数。
4. Dime,来自 decima,1/10 的意思。一元的十分之一就是一毛钱,所以 dime 指一毛的硬币。A dime a douzen,意思是又多又便宜。
5. 数字显然是 semiology(符号学)的一部分。

6. 设 $L:V\to W$ 是线性变换,所有在变换下像为零的 V 空间中矢量 v 的集合,称为变换 L 的核(kernel)。一个线性变换的 nullity 就是它的核的维度(The nullity of a linear transformation is the dimension of the kernel)。

7. Zero result of an experiment,也称 nullity of the experiment。伽利略《关于两个世界体系的对话》有句云:"For a final indication of the nullity of the experiments brought forth, this seems to me the place to show you a way to test them all very easily."

8. 中国珠算博物馆有把清代子玉款 49 档算盘,其横梁上标有 49 个计数单位:"太极,太初,太始,太素,净,清,空,虚,六德,刹那,瞬息,弹指,须臾,逡巡,模糊,漠,渺,埃,尘,沙,纤,微,忽,丝,毫,厘,分,壹,十,百,千,万,亿,兆,京,陔,秭,穰,沟,涧,正,载,极,恒河沙,阿僧祇,那由他,不可思议,无量数,周复。"无法想象这把算盘是用来算什么的。有趣的是,极微小的一端是道教术语,而极广大的一端为佛教术语。

9. 南宋杨辉《日用算法》的序中有句云:"万物莫逃乎数!"

10. Binario 在意大利语中有轨道、站台的意思。二在中文中的用法也很有特色,短语"有点儿二""二二乎乎"中二的意思就不好把握。

参考文献

[1] Cajori F. A History of Mathematical Notions[M]. Dover Publications, Inc., 1929.

[2] Kappraff J. Beyond Measure, a Guided Tour Through Nature, Myth, and Number[M]. World Scientific, 2002.

[3] Nataraj M S, Thomas M O J. Developing Understanding of Number System Structure from the History of Mathematics[J]. Mathematics Education Research Journal, 2009, 21(2), 96-115.

[4] Dantzig T, Mazur J. Number: The Language of Science[M]. Plume, 2007.

[5] Darrigol O. Electrodynamics from Ampère to Einstein[M]. Oxford University Press, 2000: 13.

[6] Tomonaga S, Oka T. The Story of Spin[M]. University of Chicago Press, 1998.

[7] 曹则贤. 一念非凡:科学巨擘是怎样炼成的[M]. 外语教学与研究出版社, 2016.

[8] 曹则贤. 物理学咬文嚼字006:"半"里乾坤大[J]. 物理, 2007, 36(1): 958-960.

[9] Stewart I. Why Beauty is Truth[M]. Basic Books, 2007: 231.

[10] Suisky D. Euler as Physicist[M]. Springer, 2009.

[11] Coopersmith J. Energy: the Subtle Concept[M]. Oxford, 2010: 41.

[12] 曹则贤. 物理学咬文嚼字080:特别二的物理学[J]. 物理, 2016, 45(10): 679-684.

[13] Conway J H. Guy R K. The Book of Numbers[M]. Springer, 1996.

[14] Mahan G D. Many-particle Physics[M]. Springer, 2000.

[15] Weyl H. Elektron und Gravitation I[J]. Zeitschrift Physik, 1929, 56: 330-352.

[16] Pickover C A. Adventures in Mathematics, Mind and Meaning[M]. Oxford University Press, 2001.

[17] Hankins T L. Sir William Rowan Hamilton[M]. The John Hopkins University Press, 1980: 265.

万物皆旋

> 左旋右转不知疲,千匝万周无已时
> ——[唐]白居易《胡旋女》
> 我以旋转的方式向你靠近,如激流上的花朵,如花朵下的漩涡……
> ——余秀华《辨认》
> We live on a spinning planet in a world of spin.[①]
> ——Christopher Buckley

摘要 转动问题的处理构成物理学的主体。To turn, roll, rotate, curl, spin, spiral, precede, gyrate, 还有各种 volve, 不管是相关的物理还是数学, 都足以让人感到天旋地转。

运动总可以分解为平动(translation)与转动(rotation)。这话的意思是:矢量的算法不过是加法和乘法(分为内积和外积)。平动是平凡的,而转动则花样翻新、名目繁多。如果细究起来,处理转动问题的数学足以让大部分号称学过数学和物理的人后悔自己的年少轻狂。反过来看,一个人若能学会理解转动,

---

① 我们生活在一个旋转着的星球上、一个满是弯弯绕的世界里。

恐怕物理世界在他眼前会一时清朗起来也未可知。

本篇讲转动，涉及的词汇包括但不限于 circle（circulate），turn，gyrate（swive，trundle），rotate，precede，nutate，volve（convolve，devolve，evolve，involve，revolve），spin（spinor），whirl（whorl，swirl，twirl），spiral，vortex，helicity，chirality 及其各种衍生词。由于内容太过繁杂，本篇大致按照如下章节组织：

1. 引言
2. Rotation
    2.1　Rotate 这个词
    2.2　转动的简单数学
    2.3　转动的四元数表示
    2.4　Planetary rotation
    2.5　量子力学的转动
    2.6　相对论作为转动
    2.7　分子转动
    2.8　有转动意思的一些通俗用语
3. Gyration
    3.1　Gyrate 这个词
    3.2　Gyration 这种运动
    3.3　Gyroscope
    3.4　Magnetogyratic ratio
4. Spiral
5. Spin & spinor
    5.1　Spin 这个词
    5.2　Spin 的经典物理意义
    5.3　近代物理意义下的 spin
    5.4　质子与中子的自旋
    5.5　Isospin
    5.6　Spin 的数学描述
    5.7　Spinor
    5.8　类转动特征
6. Vortex
7. Volvo
    7.1　Convolve
    7.2　Devolve
    7.3　Evolve
    7.4　Involve
    7.5　Revolve
    7.6　Vernation
8. 结语

尽管如此，各个表示转动的不同词汇依然会交替出现，显得乱了章法。面对这样的文章，叔本华在《作为意志与表象》一书的前言中建议读者要读两遍，而且是以极大的耐心去读第一遍，"这种耐心也只能从一种自愿培养起来的信心中获得……"。

1. 引言

牛顿第一定律宣称完全由着自己性子来的物体保持静止或者做匀速直线运动。这实际上是伽利略的惯性定律，它是一个抽象而来的结论，别指望能有任何严格的观测事实。我们实际观察到的运动，抛开星云、洋流这样的大尺度多体体系，哪怕是单个质点的运动，都必有转弯(turning)的迹象。有限空间内的持续运动，转弯是必然的。这就决定了舞蹈——人在小范围内的活动——总表现为转动(rotation)。观察我国西南诸少数民族的集体舞，会发现舞蹈者的运动不外乎绕着某个中心——白天也许没有实在的中心，晚上估计是一堆篝火——的公转(revolution)，绕自身中心轴的自转(spinning, rotation)，身体绕重力方向的摆动(进动，precession)[①]，加上身体有韵律的前仰后合(章动，nutation)。西藏的山地集体舞和阿尔卑斯山地舞蹈是一样的，不是什么文化的同一性，而是因为舞蹈不过是人的运动形式而已，运动定律，包括空间结构和运动主体的自由度(对称性)，决定了舞蹈只能有那么几个动作。舞蹈的编排，永远是这种旋转结合(做乘法)那种旋转。偶尔也有纯的平动，不过纯平动必须不时 flip (翻转)，这样位移总和才会为零，否则舞蹈者会出圈的。

舞蹈大体上不过是转动，所以西方有华尔兹(Waltz，动词 walzen)，西域有胡旋舞。大唐时期西域人来长安谋生，胡旋舞是最撩人心魄的，由此产生了许多动人的诗篇，而且似乎也注意到了其中的物理。元稹《胡旋女》中的"寄言旋目与旋心……"提供了旋转特征的初步描述。看唐人的双人胡旋舞壁画(图1)，可见舞者的自旋。三维空间的定轴转动，还真分左旋(laevorotatory)与右旋(dextrorotatory)啊。

图1 双人胡旋舞

有时候，我们希望一些物体飞出去能自己再回来。镖这种兵器，以平动的方式飞出去，自己是回不来了，所以中国的镖会拴上绳子，谓之绳镖。非洲人希

[①] 所谓的回风摆柳，大概是形容这个动作的。这个动作不容易，有时候要借助柱子。

图 2　形状各异的 Boomerang

望打猎时镖能自己飞回来，就制作出了回旋镖（boomerang，飞去来器），见图 2，我怀疑是从某种大树的豆荚得到的启发。

快速旋转，有炫目的效果，人看旋转的东西会眼晕。有个关于旋转门（the revolving door）的故事，表明转动是一种能把人弄晕的变换。说一老农在某大城市初见旋转门，未识为何物。忽见一老太太从门的一侧进去，不旋踵从门的另一侧出来了个大姑娘。老农感叹："乖乖，what a fantastic transformation!"教过经典力学和量子力学的老头儿，应能轻松理解这个科学笑话的严肃。人大体是一种平动的物种，人如果自己转，会晕。转动的人如果停下来，十有八九会脚步踉跄。刚刚习惯用转动的眼光看世界的大脑，如今依然把世界诠释为旋转的。人的大脑如果接受了一些冲击性的信息，也会感到天旋地转——The world began to spin when he realized…[1]。让某人转起来，法语为 prendere qlcu in giro，那就是把人弄晕乎了然后骗。安史之乱，唐人当时就怪罪转动了。元稹《胡旋女》写道"旋得明王不觉迷，妖胡奄到长生殿"，白居易《胡旋女》则写道"禄山胡旋迷君眼，兵过黄河疑未反"，都是这个调调儿。转动的东西估计都有迷惑的本领，千回百转的声音也迷人，鸟啭莺啼，啭，那也是转。元稹说"胡旋之义世莫知，胡旋之容我能传"，那是吹牛，转之容可不易理解。汉语的旋，似乎是用来描述快速转动的，有快的意思。旋即，即马上、立刻。英文中转动 swivel 的同源形容词 swift，就是快速的意思。2015 年，科学家将激光穿过 4 微米大小的碳酸钙小球，光偏振的改变对小球施加了一个扭矩从而使其旋转起来（spinning it）。因为在真空中没有摩擦和拖曳，该实验实现了高达 6 亿转每分钟（revolutions per minute）的高速旋转，打破了转动（spinning）的纪录。

Rotation 转出闭合的路径（orbit，loop），就成了 recurrent revolution，recycling，就有周期。Circulating motion 也叫转动，与 revolution 的意思差不多。总觉得转（rotate）经的仪式必然关联着轮回（recycling）的观念。来自各地的人们默默地围绕着冈仁波齐转（revolve）山，已经延续了千年。任何旋转（revolution）都创造自己的中心。血肉之躯无休无止的转动，创造出了藏传佛教的精神世界之轴。

2. Rotation

2.1 Rotate 这个词

Rotate，来自拉丁语动词 rotare，to turn，to roll，to go around。转动是 to turn，to roll，基于 turn 的衍生词很容易辨认出来。比如 tornado（龙卷风），来自 tonare，whirling violently（图 3）。谈论转动体，别光想着用 rotating body，太土，可以说 corps tournants。To roll，汉语会译成滚动。一个圆，在平面上无滑动滚动，其上一点划过的曲线是摆轮线

图 3　Tornado，转得快的气旋

cycloid，其参数方程为 $x(\theta)=a(\theta-\sin\theta)$，$y(\theta)=a(1-\cos\theta)$（图 4）。Rotate 的衍生词 rotating，rotative，rotatory 都是形容词，但其实 rotate 本身就是形容词。Rotate 作为及物动词是让别的物体转起来，作为不及物动词是绕着自己的轴转，与 spin 同义。Rotation，希腊语是 περιστροφή，rotate，希腊语是 περιστρέφομαι，它们的前缀是 peri-，around，绕着而且还贴着。Perihelion，around the sun，近日点，而 aphelion，apo + helios，from the sun，远日点也。

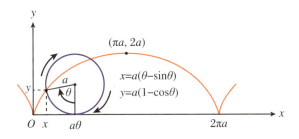

图 4　摆轮线是沿直线滚动的圆上一点的轨迹

在高维空间里的单联通运动轨迹，本质上是一条（直）线，其上的运动本质上还是一维的。一维空间里，运动只有前行和掉头。前行是平移，掉头是个非连续的操作，flip。Flip，to make a sudden change，to turn or turn over，见于

to flip pages in a book（翻页）。据说量子意义下的 spin（自旋）在一个抽象空间里会这么干，但是宏观的车不会。假如你开车沿着一个窄巷子行驶，flip 这个操作是没法执行的，你只能倒车——高铁是两端都有头。Flip 可以看做是 1D 空间中的转动。如果不把它看成转动，一维空间里就没有转动，转动是高维空间里的奢侈。

二维空间里就可以有转动，相应地是有了数学的乘法操作了。容易证明任何二维的 direct motion，要么是平移，要么是转动。转动太普遍了，各个物理分支都是在用转动的语言谈论问题。1861 年，麦克斯韦发表了题为"On physical lines of force"的论文，其中有电磁感应的概念模型，是由磁通的自转小格子（tiny spinning cells）组成的。1862 年他又增补了两部分，第一部分讨论了位移电流，第二部分讨论了法拉第效应，即磁场造成的光偏振方向的转动（rotation）。法国物理学家 François Jean Dominique Arago 发现一些石英晶体能够连续地转动（rotate，使转过去）光的电矢量。他还发现转动的金属盘会和磁铁发生联动，他称之为 magnetism of rotation，今天我们知道是因为在磁场中转动的金属里面产生了涡流（eddy current）。

规则的 rotation 常会画出闭合的曲线，loop。Circle 是圆，circumference 是圆周，circumrotate（to turn like a wheel, rotate）是绕着圈地转动，估计是转上不止一圈。Circumgyrate（to turn like a wheel, rotate），是绕着圈地回旋。描述 circumgyration 要用三个自由度：roll, pitch and yaw attitude angles。飞机在空中飞行，其姿态就有这三个自由度，绕自己中心轴的 roll（翻滚），鼻头上下绕从翅膀到翅膀的轴的转动是 pitch（俯仰），鼻头左右绕垂直轴的转动为 yaw（偏航）。三个转轴分别为 longitudinal（纵向的）[①]、vertical（垂直的）和 lateral（侧向的）。下面我们还会谈到。

按说咬文嚼字是力求避免数学的，但是关于旋、转若没有严格的数学表达，任何文字叙述只会造成误解，所以我将不得不纳入一点数学。"Then to not know mathematics is as severe limitation in understanding the world.（不懂数学那对于理解世界来说是个严重的限制。）"费曼在访谈 *The Pleasure of*

---

① 字面意思是长的。

Finding Things Out 中如是说。

2.2 转动的简单数学

二维空间里的定点转动和三维空间里的定轴转动，都好描述，只用一个参数转动角 θ，$\omega = d\theta/dt$ 是角速度。其实，用转动角描述转动——转动角是个多值函数，即对应一个构型的角度为 $\theta + 2n\pi$，n 是任意整数——这事儿就有点麻烦。进一步地，有角动量被定义为 $J = r \times p$。这是个乘法，叉乘，结果为那两个矢量所张平行四边形的面积，并且可定义一个方向。它告诉我们的是位置和速度（动量）是矢量，但角动量不是。还有点乘 $r \cdot p$，那是 virial，这个标量和做功有关，经典力学里有 virial 定理。不同于 (x, p) 坐标系，作用量－角坐标系可以在不解运动方程的情况下得到转动或者振荡的频率。平动对应加法。加法与乘法能定义矢量的代数，看样子可以从关于位置和速度（动量）的矢量代数的角度看待转动问题。还可以反过来理解，叉乘和 rotation 有关。那么，别的抽象的乘法呢？比如在代数方程的根号可解问题中，有阿贝尔引理，设 $f(x) \in k[x]$，$\theta_1, \theta_2, \cdots, \theta_n$ 是在 k 的扩展域上的根。假设 θ_i 是 θ_1 的函数，$\theta_i = R_i(\theta_1)$，$R_i(x) \in k[x]$。进一步假设对任意一对 i, j，有 $R_i(R_j(\theta_1)) = R_j(R_i(\theta_1))$，则方程 $f(x) = 0$ 是用根号可解的。这里涉及的是函数的乘法，从积到因子，就有根号的问题。这些不论，只看 $R_i(R_j(\theta_1)) = R_j(R_i(\theta_1))$ 的形式，它和转动有关。

牛顿第二定律是局域的，collinear 的，而转动是较大范围内才能确立或完全刻画的一种运动模式，它的局域性表现在于存在 $r \wedge v$。但是，速度、加速度有参照系，而位置是要有参照点的，所以转动会表现出复杂性。任何三维空间的流的守恒都会给出平方反比律，比如熟悉的牛顿万有引力定律和库仑定律；而这个结论是因为空间的各向同性（isotropy）才得到的。因为空间是各向同性的，所以角动量一定是守恒的。空间的 isometry（等度规）决定了它有自己的代数，空间结构的 isometry 决定了它的转动群。

如何表示三维的转动呢？1）用转轴－转角表示法，即确定转动轴取向和绕轴转动的转角。2）用 Euler angles 法。用三个欧拉角表示[2,3]。一种方式是 (φ, θ, ψ) 按照 z-x-z 的转动轴序列选取（图 5）。当然也可以是 z-x-z, x-y-x, y-z-y, z-y-z, x-z-x, y-x-y 序列中的任一个。另有 Tait-Bryan angles，可以按照 x-y-z，y-z-x，z-x-y，x-z-y，z-y-x，y-x-z 等序列中的任一个选取。3) 用四元数 (quaternion)。具体方法如下：一个单位四元数，有文献称为 versor，有 3 个自由参数，把矢量 x 写成 0-标量的四元数，$x' = qxq^{-1}$ 就表示转动（见下）。只从一侧加上四元数乘法也是转动，但是是四维空间的转动[4-6]。

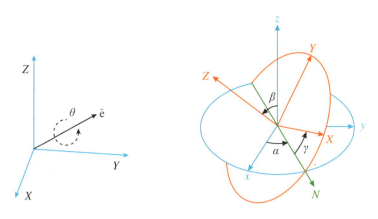

图 5　转轴-转角和欧拉角表示转动

　　用数学的话说，转动是球到球的线性映射。转动构成一个群，n 维实空间的情形，群是 $O(n)$ 群；n 维复空间的情形，群是 $U(n)$ 群。如果表示转动的矩阵的值为 1，则群分别是 $SO(n)$ 群和 $SU(n)$ 群。群变换就是一种抽象转动。$SU(3)$ 的一个不可约表示是八维的；转动一个维度上的粒子会把它变成另一个维度上的粒子，由此有了粒子物理中八正态的概念。为了理解转动，转动群的表示知识就显得很重要了。Generators of rotations（转动生成元）、infinitesimal rotations（无穷小转动）、infinitesimal rotation tensor（无穷小转动张量）都是重要的概念。群论发掘出了太多我们不易认识到的关于转动的知识，关于这一点，Hermann Weyl 厥功甚伟[7]。一个物理系统的动理学结构可表达为系统空间中的射线酉转动的不可约阿贝尔群。这个群的代数的实元素对应系统的物理量。以系统空间的转动对抽象群的表示，将每一个那样的（物理）量同一个表示了它的厄米形式相联系。[8] Casimir 坦诚其 1931 年的论文 *Rotation of a Rigid Body in Quantum Mechanics* 受到了外尔工作的启发。

　　欧拉力学提供了刚体转动的力学理论，拉格朗日力学似乎责难欧拉力学的刚体转动运动方程。C. Truesdell 分析发现欧拉力学的缺陷在于对连续介质一般转动的无能为力。或许更高深的数学,比如克利福德(Clifford)代数,能带来完备的关于转动的描述? The operations of geometric algebra have the effect of mirroring, rotating, translating, and mapping the geometric objects that are being modelled to new positions.(几何代数(克利福德代数的特例)的操作具有镜面反射、转动、平移的效果,能将几何对象映射到新位置。)[9] Rotation 之于平动,是乘积,是混合。但是对于各项同性的空间,或者同样的对象,这混合就没有多大的意义。混合不同的东西,比如克利福德代数那样其加法可以混合不同质的对象,那才更有意义。

2.3　四元数

平面内的转动可用复数表示。任意一个复数表示的矢量,乘上单位复数 $z_0 = \cos\theta + \mathrm{i}\sin\theta$,即表示转动了 θ 角。$x' + \mathrm{i}y' = (\cos\theta + \mathrm{i}\sin\theta)(x + \mathrm{i}y)$,得到转动的常见矩阵表示 $\begin{bmatrix} x' \\ y' \end{bmatrix} = \begin{bmatrix} \cos\theta & -\sin\theta \\ \sin\theta & \cos\theta \end{bmatrix} \begin{bmatrix} x \\ y \end{bmatrix}$。

三维空间的转动没有三元数的表示。Sir William Rowan Hamilton 发展了四元数,$q = a + b\mathbf{i} + c\mathbf{j} + d\mathbf{k}$,其中 $\mathbf{i}^2 = \mathbf{j}^2 = \mathbf{k}^2 = \mathbf{ijk} = -1$。把四元数分成标量部分和三维矢量部分,$q = (r, \mathbf{v})$,其加法和乘法公式为 $(r_1, \mathbf{v}_1) + (r_2, \mathbf{v}_2) = (r_1 + r_2, \mathbf{v}_1 + \mathbf{v}_2)$,$(r_1, \mathbf{v}_1)(r_2, \mathbf{v}_2) = (r_1 r_2 - \mathbf{v}_1 \cdot \mathbf{v}_2, r_1 \mathbf{v}_2 + r_2 \mathbf{v}_1 + \mathbf{v}_1 \times \mathbf{v}_2)$。这里面有点乘和叉乘。注意,叉乘只在三维空间成立,或者说叉乘出现在四元数的乘法中。不要求唯一性,叉乘也存在于七维空间的情形,那是八元数的乘法。

用非零四元数乘法来表示实部为零的四元数所构成之三维空间的转动,算法是求共轭 $v' = uvu^{-1}$。一个单位四元数共轭的效果,若其实部为 $\cos\theta$,则是绕其虚部所确定的矢量转动了 2θ 角。这里的基础是,三维的转动可以分解为两个反射。任何三维空间中的定点转动都可以表述为一个矢量 $\mathbf{u}$(转动轴)和一个标量 θ(转动角)的组合。考察沿一个三维空间单位矢量 $\mathbf{u} = u_x\mathbf{i} + u_y\mathbf{j} + u_z\mathbf{k}$ 转过 θ 角的转动,由欧拉公式 $q = \mathrm{e}^{\pm\theta(u_x\mathbf{i} + u_y\mathbf{j} + u_z\mathbf{k})} = \cos\dfrac{\theta}{2} + (u_x\mathbf{i} + u_y\mathbf{j} + u_z\mathbf{k})\sin\dfrac{\theta}{2}$,共轭算法保证了其是转动 θ 角。举例来说,绕正方形对角线转动

120°，转动轴为矢量 $v = i + j + k$，计算得到转动对应的四元数 $u = \frac{1+i+j+k}{2}$，$u^{-1} = \frac{1-i-j-k}{2}$。转动对应变换，$f(ai+bj+ck) \mapsto u(ai+bj+ck)u^{-1}$。计算可得 $u(ai+bj+ck)u^{-1} = (ci+aj+bk)$，就是顶角的置换。可见对角线 120°转动保持正方形位置不变。注意，四元数操作的对象是旋量(spinor)，其比四元数晚生了 60 年。更多的内容，容作者日后补充。

用四元数描述三维转动，有诸多优点：1) 比矩阵表示紧凑；2) 比矩阵表示容易快速计算；3) 一对单位四元数可以表示四维空间的转动；4) 没有奇点的问题。欧拉角就有这个问题，即所谓的 gimbal-lock（方向支架锁定）现象，出现于 pitch-yaw-roll（俯仰－偏航－翻滚）这样的转动系统。当 pitch 上下转了 90°时，yaw and roll 对应的是同样的运动，有一个自由度丢了。在基于万向节的惯性导航系统中，当飞机垂直俯冲或上升时，pitch 为 90°，gimbal lock 会造成灾难性后果。

关于转动的群表示，在 *On Quaternions and Octonions：Their Geometry, Arithmetic, and Symmetry* 一书[10]中，有 holo-icosahedral group, chiro-icosahedral group; holo-octahedral group, chiro-octahedral group; holo-tetrahedral group, chiro-tetrahedral group; holopyramidal group, chiro-pyramidal group; holo-prismatic group, chiro-prismatic group 等诸概念，这些对量子力学视角下的晶体学的深入理解估计会有帮助，可惜笔者未曾深入学习过，故不论。有心人可参照三维空间的点群一起修习。在经典力学中，转动表述为 $r \times (\omega \times r)$ 的形式，有点不对劲儿，应该表述成四元数——Clifford 代数。这些知识笔者没系统学过，怪不得 David Hestenes 都说他做不动了。

2.4 Planetary rotation

我们的家园是由太阳－地球－月亮组成的三体体系，当然还有几大行星作邻居，遵从平方反比律的万有引力联系着远方。有心引力场（来自外部的和自身的）之下的星体做着各种复杂的转动[11]。我们的地球自转着(rotate)，所以我们看到天上的星星自东向西运动着，几乎每天都能看到月落日升的场面。大约在 1500—1528 年间，阿拉伯人 Al-Birjandi 发展了"circular inertia"①理论来解释地球的转动。哥白尼（Nicolaus Copernicus）1543 年出版了 *De Revolutionibus Orbium Coelestium*（*On the Revolutions of the Celestial Spheres*），汉译为《天体运行论》，此处的 revolution 应是关于太阳的公转。这是科学史上的大事件，引发了 Copernican Revolution，对后来所谓的 Scientific Revolution（科学革命）做出了重要贡献。这里的 revolution 都是观点的大变动而已。所谓科学革命的说法，是一些研究科学但不做科学研究的学者的论调，即便在西语语境中也都饱受讥讽。马赫认为如果一个人在科学发展中看到了革命，那一定是因为知道的太少。诚哉斯言！牛顿 1684 年出版了 *De motu corporum in gyrum*（《论转动物体的运动》）一书，此处用的是 gyrum，因为没看过这本书的拉丁文本，拿不准 gyrum 到底指的是什么。

对星体转动的认识是一个自发的、漫长的过程。唐诗有"地轴天维转"，天旋地转不知何时已进入我们的日常表达，可见老祖宗对这问题认识已久。笛卡尔提议行星或许是被绕着太阳的一个巨大涡旋（vortex）拖曳着的。如果涡旋里的流体速度与其离中心的距离成反比，牛顿发现则行星的公转周期（period of revolution）同其离开太阳的距离平方成反比。Revolution 就是所谓的公转，理解这个词的关键在于 re-，back。

地球是绕着一颗恒星太阳 revolving 的一大块物质，可按照刚体来处理其运动问题。如果把 revolution 理解为滚动（to turn, to roll）的话，那行星要自转简直就是必然。太阳和地球 revolve about each other。同时，地球 rotate about its axis, spin about its axis。行星的公转（revolving），也是 orbiting（the star）。开普勒的行星运动三定律都是关于轨道（orbit）的特征的，描述的是 revolution。地球公转一周是 365 天，这是用自转周期去标定其公转周期。再强调一遍，所谓的时间，就是用一个不断再现的物理事件去标定其他的物理事件。这个抽象的概念作为描述存在的基础，是智慧，是权宜，也冒着走入死胡同的风险。水星公转周期是 88 个地球日，自转周期是 59 个地球日。或者换个表述，水星的公转周期约为水星天的一天半。金星有退行自转（retrograde rotation）现象。金星绕（orbiting）太阳的周期是 224.7 天，但它的自转周期竟

---

① 大意是环绕惯性。

然高达243天,而且跟其他行星反向rotates。怪异的是,月球绕地球的公转和自转的周期都是27天7小时43分。这个现象应该是一个慢慢演化(evolve)而来的局面,月亮的质量分布不对称并不能完全解释这个现象。顺便说一下,太阳也自转。伽利略与塞尔维亚蒂一道观测太阳黑子,他们将太阳的像投射到纸上,发现了太阳黑子及其在太阳表面上的有规律运动,从而判断太阳也在自转。

因为星体所有的转动行为都是由重力(gravity)引起的,有时候人们干脆就用gravitate这个动词一言以蔽之。原子是个不可见的行星体系(invisible planetary system),虽然其中不是重力当道,人们也会说在原子中electrons gravitate around a nucleus。

太阳-行星体系是质量严重不对称的两体体系。质量差不多的转动(rotating)双星体系会有更有趣的故事发生(图6)。两个大密度的白矮星会orbit each other,当这两个星体spiral closer together(螺旋式靠近)时,其公转周期(period of revolution)会变短。再靠近一点,还可能有吞噬现象发生。

图6　互绕双星体系

转动总意味着加速度的存在。转动快了,啥意外都会发生。脉冲星(pulsar)是rotating neutron star。其中的射电脉冲星(radio pulsars, rotation-powered)一般是孤立星体,随着辐射它的自转会慢下来,而X射线脉冲星因为多是双星体系,会从周围吸积物质,因此其周期会变慢但也有时会变快。

谈论刚体的转动,就必然会遭遇到precession。Precession,动词形式为

preced，precess，来自拉丁语 praecedere，字面意思是先行(时间、位置、级别、重要性等方面占先)，汉译进动。一个自转的(spinning)物体，比如陀螺，当被施加一个扭矩(比如来自重力)改变其转动轴时，一般会引起自转轴在与轴和力矩都垂直的方向上转动（turn)，划过一个锥面，此之谓 precession。这个 turn 的动作就是 precede。如果陀螺不是处于自转的状态，扭矩会使其绕水平面内的轴 rotate，就倒下啦。地球的转动（rotation)，包括 intrinsic 部分，即自转（rotation，spinning)和 precession，还有 nutation（章动）。Precession 归于自身重力效应，nutation 归于近处其他物体的引力(图 7)。地球的进动也称为 precessional movement，转一整圈(completing a rotation)的周期约 25700 年。Nutation，来自 nutare，to nod，点头。不知道为啥被译为章动，取章何义？历史上东汉四分历(法)以 19 年为章，19 年置 4 闰，谓之章法。或许这就是章动译法的原因？待考。

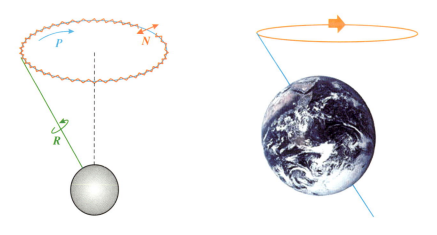

图 7　地球的 Euler rotations。R—rotation，P—precession，N—nutation

原子物理中会提到 Larmor precession。磁矩在磁场下会有绕磁场 **B** 方向的进动，进动频率叫 Larmor 频率，$\omega = \gamma B$。其中 $\gamma = \dfrac{g}{2}\dfrac{e}{m}$ 为 gyromagnetic ratio（旋磁比），γ 是 gyration 的希腊语首字母；g 即是所谓的 g-factor。计算 g-factor 是个艰难的理论问题。Joseph Larmor 爵士(1857—1942)的定理云：恒定磁场对一个带电粒子运动的影响，与从一个以特定频率旋转的坐标系中观察到的一样。Thomas precession 是对粒子自旋或者自转物体的相对论修正，其将自旋角动量同轨道角动量联系起来。

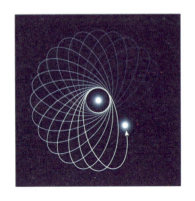

图 8　行星绕日转动之进动的示意图

开普勒定律表明行星轨道是个椭圆,但是因为其他星体的扰动,轨道会 precess。Pression of orbit 是个普遍性的问题。水星轨道近日点的进动幅度较大(图 8),过去被归结为受一个名叫 Vulcan 的未知行星的影响;当前的解释是根据爱因斯坦广义相对论,太阳周围的空间是弯曲的。看,我们总是以我们现有的知识去构造最直观的解释,直到这解释不能自圆其说。

行星绕太阳,或者如从前我们认为的那样绕地球 revolve,最简单的轨道是圆才好呢。当然实际情况不是这样,于是人们用 epicycle (ἐπίκυκλος, upon the cycle) 的概念来构造轨道,这套理论叫 epicycle-on-deferent theory。Deferent 汉译均轮,epicycle 汉译本轮,基本是不顾原词的胡编乱造。Deferent,来自 deferre, to carry down or out,承载,如 vas deferens 即是输精管。Deferent 就是那个绕地球的大圆,epicycle 就是骑在 deferent 的圆（图 9）。如果 epicycle and deferent 不能很好地近似行星的轨道,那就在 epicycle 上再骑上一个 epicycle。这种圆上骑着圆的运动是非常 powerful 的数学,实际上它可以轻松地近似三角形甚至线段。其一发展是无处不在的傅里叶分析,其威力由此可见一斑。

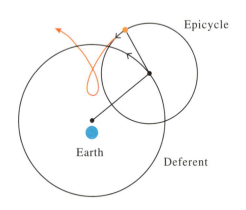

图 9　Epicycle and deferent 体系

2.5　量子力学的转动

运动,是关于时空的变换。动力学过程,就是体系随时间的变换。洛伦兹变换、李代数、Dirac 方程不过都是关于转动的学问。量子运动方程是个转动,

$\frac{dA}{dt} = i(HA - AH)$，$A(t) = e^{iHt}A(0)e^{-iHt}$，转动（rotation）是由酉阵 e^{iHt} 的共轭算法实现的。相应地，状态的时间依赖为 $|\psi(t)\rangle = e^{-iHt}|\psi(0)\rangle$。在转动之下，经典几何对象可以被分为标量、矢量和高阶张量。你看，物理量是依据转动下的行为来分类的。量子力学要求希尔伯特空间中的状态无须在转动群的表示下变换，而只需在投影表示下变换。转动群的投影表示之不变表示的那部分是 spinor（旋量），而量子态可以作为张量和旋量进行变换。

抛开那些绕人的量子力学的诠释，一般量子力学教科书中的数学，其实都是在谈论二阶微分算符在不同对称性下的本征值和本征函数问题。三维空间、球对称，转动部分的解为调和函数，多项式独立解一定是自变量的齐次函数。列举 $l = 0, 1, 2, 3$ 的情形如下：1) 0 次的，常数（s 轨道）；2) 1 次的，x, y, z（p 轨道）；3) 2 次的，xy, yz, zx；$x^2 - y^2$；$2z^2 - x^2 - y^2$（d 轨道）；4) 3 次的，xyz；$(x^2 - y^2)z$；$(y^2 - 3x^2)y$，$(x^2 - 3y^2)x$；$(4z^2 - x^2 - y^2)x$，$(4z^2 - x^2 - y^2)y$，$(2z^2 - 3x^2 - 3y^2)z$（d 轨道）。也即是 l 次描述角动量的函数的独立解有 $2l + 1$ 个。[12,13] 这让我想起了量子力学的角动量投影问题。真的有角动量有 $2l + 1$ 个分立的投影这件事吗？还是在谈论一件数学的幻影？当然，如果数学真的描述了那个物理，则物理的世界和数学的内蕴应该是统一的了。但即便这样，物理的世界也要独立地被证明其存在吧？一个暂用来描述某物理体系的数学推导出的"事实"，可以毫无保留地看成物理实在吗？真是 a spinning question。

2.6 相对论作为转动

四维时空的洛伦兹变换包括三维转动和 boost（推进。似乎许多中文文献保持这个英文词不译）。Boost 是具有不同速度的参照框架之间的变换，数学上类似 rotation into time。其实，就是在坐标 (it, x)（时间 t 表示为虚数）之间的正常转动（这是洛伦兹 1908 年引入的表示）。新的时空 (it, x) 只有空间型的方向（spatial directions），是欧几里得空间[14]。如果把转动角表示为 $\tan\theta = iv/c$，其中 v 是参考系间的相对速度，则两次转动的乘积给出速度相加的公式，那公式 $v = \frac{v_1 + v_2}{1 + v_1 v_2/c^2}$ 就是我们中学学过的 $\tan(\theta_1 + \theta_2) = \frac{\tan\theta_1 + \tan\theta_2}{1 - \tan\theta_1 \tan\theta_2}$。洛伦兹变换的这种处理，也被称为 pseuo-euclidean 空间中的转动或者双曲转动（hyperbolic rotations）。如果参照系相对另一参照系转动，狭义相对论得出的结论是：转动体系的几何不可能是欧几里得的。这个结论的全部内涵不容易在广义相对论下导出。可见，广义相对论从一开始就要严肃对待转动[15]，具体的内容此处不深入讨论。广义相对论的一个伟大胜利是定量地解释了水星的绕日进动问题。注意,讨论相对论语境下的 rotation,坐标系转过一个角度的变换同一个参照框架在转动这种运动过程,是两回事。Penrose 和 Terrell 独立认识到以近光速前行(travelling)的物体,会遭遇特殊的 skewing or rotation[16,17]。Skewing,歪斜,有 skew-symmetry 的说法。

2.7 分子转动

分子可看作是具有量子自旋的原子通过化学键连接起来的一个组装体。其运动方式包括平动(translation)、振动(vibration)、转动(rotation)和 libration。Libration,词干就是 equilibrium(平衡)中的 libra,就是天平的平衡指针。扰动平衡态时这个指针是来回晃的,所以 libration 是一个物体,比如分子,差不多对固定方向微小偏离的来回晃动(rocking back and forth),分子受扰动后的弛豫过程肯定有这种 libration,愚以为译成晃动就挺好,有文献中的译法是天平动。月亮轨道也有 librations 的问题,其中之一就是其自转相对于恰当的轨道位置有一个小幅度的 libration,这使得月亮对着我们的面看起来有个小的来回晃动。测量 vibration-rotation spectra(转动-振动谱)是研究分子结构的有效手段。关于转动的量子化表述,常有角动量 J 对应能量正比于 $J(J+1)$,简并度 $2J+1$ 的说法,此认识来源于二阶微分算符本征问题的解,在球谐函数、贝塞尔函数那里能见到 $J(J+1)$ 的身影。振动谱和转动谱可以较接近,因此会耦合到一起,故有 rovibronic, rovibrational(转动-振动的)的说法。In rovibronic transitions, the excited states involve a few wave functions. (在转动-振动跃迁中,激发态涉及(绕进去)几个波函数。)为了描述转动量子化,朗道引入过 rotaton 的概念。有趣的是,分子-电子体系也有 Coriolis force! 在类似(HOOH)这样的有互为镜像的构型的分子中,如果有一个电子有绕原子核的角动量,则其镜像构型中电子反向转动,也有相同的能量。因为整个分子可以随意 rotate,则 Coriolis force 会引起这两个状态之间的弱耦合。

2.8 有转动意思的一些通俗用语

动词 whir, whirl, whorl, swirl, twirl, swivel (swift),来自北欧语言,词源不同,但大体都是 to turn, to move rapidly in a circular manner or as in an orbit,快速转圈、打着旋的意思。字典解释 gyrate(见下文)会用到 swive, trundle。Martian air contains only about 1/1,000 as much water as our air, but even this small amount can condense out, forming clouds that ride high in the atmosphere or swirl around the slopes of towering volcanoes.（火星大气中的水含量只有空气中的 1/1000，但这么点水一样能凝结成云，高高飞入大气或者绕着尖尖的火山打旋。）Stacks of plates（in a capacitor）can swivel so that their effective area is variable.（电容器中的基板可以转动以改变其有效面积。）花叶序有 alternate（互生的）、opposite（对生的）、decussate（十字的）、whorled（轮生的），其中轮生体（whorl）是多片叶子形成涡状的。Whorls 同样有 alternate whorls，即相邻两节上的叶子错过角度 π/n，n 是叶子的片数。一般生物学文献不提，但笔者自己就拍到过（图 10）。

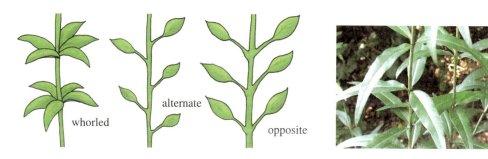

图 10　简单叶序，轮生的、互生的和对生的（左图），轮生也有交替的（右）

3. Gyration

3.1　Gyrate 这个词

转动，rotate，希腊语的对应动词为 γυρίζω（γύρω από）。Γύρω，gyro-，giro-，以各种变体出现在欧洲的各种语言中。欧洲有一道名吃，Greek gyro or gyros（γύρος），希腊式转（盘），也叫 Turkish gyro，土耳其式转（盘），德国、意大利等地也用 Gyropanne 一词（字面是转盘），就是旋转烤肉（图 11）。Giropode，字面是转动的足，即代步平衡车（图 11）。德语管 Girokonto 叫转账户头，干脆简称 Giro。意大利语动词 girare，名词 giro，girata，就是转弯，见于如下表述：fare un giro in machina（坐车兜了一圈），fare una girata in barchetta（划船转一圈），girasóle（绕太阳转，向日葵），essere in giro（流通），essere nel giro（是圈内人），mettere in giro una chiacchiera（传播流言），等等。西班牙语的转动是 gire，gire a la derecha（右转），gire a la izquierda（左转）。Girar obre sí，对应英文的 autogyrate，self-rotation，字面意思都是自转、

自旋。牛顿的论文 *De Motu Corporum in Gyrum*，英文一般译为 *On the Motion of Bodies in an Orbit*，其中拉丁语的 in gyrum 被译成了 in an orbit。Gyro，gyre 这些词在英文中也一样是转动的意思。英文的 gyroplane or gyrocopter，是旋翼飞机，gyre 是洋流的涡流。太平洋上曾出现一个 trash vortex（垃圾涡旋），是 a gyre of marine debris particles，这意思是说那些垃圾碎片因洋流的涡流而汇聚成了涡旋状的一块。

图 11　Gyropanne（giropanne）与 giropode

名词 gyration 作日常用语意思就是绕弯子。Euler 想得到 $\cos x$，$\sin x$ 的表达式，他从 $(\cos n\theta + \mathrm{i}\sin n\theta)=(\cos\theta+\mathrm{i}\sin\theta)^n$ 出发，令 $\theta=x/n$，假设 n 很大，所以可以展开，在展开式中把 $n-1$，$n-2$，$n-3$，…都用 n 代替，然后又取极限，等等。这一套弯弯绕，被讥讽为 mathematical gyration。Such mathematical gyration seem, to modern tastes, unorthodox（这样的数学绕弯子，以现代的品味而论，看似不是很正统）。[18]

英文 gyrate，与 rotate 的不同是微妙的。Gyrate，汉译回旋、旋转，也作形容词用。Rotated 的对象，可以用 gyrate 修饰。比如 Johnson 多面体是规则的凸多面体，共 92 种，其中就有用 gyrate 形容的，比如 62 面的 gyrate rhombicosidodecahedron，trigyrate rhombicosidodecahedron，等等。会摆弄高维的转动折叠多面体并使之旋转（gyrating folding polyhedron hypercube and making it gyrate），体现一个人高超的空间想象能力。Alas，俺没有这个能力。

光在某些晶体中传播，其偏振面会转过（rotate）一个与传播距离成正比的角度，这种现象叫光学活性。单位长度上转过的角度正比于一个物理量 G，就是 gyration，这是一个赝矢量[19]。

洛伦兹变换哪怕是只考虑沿同一方向运动的情形,也是一种转动 (rotation)。如果空间本身还是转动的,那这变换就要用到 gyrovector, gyrogroup 的概念了。Gyrovector,就是双曲几何版的 vector(Gyrovector, a hyperbolic geometry version of a vector)。由 gyrate,又引入一个词 gyr:Gyr is the gyrovector space abstraction of the gyroscopic Thomas precession, defined as an operator on a velocity w in terms of velocity addition:for all w。速度 u 加转动 U 与速度 v 加转动 V 的两个洛伦兹变换,$L(u,U)$, $L(v,V)$,其合并操作为 $L(u,U)L(v,V) = L(u \oplus Uv, gyr[u, Uv]UV)$。这些数学太复杂了(参见 Lorentz transformation-wiki 和 gyrovector space-wiki),不表。

3.2 Gyration 这种运动

一个电荷,受磁场影响,其轨迹是螺旋线(helix),这样的运动是 gyration,回旋,也会被描述为 small-scale oscillations, or gyro motion。量 $\omega = eB/m$ 的量纲是角频率,即磁场强度乘上带电粒子的荷质比,名为 gyrofrequency。如果同时存在电场,则电荷会被加速,电场和磁场共同作用会引起电荷的漂移,速度为 $E \times B/|B|^2$(图 12)。角进动频率是 cyclotron frequency(角回旋频率)。设想等离子体处于静磁场 B 下,同时还叠加着一个高频电磁场,这就会发生共振,即所谓的 cyclotron resonance。约束在电磁场下的等离子体中,会遇到 gyration 带来的各种问题,是等离子体物理必须面对的。

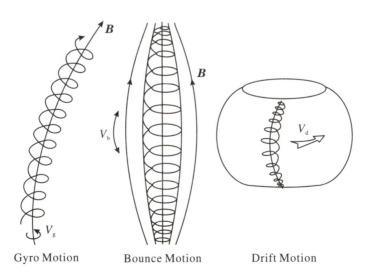

图 12 磁场下的 gyro motion,不均匀磁场中的 bounce motion (回弹),以及同时存在电场时的漂移

3.3 Gyroscope

有一种利用 gyration 物理的设备，叫 gyroscope，德语为 Gyroskop，或者干脆称为 Kreiselapparat（回转设备）。Gyroscope 是基于希腊语 γῦρος + σκοπέω 造的词，字面是看转动，汉译回转仪、陀螺仪。

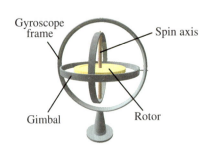

图 13　由一个转子和三重方向支架组成的陀螺仪

陀螺仪就是 top + gimbals（陀螺加几个方向支架），rotation on one axis of the turning (spinning) wheel produces rotation of the third axis（一个 spinning 的圆盘绕一个轴的转动会产生绕第三个轴的转动，gyroscopic effect），这是陀螺运动的物理基础。Gyroscope 的具体结构是这样的，中间是一个 spinning wheel or disc（飞旋的轮子），是为 rotor（转子），加上两个或者三个 gimbals（方向支架），相邻的方向支架的 pivotal axes（支撑轴），包括转子 spinning 的轴，都是正交的（图 13）。最外层的方向支架兼做支撑（gyroscope frame）用。方向支架的支撑轴提供了很多转动自由度（degrees of freedom of rotation），因为角动量守恒，这样就能保证 rotor 的取向不变，从而有保持方向的能力。因此，gyroscope 是一种可以保持取向或者测量角速度的设备。各种陀螺仪反映一个国家的基础物理水平和制造水平。Gyrocompass 能探测地球自转并搜寻正北方向。Gyrocompass 可用于惯性导航。

第一个类似 gyroscope 的设备是 1743 年发明的 whirling speculum（转动的镜子）。据说现代意义上的 gyroscope 是 Johann Bohnenberger 于 1817 年制作的，中间有一个 rotating massive sphere（大质量转动球）。之所以用大质量转动球，是因为转动意味着固执，质量越大越固执。将枪炮管内壁刻上膛线，子弹、炮弹出膛是转动的（rotating, spinning），那点儿重力就很难改变其飞行轨迹。1832 年 Walter R. Johnson 做出了类似设备，但中间是一个 rotating disc。1852 年，法国物理学家傅科（Léon Foucault）把这样的结构用于涉及地球转动的实验里，可以让转动保持大约 10 分钟的时间以供观察研究，故名之为

gyroscope，看（地球）转。傅科发现高速转动的转子的方向几乎不随外部环境的运动（比如放置陀螺仪的地球的转动）而变。地球是飘在虚空中转动的，在地面上若要用个球或圆盘来演示地球的公转/自转，那就得支撑起来，因此需要 gimbals——以马后炮的观点这很容易想到。研究陀螺仪运动特性的理论是绕定点的运动，是刚体动力学的一个分支。

地球自身是个大的陀螺仪。它的角动量指向北极星，但是因为太阳和月亮的引力在地球的非球形身躯上造成的扭矩，地球又一直在进动（precess）着，其周期约为 26000 年。

如今还有利用 Sagnac 效应的光学干涉做陀螺仪。Gyrolaser，or laser gyroscopes，基于 Sagnac 效应，即沿相反方向通过一转动介质的两束激光会有一个依赖于角速度的相位差。这个效应曾被用来验证以太是否存在，但是因为比没有转动的干涉仪版本（Michelson-Morley 实验）复杂，或者因为实验者 Georges Sagnac 是法国人而不是美国人，这个有趣且有用的实验在介绍相对论的文献中几乎不被提及——物理学家畏转动如瘟疫、猛虎也。

3.4 Magnetogyratic ratio

Gyromagnetic ratio，旋磁比，也称 magnetogyric ratio，那大约该译成磁旋比，是一个粒子的磁矩同其角动量的比值。一个经典的粒子，假设其电荷和质量都是均匀分布的，则其 gyromagnetic ratio $\gamma = \frac{1}{2}\frac{q}{m}$，是荷质比的一半。Gyromagnetic ratio 也被用来指所谓的 g-factor。当我们谈论基本粒子的旋磁比时，磁矩和角动量来自内禀的自旋。以电子为例，$\gamma_e = g\mu_B/\hbar$，其中的 g-factor，按照相对论量子力学，$g = 2(1 + \frac{\alpha}{2\pi} + \cdots)$。狄拉克方程的第一个荣耀，就是能解释电子的 g-factor 应该为 2，大致过程为将自由粒子狄拉克方程 $i\hbar\gamma^\mu\partial_\mu\psi = mc\psi$ 中的微分符号换成 $\partial_\mu \mapsto D_\mu = \partial_\mu - eA_\mu$，假设弱磁场的情形，得到形如 $\left[\frac{\hbar^2}{2m}\nabla^2 + \mu_B(L+2S)\cdot B\right]\Psi = -i\hbar\frac{\partial\Psi}{\partial t}$ 的方程（把动量形式的量子力学方程转回能量形式的是否是 bad move？）。更仔细的解释来自量子电动力学。据说电子的 g-factor 的实验测量值与量子电动力学计算的结果，符合到小数点后面第 12 位。对这种夺人心魄的说法，我只能表示呵呵。若你知道那计算的各种近似,体会过复杂实验存在的各种误差来源,大概对这种表述就不会特别严肃地当真。这种说法有意义的前提是,抛开计算不论,1) 那个实验值自己的波动在小数点 12 位之后;2) 不同来源的实验值之间的偏差在小数点 12 位之后。但这两点都无人提及。最重要的是,如果正确,用得着靠这个吗?电子的旋磁比还好说,质子的旋磁比 $g = 5.58$,中子的旋磁比 $g = -3.83$。如果狄拉克的相对论量子力学是描述所有自旋 1/2 粒子的,那这质子与中子的旋磁比就不好解释。后来的理论指向中子、质子是复合粒子而非基本粒子,但似乎没有令人信服的理论。或者有人把理论给做歪了?

4. Spiral

Spiral,spire,与 to turn 有渊源。大自然用 spiral 来创造许多结构,比如植物的卷须(tendrils),星系的旋臂(curling arms of galaxies),还有螺壳,所以汉语将之译为螺旋。弯曲是在有限空间获得长度的策略,是动植物都会自动采用的策略。转动的流体,常常会形成弯曲的花样,不过区别于 vortices, spirals not closed as circles(螺旋不会闭合为圆)。转动的物体喷流,在实验室观察到的是甩出了的漂亮 spirals。从旋转圆盘上飞出去的物体在实验室参照框架里看是匀速直线运动,但从飞出去那点看就是一条螺旋线。

平面螺旋线总可以用极坐标写成 $r = f(\theta)$ 的形式,最简单的莫过于阿基米德螺旋,$r = a\theta$,卷曲的弹簧就是这样的螺线。稍复杂点的有对数螺旋,$r = r_0 e^{a\theta}$,笛卡尔 1638 年第一次引入这个概念。Logarithmic spirals are also congruent to their own involutes, evolutes, and the pedal curves.(对数螺线的渐屈线和渐伸线都是对数螺线;自极点至切线的垂足的轨迹也是对数螺线(图 14)。)圆的渐开线(involute,讨论见下文)的参数方程为 $x = a(\cos\theta + \theta\sin\theta)$,$y = a(\sin\theta - \theta\cos\theta)$,这是一个绕圆柱不断缠绕的绳子的端点的方程。惠更斯在考虑机械表芯制造时想到了这个问题,这应该是力学课程必须包含的内容才对[20]。

一个有趣的螺旋是西奥多罗斯螺旋(wheel of Theodorus),也叫 square root spiral(平方根螺旋),由共边的一系列直角三角形组成,其中第一个三角形是边长为 1 的等边直角三角形(图 14)。此 spiral 不是光滑曲线。据说

Theodorus of Cyrene（生活在约公元前五世纪）借此证明了从 3 到 17 的所有非平方数都是无理数。

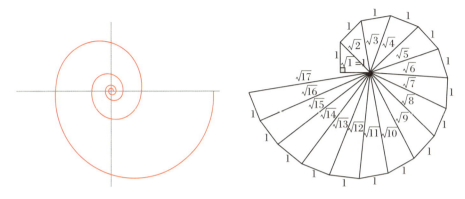

图 14　对数螺旋和西奥多罗斯螺旋

5．Spin & spinor

5.1　Spin 这个词

　　Spin 这个词来自德语的动词 spinnen，远一点的词源有拉丁语的 pendere (to hang)。Pendere 的衍生词很多，见于 appendix, dependence, suspension, 等等, 此处不论。德语动词 spinnen, 意思是蜘蛛结网、蚕吐丝结茧以及人纺线、织布。Spinner, Spinnerin, 就是纺织工、纺织女工, Spindel 是纺锤, 阴性名词 Spinne 就是蜘蛛。蜘蛛会结网, 图 15 中是一只正在结网的蜘蛛, 英语表述为 a spider spinning a web。德语 weben 是织（布），Weber 是织工, 而 Webstuhl 就是纺车、织布机。所谓的 world-wide-web（缩写为 www）里的 web 就源于此。纺车在我国出现得很早（图 16），在现代工业出现以前, 纺线一直是很苦的活儿。德国诗人海涅（Heinrich Heine）1845 年的名篇 *Die Schlesischen Weber*（西里西亚纺织工人）是德国无产阶级对旧德国的诅咒："Deutschland, wir weben dein Leichentuch, Wir weben hinein den dreifach Fluch. Wir weben, wir weben.（德意志, 我们织你的裹尸布, 我们织进去三重诅咒。我们织, 我们织。）" 在物理中, Weber 是磁通单位, 来自德国物理学家 Wilhelm Eduard Weber (1804—1891)。英语的 spin 保留了 spinnen 纺织、抽丝的意思。康德曾写道："Any change makes me apprehensive, even if it offers the greatest promise of improving my condition, and I am persuaded by this natural instinct of mine that I must take heed if I wish that the threads which the Fates spin so thin and weak in my case to be spun to any length.（任何改变都让我感到惶恐，哪怕是有改善吾之状况的可能，本能告诉我必须小心谨慎，如果我希望命运纺出的又细又不怎么结实的线头还能够延伸出一点儿长度的话。）"所谓的 I wish that the threads which the Fates spin so thin and weak in my case to be spun to any length，就是希望生命能够绵长一点。

图 15　A spider spinning a web

图 16　汉墓壁画上"纺线图"

Spontaneous, of free will，出现在 spontaneous symmetry breaking（自发对称性破缺）中的 spontaneous，和 spin 是同源词，没想到吧？如果知道了 spontaneous 的 resulting from a natural feeling, impulse, or tendency 这层意思，就不难理解了。

Spin, spinnen，既然有编织的意思，那就难免用于编故事。数学讲师 Charles Lutwidge Dodgson 先生，笔名 Lewis Carroll，1862 年在一个金色的午后云山雾罩地瞎侃的故事成就了文学史上纯文学家们无法理解的 Alice's Adventures in Wonderland（《爱丽丝漫游奇境记》）为名的伟大一页。英国人提及这件事时用到的动词就是 spin——"the fairy tale he began to spin 'all in the golden afternoon'"。Spin，编织故事，有倾向性地陈述，尤指以有利于自己的口吻描述，例如：His grandmother spun him a yarn at the fire.（奶奶在火炉边给他讲故事。）The explorer spun many fantastic tales about his adventures in the primeval forests.（那探险家杜撰了许多他在原始森林里历险的离奇故事。）如果编的故事充满 gross exaggerations and barefaced lies（无边的夸张和赤裸裸的谎言），这样的编故事就是 spin-doctoring（作博士状忽悠）。原谅我斗胆接着生造个词 spin-professoring（作教授状忽悠）或者 spin-professing（直接绕晕大白话），这个我生活中倒是见得多一些。英国老牌科学家好象不怎么善于 spinning，据说 nothing was more alien to his mental temperament than the spinning of hypotheses（再也没有比编造假说更与他（玻意耳）的气质相悖的了），而牛顿干脆宣称 hypotheses non fingo（俺不作假设）。就牛顿和玻意耳这样的品行和学问，搁俺们这儿估计连个副教授都评不上。

5.2 Spin 的经典物理意义

纺车的运动特征就是绕轴旋转，轴在自身所覆盖的空间里。Spin 作为及物动词和不及物动词都是这个意思，见于 a spinning top, a spinning disk（图 17），a spun coin comes up "heads" or "tails"。A spinning top，将一根火柴穿过橡胶的瓶子盖就做好了一个，笔者习惯的乡下话称之为拧拧转，非常形象。陀螺的转动是 spun up by Coriolis force（陀螺受科里奥利力驱动）。盘旋大概是可以用来翻译 spin 的，a butterfly that dips and spins in the flowers（在花丛间上下翻飞、前后盘旋的蝴蝶）。Spin copter，估计是仿照 helicopter 造的词。Helicopter，helio-，helix，是螺旋，而 ptero-是翅膀，helicopter 是旋翼机。Ornithopter，ornis-，鸟儿，是扑翼机。此外，a gyroplane or gyrocopter，字面来看也是旋翼飞机。

图 17　旋转的陀螺和飞盘

Spinning 的物体，因为惯性，如果没有足够强的向心牵引是会飞出去的。一团流体滴到 fast spinning disk 表面上，则除了吸附到固体表面上的部分，其他的都会被甩出去(spun off)，留下一层厚度还算均匀的薄膜。这种制备薄膜的方法就称为 spin coating（旋涂）。街头摊鸡蛋饼也可以使用这套设备。Spin off，甩出去一块（建立分支机构），spin-off 就是分支机构或者副产品，而 The stars will spin out planets（恒星会甩出去行星），是行星的形成机理。

经典物理语境下的 spin，就是绕自身一个轴的转动，self-rotation，自旋、自转。The earth is in continual motion around the sun, spinning on its axis all the time.（地球不停地绕太阳运动，且不停地绕轴自转。）It spins as it revolves around the sun.（它绕着太阳 revolve 的同时自己还 spin。）Every fifteen months to three years, Mars is engulfed in a dust storm that can last for months, and every day there are dust devils, tornado-like columns of spinning dust. 这里的 columns of spinning dust 是打着旋的尘埃柱。The Universe is seen as a giant clock, full of spinning wheels.（宇宙被看作是一架巨型钟表，满是 spinning 的齿轮。）康德正确地推测银河系是 a large disk of stars, formed from a (much larger) spinning cloud of gas，恒星形成自旋转的气体云，此即星云说。黑洞可以只用两个基本特征来描述：质量和自旋。Black hole spins，愚以为还是用自转来翻译这里的 spin 比较好。当然啦，自旋也不该总被理解为现代意义上的 spin。自转的黑洞，其周围的物质也是打着旋飞向黑洞的，涡旋的物质所发出的 X 射线（X-rays emitted by swirling disks of matter）会透露关于黑洞自转速度（spin rate）的信息（图18）。据信，中子星 spin 的周期跨度达 6 个数量级，也是比较令人头疼的问题。

图 18　绕自转黑洞的 whirling disk of matter 辐射 X 射线

对于任何有限尺寸的存在，自身绕轴转动都是必然。而对于不考虑其尺度的电子之类的存在，有自旋（spin）的问题，确乎需要特殊的考虑。当 the spin corresponds to a one quantum rotation（spin 对应一个单量子 rotation）时，它拥有了比 self-rotation 更丰富的内容。

5.3 近代物理意义下的 spin

设想电子也是有尺寸的,则围绕原子核运动的电子如同围绕太阳运动的地球一样 spin 就是自然而然的。杨振宁先生曾撰文称自旋有趣又极难理解,自旋概念涉及三个方面的物理:经典的转动、角动量的量子化和狭义相对论[21]。电子自旋概念的起源,一个是铁磁性(A. H. Compton,1921),另一个是反常塞曼效应,与磁场下光谱线的分裂有关。1925 年泡利提出不相容原理,引入了描述原子中电子的第四个量子数(自旋的概念已是呼之欲出)。但物理史上有由 Stern-Gerlach 实验导出空间量子化的概念——银原子束在非均匀磁场下分成两束,这个二值问题(two-valuedness)是泡利要考虑的因素之一。据说 Uhlenbeck 和 Goudsmit 听了泡利的报告就提出了电子自旋的概念,但泡利反对 self-rotation 意义下的 spin,而几个月后 Uhlenbeck 和 Goudsmit 建议引入自旋这个 internal degree of freedom(内禀自由度,intrinsic degree of freedom)[22],此时原子中电子的第四量子数和自旋这个内禀自由度还不是一回事。1926 年,Llewellyn Thomas 用自旋这个概念解释了自旋－轨道耦合(spin-orbital coupling)里的因子 2(the ratio between magnetic moment and angular momentum due to the spin is twice the ratio corresponding to an orbital revolution),自旋的概念迅速为人们所接受。[23]另一说法是,乌伦贝克和古德施密特的大胆而且有点不太合理的建议几乎是立马就被接受了。几次在火车站换车的间隙中进行的匆匆讨论,好象就说服了泡利和海森堡这样级别的科学家。这些年轻人充分认识到,自旋不可以用转动的词汇作字面上的解释。1928 年,狄拉克的相对论量子力学方程表明自旋是带电粒子的相对论理论下的天然特征。Spin 不再是 self-rotation,it is truly "classically indescribable",没有经典物理量与它对应。真的是这样吗?存在所谓的经典不可描述?They(particles)"spun"—whatever that meant—in more exotic dimensions.(粒子在更诡异的维度上 spin,不管 spin 到底是啥意思。)[24]

粒子有电荷、质量和自旋等特征。电荷本身是内禀量子数,对应的对称性也是内部对称性;电荷耦合到外界的方法也是通过相位关系(所以有规范场是相位场的说法)而不是时空关系;自旋本身是个内禀量子数,但它对应的对称性是静止态下的空间旋转对称性;和外界参数耦合也是靠简单的角动量守恒关系,或者是扩展到一般的旋转对称性。换句话说,自旋和电荷在内禀这个意义上还是完全不同的，电荷是一个内部参数，而自旋在内部、外部都有表现。自旋的存在代表了时空性质和内禀参数的一种耦合，代表时空性质的那一面是空间转动，代表内禀性质的那一面是表示有限性（只能用有限维度表示来描述粒子），然后相对论跟两边都联系在一起，至于两边是不是相对论的"部分"，这个倒不好说。电子的自旋，其意义是三重的：1) 个体的；反映在磁矩上；2) 时空的，反映在相对论度规和转动群上；3) 群体的，反映在统计行为上——根据自旋是 $\hbar/2$ 的奇数倍或者偶数倍，粒子分别遵循 Fermi-Dirac 统计或者 Bose-Einstein 统计。自旋为 0 也算有自旋吗？自旋到底是局域的还是非局域的，笔者不懂。感觉上自旋应该与质量、电荷都不同。自旋更特别！

自旋同粒子物理有重要的关联。时空的 isometries 实际上没能穷尽所有转动粒子的方式。转动 0 和转动 2π 不是 homotopic（holotopic，同伦的）。在三维空间中一个电子转动 2π 后其相位是相反的[25]。自旋为 $n/2$ 的粒子，在转动 $4\pi/n$ 下是不变的（可见自旋为 0 的粒子算进来会有麻烦）！外尔在他的 The Classical Group 一书中指出欧几里得几何肯定在深层次上同自旋表示的存在相联系。爱因斯坦曾为时空中的每一个点引入局域的一组坐标轴（即所谓的 Vierbein，四条腿表示），而外尔在表述旋量场同广义相对论度规之间关系时，发现了四条腿表示（Vierbein）的一个用自旋语言（in terms of spin）的自然诠释。

电子在固体中作为一种流体，输运性质长期关注的是电子的电荷特征。电气技术和信息技术所代表的两次工业革命都利用了电子的电荷特征。电子自旋受磁场影响，其传导可以被开关。近些年来，电子的自旋特征作为一种可输运、可操控的特征，得到了应用指向的系统研究，形成了自旋电子学（spintronics）此一新学科，出现了一大批自旋+概念和器件，如 spin-valve（自旋阀）、spin-battery（自旋电池）等。此外，还有 spin caloritronics 等怪异的词儿。固体中相互作用的自旋可以形成有序的自旋态，也可以形成在极低温度下仍然无序的状态，称为 quantum spin liquid（量子自旋液体）。在自旋液体中，如果一个自旋未在共价键中配对，就产生了一个 spinon，是电荷为 0、自旋为 1/2 的准粒子，汉译自旋子。

5.4　质子与中子的自旋

电子、质子和中子是物质的三大构成单元。电子有自旋，质子、中子也有。

大约在1924年泡利就假设原子核有自旋来解释光谱线的超精细结构。质子有自旋来自对氢分子的热力学-统计行为分析，在 The Story of Spin 一书的第四讲中有细节的讨论[26]。中子是1932年发现的，应该说自旋的讨论是中子概念被构思的重要启发途径——自旋各为1/2的质子和中子构成原子核的模型可以解释原子核的自旋问题，而卢瑟福的质子加上质子-电子中性体构成原子核的模型就遭遇了自旋难题。中子自旋（磁矩）是从原子核的统计行为得来的，从来就和电动行为无关。

近些年来的理论有所谓夸克只携带了质子自旋很小的一部分的说法，造成了所谓质子自旋危机。相关内容笔者没有追踪，此处不论。不过，以为质子是由夸克组成的，则质子的自旋就该是夸克自旋之和，这个想法有点儿奇特。顺便问一句，组成是啥意思？

5.5 Isospin

Isospin（同位旋）是 isotopic spin 的缩写，核物理学家也会用 isobaric spin（同重自旋）来描述这个性质。Isospin 是无量纲量，它不是任何自旋（与角动量有关），只是参照 spin 曾描写电子能量状态的二值性类比而来的。就强作用而言，质量略有差异而带电荷不同的质子和中子可被看作是同一种粒子的两种状态，故1932年海森堡引入了 isospin 的概念来描述质子-中子作为粒子状态的角色互换对称性，Eugene Wagner 1937年造了 isospin 这个词。同位旋对称性的研究导致了夸克概念的提出以及杨-米尔斯理论。

5.6 Spin 的数学描述

为了描述电子状态的二值性，泡利引入了一组三个泡利矩阵。以马后炮的观点，基于量子（矩阵）力学描述二值性，要求：1）矩阵是 2×2 的酉阵；2）两个本征值分别为1和-1，即它们是迹为0的矩阵；3）满足角动量的代数（乘法，转动），$m_i m_j - m_j m_i = 2\hbar \varepsilon_{ijk} m_k$，则几乎可以随手写出 $\sigma_1 = \begin{pmatrix} 0 & 1 \\ 1 & 0 \end{pmatrix}$, $\sigma_2 = \begin{pmatrix} 0 & -i \\ i & 0 \end{pmatrix}$, $\sigma_3 = \begin{pmatrix} 1 & 0 \\ 0 & -1 \end{pmatrix}$。这组泡利矩阵成了描述电子自旋的基本工具。同 2×2 单位矩阵 $\sigma_0 = \begin{pmatrix} 1 & 0 \\ 0 & 1 \end{pmatrix}$ 一起，它们构成了 2×2 厄米特矩阵矢量空间的基。转动可表示为自旋矩阵的多项式。这四个矩阵的矩阵值是 $(1, -1, -1, -1)$，这

应该让你想起闵可夫斯基空间的度规,泄露了一点儿自旋同相对论的关系。此外,矩阵 σ_1, σ_2, σ_3,与 $\mathbf{R}^3$ 空间的 Clifford 代数同构,$i\sigma_1$,$i\sigma_2$,$i\sigma_3$ 是李代数 su(2) 的基。

电子的相对论量子力学方程是狄拉克方程 $i\hbar\gamma^\mu\partial_\mu\psi - m\psi = 0$,其中的 γ 矩阵是基于泡利矩阵构造的,$\gamma^1 = \begin{bmatrix} 0 & \sigma_1 \\ -\sigma_1 & 0 \end{bmatrix}$,$\gamma^2 = \begin{bmatrix} 0 & \sigma_2 \\ -\sigma_2 & 0 \end{bmatrix}$,$\gamma^3 = \begin{bmatrix} 0 & \sigma_3 \\ -\sigma_3 & 0 \end{bmatrix}$,另外加上 $\gamma^0 = \begin{bmatrix} I & 0 \\ 0 & -I \end{bmatrix}$。时空的单位体积元可以用这些矩阵表示,$\gamma^5 = i\gamma^0\gamma^1\gamma^2\gamma^3 = \begin{bmatrix} 0 & I \\ I & 0 \end{bmatrix}$,此矩阵在讨论粒子的宇称时至关重要,因为镜像变换下此体积元改变符号。

泡利矩阵作用于其上的列向量是 spinor,γ 矩阵或者狄拉克矩阵作用于其上的列向量也是 spinor,有时候会说是 bispinor。Spinor,汉译旋量。矩阵及与其相联系的旋量,真和算符与本征函数(矢量)对应了。量子力学,从数学的角度看,是 operator-eigenfunction association structure(算符-本征函数相联系的结构)。从此,物理学需要有结构的数学了。其实,数学从来就是有结构的,只是笔者没学到、没领悟而已。

Clifford 代数 $Cl(V, g)$ 是由矢量 V 按照反对易关系 $xy + yx = 2g(x, y)$ 所产生的代数,其构成包括矢量空间、双线性形式和反对易关系。它是狄拉克或者泡利矩阵所产生之代数的抽象版。如果 $n = 2k$,$Cl_n(C)$ 代数与矩阵代数 $\mathrm{Mat}(2k, C)$ 同构;如果 $n = 2k+1$,$Cl_n(C)$ 代数与矩阵代数 $\mathrm{Mat}(2k, C) \oplus \mathrm{Mat}(2k, C)$ 同构。这个表示意味着什么物理,笔者不懂。

转动可以用群表述。群表示,一个空间加上一个映射,是群到另一个等同结构的映射。自旋带来自旋群的表示。Spin(3) 与 SU(2) 有 isomorphism(同构)[1],而作用在 C^2 上的 SU(2) 自然地是 Spin(3) 的一个表示。自旋群的表示称为 spinor representation。这个表示的元素被称为 spinors[2]。

---

[1] 同胚是 homeomorphism,同态是 homomorphism,同构是 isomorphism。其实人家那里谈论的都是 morphism,结构、构型,不同的是三个前缀的"同"。

[2] 原来,循环定义也是定义。

自旋群会表示为 Spin(p, q)，意思是说：这是一个 $n = p + q$ 空间里的线性变换群，保持标签(signature)为(p,q)的对称双线性形式(即矢量模平方)不变[27]。偶数维时，Spin(p, q)的一个表示是可约的，可分解为左手的和右手的 Weyl spinor 表示。此外，有时候(未予复化版的) non-complexified version of $Cl_{p,q}(\mathbf{R})$ 有一个小的实表示，即 Majorana spinor 表示。这些内容有点儿太抽象，可就简单的例子找点感觉。Clifford 代数 $Cl_{2,0}(\mathbf{R})$，基为单位标量 1，正交的单位矢量 σ_1, σ_2 和单位赝标量 $i = \sigma_1\sigma_2$，共 4 个基。旋量作用于矢量 $u = a_1\sigma_1 + a_2\sigma_2$ 上的形式为 $\gamma(u) = \gamma u \gamma^*$。Clifford 代数 $Cl_{3,0}(\mathbf{R})$，基为单位标量 1，正交的单位矢量 σ_1, σ_2 和 σ_3，二矢量 $\sigma_1\sigma_2$, $\sigma_2\sigma_3$, $\sigma_3\sigma_1$，单位赝标量 $i = \sigma_1\sigma_2\sigma_3$，共 8 个基。偶数叶元素的子代数包括标量的膨胀因子 $u' = \sqrt{\rho} u \sqrt{\rho}$ 和矢量转动 $u' = \gamma u \gamma^*$，其中 $\gamma = \cos(\theta/2) - iv\sin(\theta/2)$，这是一个三维的绕单位矢量 v 转过 θ 角的转动的旋量(对照之前的四元数表示)。

5.7 Spinor

在上面的章节中，我们多次遭遇了 spinor(旋量)这个概念。旋量是 Élie Cartan 于 1913 年引入几何学的。在研究单群的线性表示时，Cartan 发现旋量提供了转动群的一个线性表示[28]。转动群的投影表示之中不成其为表示的，就被称为 spinors。旋量总可以在复数域上定义，当然也有实的旋量，比如 Majorana spinor。

自旋 1/2 的费米子可以用旋量描述。非相对论电子的波函数是两分量的旋量，在三维无穷小转动下变换。狄拉克方程是 4 分量旋量的方程，其在无穷小洛伦兹变换下变换。1920 年代，物理学家明白了 spinor 可以描述"spin"。

当欧几里得空间作无穷小转动(rotation)时，旋量作线性变换。给定空间 V 的合适的归一化基，Clifford 代数由一组 γ 矩阵表示，γ 矩阵要满足一组正则反对易关系。每一个 Clifford 代数表示也定义了李代数和自旋群的一个表示。此处对易与反对易才是关键，这和自旋对应粒子的统计行为相契合。在三维空间的情形下，泡利矩阵就是一组 γ 矩阵，作用于其上的列矢量就是旋量。泡利矩阵对应三坐标轴的角动量算符。这个情形下的 γ 矩阵是非典型的，因为不仅满足反对易条件，还满足对易条件。在 $\mathbf{R}^3$ 空间构造旋量，可将空间的三个轴对应三个泡利矩阵。自旋群和 2×2 酉阵群同构。此群通过共轭作用在泡利矩阵所张的实矢量空间上。

需要关注矢量转动与旋量转动的不同。从表示论来看，一些正交群的李代数的表示不能够通过常规的张量构造得到。这些漏掉了的表示被贴上了自旋表示的标签，它们构成旋量。旋量属于广义 $SO^+(p,q,\mathbf{R})$ 群（(p,q) 是空间的 metric signature）的二重覆盖的表示。这些二重覆盖是自旋群 $Spin(p,q)$。所有旋量的性质都体现在自旋群中。当从一个正交归一基（frame，框架）转到另一个正交归一基时，张量的元素按照同样的转动变换，与经过的框架空间（the space of frames）中的路径无关。但框架空间不是单连通的。可以给每一个框架贴上一个新的分立不变量作标签（名为 spin，有值为 ± 1）来纳入变换的路径依赖。Spinor，在框架里的转动作用下，如同 tensor 一样变换，但多了由 spin 决定的符号。设想坐标系（框架）在某些初始－终态构型间连续转动。Spinor 的转动会表现出路径依赖，取决于其是如何到达终态的，会表现出两种可能性，此"两可"被称为连续转动的 homotopy class（同伦类）。

Spinor 在一般的量子力学文献中几乎是不会碰到的概念，但为了理解量子力学，因为数学上的困难总躲着旋量走也不是正确的态度。连麦克斯韦方程组也有旋量表示了。1930 年代，Dirac 等人在玻尔研究所制作称为 tangloids 的玩具辅助旋量的计算与教学。Tangloid，来自动词 tangle，它的同源词 entanglement（纠缠），如今火了。

关于 spinor，Michael Atiyah 爵士曾坦言（大意）："没人完全理解旋量。它们的代数形式上好懂，但它们的意义还是个谜。某种意义上它们描述了几何的平方根，但正如理解 -1 的平方根花了人类好几个世纪一样，估计理解旋量也得这么长的时间。"这才是懂行的人说的话。套用杨振宁先生对于狄拉克方程表明自旋是带电粒子的相对论理论的自然属性时的感叹："What insight!"

Stern-Gerlach 实验的两条劣质香烟熏出来的银斑痕（导致自旋概念的空间量子化源于此），在数学上能引出这么多、这么复杂的内容，谁曾想到呢？

5.8 类转动特征

与 rotation, spin 不同的但与（内禀）空间转动有关的概念还有 inversion（反演）、parity（宇称）、helicity（螺旋性）、chirality（手性）等。Helicity，描述动量和自旋间的关联，是中微子物理的关键词。Wigner 定理说，n 维空间中，带质量粒子形成空间转动的 $SO(d-1)$ 群的自旋多重态，而无质量粒子形成横向转动的 SO($d-2$) 群的 helicity 多重态。粒子的手性和宇称性质，也在那个 γ 矩阵中，笔者没系统学过，不论。

6. Vortex

拉丁语动词 vertere，to turn，衍生了很多含-version 的英文词，意思还是转、反转。Conversi，不管是用于天文学还是西塞罗将之用来指代人世间的动荡，都与 revolution 同义。由 vertere 而来的 versus，verse 是常用的英文词，right versus left（右对左），a few lines of verse 是几行诗的意思，这是说英文诗的形象就是句子的 verse（起承转合）。Vertere，verse，进而衍生出 vertex 一词，意思是最高点，如太阳、月亮在天空中的回转点，或者汇聚点，如多面体的顶点。著名的欧拉公式 $V-E+F=2$ 中，V 就是 vertex 的首字母。Vortex，涡流、涡旋，和 vertex 是孪生兄弟，它们俩的复数形式都是 vortices，在意的作者会分别写成 vertexes 和 vortexes，这一点我们在阅读英文文献时要特别注意。

在流体中，一个小区域内的流体会 revolve around an axis，形成 vortex。A vortex can be regarded as a spinning point particle。万物皆流，则 vortex 随处可见。Kármán vortex cascade（卡门涡街）是非常炫酷的自然景观（图 19）。如果只对着 vortex dynamics 这两个字看，你不知道那是讲大气、水流还是谈论超导体里的磁通的。描述涡旋动力学的量是 vorticity，是一个描述 local rotary motion at a point in the fluid（流体里某点处的局域转动）的矢量，定义为速度场的旋度（curl），$\nabla \times v$。在核心区以外的地方 vorticity 不为零的是 rotational vortexes，为零的是 irrotational vortexes。强调一下 curl 的算符是反对易的，vorticity tensor 是反对称的。

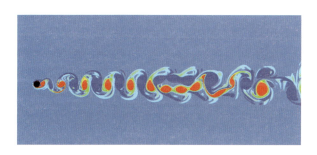

图 19　卡门涡街

Vortex 这种宏观现象还被拿来当作微观模型。麦克斯韦就把电磁场图画为 mechanical structures composed of a multitude of little wheels and vortices extending throughout space（在空间中扩展的大量小轮子或者涡旋）。而麦克斯韦 1870 年讲话中提到的开尔文爵士的 vortex theory of molecules（分子的涡旋理论），是基于亥尔姆霍兹的流体理论的。一个完美流体里的 whirling ring（打着旋的环），一旦产生了，就会一直 whirling 下去，且没有自然因素可以将之一截为二。The ring-vortices are capable of knotted self-involutions（环状的涡流可以是打结的自缠绕？），则不同方式扭转的涡旋就有不同性质，跟分子似的。原子(atom)是不可分割的，而光谱学分明揭示原子具有内部结构，所以原子论走入了困境。与此相反，以太的 vortexes，一方面是软的、有内部结构的，但根据流体理论又是不可分割的，所以以太中的涡旋可以作为分子的模型。当然这套理论是个笑话[29]。

7. Volvo

拉丁语动词 volvere, to roll or turn about（滚动、绕圈），比如 volve pronto mi amor（快回来吧，我的爱）。该动词第一人称单数形式 volvo（I roll, 我滚），作为汽车的品名，再贴切不过了。由 volvere 衍生出了成堆的西文词。常用英文词 walk（行走）依稀还透着它的身影。相应地，德语的 walzen，用辊子碾压、跳华尔兹舞，也源于这个词。Volvere 的形容词形式 volute（也作名词），见于 volute pump（螺旋泵）；名词 volution，汉译为螺旋形、旋圈、螺环等，反正跟绕圈圈有关。由 volvere 加前缀构成的词包括 convolve, devolve, evolve, involve, revolve, 等等，都是涉及面宽广的科学概念。

7.1 Convolve

Convolve, convolvere, to roll together, 一起卷、一起滚动。比如将两种不同热膨胀系数的金属 convolve，可以作自动开关用。当温度改变时，因为 convolved 的两片金属相对长度不一样，就可以造成不同的卷舒状态。阴谋可以是 deeply convoluted，即被隐藏得很深的。The statement appears convoluted，是说那话很绕人。在流体中阻挡物的下游，streamlines become highly convoluted, forming a vortex（流线变得高度缠绕，形成旋涡）。Convolution，汉译为卷积时，是一个重要的数学物理概念。对函数 f, g，定义积分 $(f * g)(t) = \int_{-\infty}^{\infty} f(\tau) g(t - \tau) d\tau$，这就是这两个函数的 convolution。这

样定义的卷积有如下性质:函数 f, g 之卷积的傅里叶变换,为函数各自傅里叶变换之积。对于定义在 $[0,\infty)$ 上的函数的卷积 $(f*g)(t) = \int_0^t f(\tau)g(t-\tau)\mathrm{d}\tau$,则适合使用拉普拉斯变换处理。格林函数(Green's function)方法的基础就是卷积。其(物理)思想是,考察线性微分算符 L,若函数 $G(x)$ 是由点源 $\delta(x)$ 引起的分布(或曰 L 作用下的响应函数),则对于任意函数 $f(x)$ 所描述的源分布,其引起的响应为卷积 $\int G(x-s)f(s)\mathrm{d}s$。

7.2 Devolve

Devolve,devolvere,to roll down or onward,滚上滚下。Devolve 用于 responsibility or duty 之后,是说责任、义务发生了转移。可参照 development(de-velop-ment,发展)和 envelopment(en-velop-ment,卷)理解 devolvement。Cultural devolution 是文化退化。在生物学意义上,devolution 是 evolution 的逆过程,或曰 backward evolution。

7.3 Evolve

Evolve,e-volvere,to roll out or forth,to develop by gradual changes;unfold to set free or give off (gas,heat,etc)。从字面上看,evolve 是(转着)慢慢地露出头、溜走。玉米、棉花等叶子之间有相对转角的植物,其嫩芽从土中冒出来那肯定是 evolve。Duodenal ulcers evolve from early superficial mucosal disease,是说十二指肠溃疡是由早期黏膜表面病变一点一点转变而来的。Evolved gas analysis 是研究加热样品时自己慢慢溜出来的气体,而 how much heat evolved 是关于放热反应(exothermal reaction)的常见题,问多少热量跑出去了,how much heat is released or liberated 才是释放了多少热。Evolve 也可以作为及物动词,如 evolve truth from confused evidence(从纷乱的证据中梳理出真理)。

严复把 Thomas Henry Huxley(1825—1895)的 *Evolution and Ethics and other Essays* 一书译成《天演论》之后,evolution 如今在中文中基本上都是被译成演化的。演,水长流曰演,水潜行曰演。又,水浸润为演,见于"周泽不浹,水土无所演"。演,通"衍",敷衍(敷演)出一段传奇,就是这个意思。到了"若演真经,需寻佛地",这和今日的表演者、演员中的"演"字就接近了。Evolve,(旋着)长出来,与之相对的是 emerge(从流体里)冒出来。维纳斯的诞生就符合这个词的意境,但 emergency 是突发事件,强调一下子冒出来。Emerging phenomenon 近期成了显学,有仿照演化将之译成演生现象的建议——不知"演"字与 merge (mergere, immerse) 是极相契合的,但却没了 to develop or evolve as something new 的强烈对比意境。笔者唐突地建议将之译为骤生。Evolve 强调过程的连续性,予人以缓慢的印象,但更重要的是它的词干是 volvere,给出转动之义才是重要的。For evolving astrophysical accretion disks to concentrate their mass and still conserve angular momentum, turbulent flows are crucial (为了使得演化着的吸积盘不断集中质量又保持角动量守恒,(物质流成为)湍流才是关键),你看,将 evolving 译成演化着的,原始的物理图像荡然无存——evolving 是说那个盘子是往外转着的(图20)。

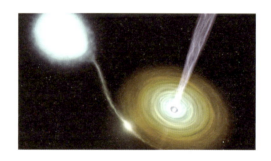

图 20 An evolving accretion disk

　　Evolve 的同源名词是 evolute (渐屈线),这是个几何概念。给定一条曲线,其上每一点处曲率中心的所在位置所构成的曲线(所划过的轨迹),或者说曲线之法线的包络,为 evolute。圆的 evolute 就是一个点,即圆心。Cycloid is the evolute of another cycloid (摆线的渐屈/开线是摆线), the evolute of a nephroid is another nephroid (肾形线的渐屈/开线是肾形线)。与 evolute 对应的词是 involute (渐开线)。A curve is the evolute of any of its involutes (任何曲线都是其渐屈线的渐开线)。Evolute 作为形容词在植物学等领域被译为反卷的。

　　把 involute 译成渐开线,evolute 译成渐屈线,让人无语。先不说这两个词与"渐"字无关(volve 的形象应该是旋、快)。单说 involute 和 evolute 这一对曲线之间的相对关系。内卷的,也就是屈的,那个是 involute;外卷的,也就是开的,那个是 evolute。Involute 内卷得到了 evolute,而 evolute 外卷得到了 involute——人家这样描述,其字面逻辑与图像都是契合的。不知道用中文学数学的人在读到"渐开线逐渐屈卷得到了渐屈线,而渐屈线逐渐开放得到了渐开线"时,要多么马虎才能无视这里逻辑上的别扭?

7.4 Involve

Involve,involvere,to roll,引申义是包裹、卷入,如 fog involved the shoreline(浓雾吞噬了海岸线),一本书 involving virtual history and analogy(融入了虚构和类比),someone is involved in conspiracy(某人被卷入了阴谋的旋涡),等等。从转动的意义来说,to involve is to wind spirally, to coil up。名词 involution,汉译有对合、内卷、内旋、内包、退化等。形容词 involutional,那是更年期的,如 involutional depression and anxiety(更年期抑郁与焦虑)。在简单算术语境中,evolution 是开方,involution 是乘方。数学上还有 anti-involution 的说法,指函数关系 $f(xy)=f(y)f(x)$(两个函数的卷积的傅里叶变换满足的关系是 $f(x\circ y)=f(x)f(y)$),是四元数语境下的问题。一个 involutory 函数是自身的逆函数,即 $f(f(x))=x$。泡利矩阵满足关系 $\sigma_1^2=\sigma_2^2=\sigma_3^2=-i\sigma_1\sigma_2\sigma_3=I=\begin{bmatrix}1&0\\0&1\end{bmatrix}$,因此是 involutory 的。在经典力学中,为了满足刘维尔可积性,哈密顿动力学系统应该有 n 个独立的运动积分,而且 in involution,即这些第一积分 $I_1\cdots I_n$ 都有泊松括号 $[I_i, I_j]=0$。关于 involution 有 self-involution 的说法。

7.5 Revolve

Revolve,revolvere,re + volvere,意思是 to turn over in the mind; reflect on(思来想去,辗转反侧),to cause to travel in a circle or orbit,to cause to rotate,or spin around an axis(引起盘旋或者转动),to recur at intervals,occur periodically(定期再现)。Revolve 的日常意思就是围着转、绕着转,见于 revolving fund(滚动基金),one person about whom her world had revolved(某人是她的世界的主轴,她的主心骨),scientific life that does not revolve around Nobel prize(不是围着诺贝尔奖转的科学生涯),等等。The Universe revolves around me(宇宙绕着我转),愚以为是最直白的相对论宣言。以脚下为固定点,我们能看到这样的太阳绕地球的轨迹(图 21)。Revolve,是一再绕,挺讨人嫌的一种动作。It (discussion of equilibrium state of gas in gravity) revolved around a mysterious entity called 'phase space',

图 21 把我们的脚下看作宇宙的固定点，可以看到太阳是如何绕着地球 revolve 的

这句是说关于重力场中气体平衡态的讨论一直在围着相空间打转转，语气上就有一种不耐烦。Revolt 是来自 revolve 的名词之一，骚乱、暴动，用于 childish revolt 大约正应了谚语"六月天，孩儿脸，说变就变"。名词 revolution 的常见汉译之一为革命，据说是日本人用"汤武革命，顺乎天而应乎人"（语出《易·革》）里的这个词来翻译法语的 revolution。Revolutionary 意思是带来重大变革的（bringing up radical change），则 counterrevolutionary 则是试图翻转变革结果的。中文的革命本义为改变天命而非草菅个人的性命或者命运，原本没有过于血腥的内容。Revolution，本义还是转动。A surface of revolution，是将一条曲线绕轴转动（to revolve continuously around a wire）得到的曲面（图 22），那曲面所包裹的整个空间若看成一个实体形象就是 a solid of revolution。The surface of revolution of the catenary curve, the catenoid, is a minimal surface, specifically a minimal surface of revolution.（由悬链线而来的悬链曲面是一个最小面，特别地，它是旋转最小曲面。）旋转面是非常重要的数学对象，也是一个车工整天要面对的现实——工人关于旋转面的数学知识的深浅多寡，是一个国家工业水平的关键指标。

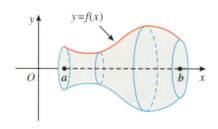

图 22 旋转面

印象中读到过 a revolutive action 的说法，好象是电动力学史的哪本书上的，想不起来啦。

7.6 Vernation

描述 vernation（幼叶卷叠），即叶蕾里新叶的安排问题，就总用到 volute。Circinate vernation（环状芽型）（图 23），有 convolute vernation（一片叶子的边缘压着另一片叶子），有 involute vernation，而 involute vernation 的反面是 revolute vernation 却不是 evolute vernation，有趣。

图 23　新叶的芽型

8. 结语

物理学试图理解运动，运动不过是平动与转动。与平动相比，转动更复杂、更加花样繁多。一些实在的体系，都被卷入各种转动中。笛卡尔云："cogito, ergo sum.（我思故我在。）"这是说人的。放之于一般存在之上，这宣言愚以为当是 volvo, ergo sum（我旋故我在）！猛然了悟，懂得转动才算入了物理学的门。转动总给人以惊奇，别不服。

由于作者没系统学过转动表示相关的物理和数学，包括刚体转动、相对论量子力学、量子场论、四元数、各种代数以及群（表示）论，本篇内容可能充满错误，恳请读者保持警惕。在具体的问题上笔者显然不能作有效的深入，内行的读者很容易发现行文的闪烁其词。这篇文章里，满满的是作者的遗憾，遗憾未能学会群的表示论，不能从群表示的角度讲清楚各种转动问题；遗憾没能弄懂魔方玩法的数学表示，这个若能和多面体对称性、晶体学、色群放到一起讲，该多有趣。数学大家 Felix Klein 于 1895—1896 年间开始关于 rotating bodies 的讲座，这导致他和索末菲撰写了四卷本的 *Über die Theorie des Kreisels*（《陀螺理论》）。这两位大师花费 13 年之力写出的著作，从事与转动相关问题研究的专业人士估计很少有人读过。想当年笔者只学了一学期的浅薄不着调的经典力学课，关于转动的内容估计不过几学时，要是学会了如何处理转动问题，那才叫见了鬼了。接下来的时光里，我一定要抽时间阅读 Sir William Rowan Hamilton 的 *Elements of Quaternions*，William J. Thompson 的 *Angular Momentum*，Hermann Weyl 的 *The Classical Groups*，Elie Cartan 的 *The Theory of Spinors*，朝永振一郎的 *The Story of Spin*，V. I. Arnold 的 *Mathematical Methods of Classical Mechanics*，以及 William Kingdon Clifford 和 Leonhard Euler 的文集，这算是我给自己的承诺。不懂转动，就会被物理的 revolving door 给挡在物理的美妙之外。

想起了那个发动机的问题。发动机设计与制造的基础问题，那该首先是个多连通刚体加流体之复杂体系的转动问题吧。可惜，笔者未能有幸结识哪怕一位能讲好经典力学(含流体力学、天体力学)[①]的物理老师。发动机的研制固然会遭遇材料问题和燃烧问题，相较于它们，转动这样的基本问题似乎更让人为难。发动机研发的困境，能唤起我们对基础物理问题和物理的基础问题的重视否？只知道拿空竹抖机灵而不思如何理解陀螺动力学的民族，注定会对着买来的发动机一筹莫展。

补 缀

1. 说话故意文绉绉的，叫转(zhuǎi)文。在我老家，如果明白了对方是在绕着弯儿骂自己，会说："你这是赚(zuǎn)我的就是了！"赚(zuàn)某人上梁山，则是欺骗。这些字，慢慢地，文化人就不会念不会写了。
2. 唐时舞蹈，《胡旋》与《柘枝》、《胡腾》，还有公孙大娘的剑器舞等，都属于健舞。旋、腾，倒是有关联。
3. 关于 spin and rotation 的描述，泡利矩阵是关键。
4. 相对论中的一些张量方程可以写成旋量的形式(spinor formalism)。
5. 刚体转动用欧拉角描述，此描述有三宗缺点：1) 麻烦；2) 不唯一；3) 不构成群。我学欧拉角时，就觉得别扭，看来我是对的——不好学的学问，一定有哪儿不对劲。是 Olinde Rodrigues 给出了转动的正确描述。

---

① 北京城里有个力学胡同，不知缘起何故。是说我们从历史上就重视力学吗？

6. 关于四元数如何表示转动,以及四元数——旋量系统的数学,可参阅 Simon L. Altmann 的 *Rotations,Quaternions and Double Groups*[5]。处理三维转动的两篇原始文献[30,31],不可不知。尤其是后一篇 Rodrigues 的文章,带来了转动群的概念。由于作者是个银行家,这篇文章长期未被提起。

7. 关于角动量,读读大家的表述也许是有帮助的。参阅 Roger Penrose 的 *Angular Momentum:An Approach Combinatorial Space-time*[32]。

8. 旋还会让某些努力变得容易。以路程换来省力,山路就需要盘旋而上。所谓庐山的"跃上葱茏四百旋",此其谓也。粒子有没有这样的自觉,或者磁场下的运动就是这样的自觉?

9. 旋转有一个安排多余自由度的问题。三维空间,往一个方向的流动,在垂直平面上就会有旋转。在空气中往一个方向冲出一股气流,就会形成涡环。用数学的语言来说,对于矢量场 v,$\nabla \times v$,vorticity,一般不会为零。

10. 四元数的作用对象为 spinor,不过晚出现了 60 年。

参考文献

[1] Brown D. The Lost Symbols[M]. Doubleday Books,2009:41.

[2] Arnold V I. Mathematical Methods of Classical Mechanics[M]. Springer,1989.

[3] Borisov A V, Mamaev I S. Rigid Body Dynamics[M]. de Gruyter,2018.

[4] Hamilton W R. Elements of Quaternions, vol. I [M]. Longmans, Green & Co.,1899;
Hamilton W R. Elements of Quaternions, vol. II [M]. Longmans, Green & Co.,1901.

[5] Altmann S L. Rotations, Quaternions, and Double Groups[M]. Dover Publications,2005.

[6] Kuipers J B. Quaternions and Rotation Sequences:A Primer with Applications to Orbits, Aerospace, and Virtual Reality [M]. Princeton University Press,2002.

[7] Weyl H. The Classical Groups:Their Invariants and Representations[M]. Princeton University Press,1939.

[8] Weyl H. Gesammelte Abhandlungen, vol. Ⅲ[M]. Springer, 1968: 118.

[9] Porteous I R. Clifford Algebras and the Classical Groups[M]. Cambridge University Press, 1995.

[10] Conway J H, Smith D A. On Quaternions and Octonions: Their Geometry, Arithmetic, and Symmetry[M]. A. K. Peters, 2003: 25.

[11] Hetherington N S. Planetary Motions: A Historical Perspective[M]. Greenwood Guides to Great Ideas in Science, 2006.

[12] Thompson W J. Angular Momentum[M]. John Wiley & Sons, Inc., 1994.

[13] Biedenharn L C, Louck J D. Angular Momentum in Quantum Physics Theory and Application[M]. Cambridge University Press, 1981.

[14] Srinivasa Rao K N. The Rotation and Lorentz Groups and Their Representations for Physicists[M]. Wiley, 1989.

[15] Tassoul J-L. Relativity in Rotating Frames: Relativistic Physics in Rotating Reference Frames[M]. Springer, 2003.

[16] Penrose R. The Apparent Shape of a Relativistically Moving Sphere[J]. Proceedings of the Cambridge Philosophical Society, 1959, 55: 137-139.

[17] Terrell J. Invisibility of the Lorentz Contraction[J]. Physical Review, 1959, 116 (4): 1041 – 1045.

[18] Dunham W. Euler: The Master of Us All[M]. The Mathematical Association of America, 1999.

[19] Nowick A S: Crystal Properties via Group Theory[M]. Cambridge University Press, 1995: 17.

[20] Pickover C A. Mathematics and Beauty: A Sampling of Spirals and 'Strange' Spirals in Science[J]. Nature and Art, Leonardo, 1988, 21 (2): 173-181.

[21] Yang C N. The Spin[J]. AIP Conf. Proc., 1983, 95: 1.

[22] Uhlenbeck G E, Goudsmit S. Naturwissenschaften, 1925, 13: 953; Uhlenbeck G E, Goudsmit S. Nature, 1926, 117: 264.

[23] Mehra J, Rechenberg H. The Historical Development of Quantum Theory, vol.1, vol.3[M]. Springer, 1982.

[24] Stewart I. Why Beauty is Truth: a History of Symmetry[M]. Basic Books, 2007.

[25] Griffiths D J. Introduction to Quantum Mechanics[M]. 2nd ed. Pearson Prentice Hall, 2015.

[26] Tomonaga S. The Story of Spin[M]. The University Chicago Press, 1997.

[27] Gallier J H. Clifford Algebras, Clifford Groups, and a Generalization of the Quaternions: The Pin and Spin Groups, 2013（未发表）.

[28] Cartan E. The Theory of Spinors[M]. Hermann, 1966.

[29] Dyson F. Why is Maxwell's Theory so Hard to Understand（无详细出处）.

[30] Euler L. Problema algebraicum ob affectiones prorsus singulares memorabile [J]. Novi Commentarii academiae scientiarum Petropolitanae, 1770, 15: 75-106.

[31] Rodrigues O. Des lois géometriques qui regissent les déplacements d'un systéme solide dans l'espace, et de la variation des coordonnées provenant de ces déplacement considérées indépendant des causes qui peuvent les produire[J]. J. Math. Pures Appl., 1840, 5: 380-440.

[32] Bastin T. Theory and Beyond[M]. Cambridge University Press, 1971.

关于科普——兼为跋

> So che molti chiamerà questo lavoro inutile.
>
> ——Leonardo da Vinci

写完了"物理学咬文嚼字"系列第100篇,把第076～100篇聚拢起来并为每篇添加了或多或少的补缀,我这才长长地舒了一口气。这横跨十二个年头的荒唐,终于结束了。

写完第100篇时,想起了曹雪芹《红楼梦》中的那首绝句:"满纸荒唐言,一把辛酸泪。都云作者痴,谁解此中味?"祖宗啊,你错了,应该是"满纸荒唐言,一把辛酸泪。都云作者傻,谁解其中味"啊!不是个大傻帽儿,如何消遣这长达十二年的无聊与艰辛?

然而,我却不敢完全否定这学问荒唐、文词鄙浅。自鸟迹代绳,文字始炳,有文字而后才有文化。语言之于文化,之于科学这特别的文化,之于物理学这特别的科学,毕竟不能说是无甚关切。那科学的精神和科学的内容,若想化入我们的思维本能,终归是要和我们的日常语言合为一体。法兰西人都德的《最后一课》有句云:"Quand un peuple tombe esclave, tant qu'il tient bien sa langue, c'est comme s'il tenait la clef de sa prison…(当一个民族沦为奴隶时,只要它好好地保存自己的语言,就好象掌握了打开监牢的钥匙……)"语言是一个民族的精神支柱,语言在,魂魄就在。反过来想,若一个民族的科学家能够驾驭科学的语言并使得自己的语言与科学共同进步,那这个民族必然是融入甚至代表了世界文明发展的大方向的。退一步说,即便我们只能作为物理的学习者,从语言的角度弄清楚概念的来龙去脉,也会让这物理学习的生活少一些困惑和迷惘。Un langage clair, ca simplifie la vie！是的,言语清澈,遂使生活轻简。

在撰写"物理学咬文嚼字"系列的过程中,笔者有幸领略了一些物理、数学大家的思想、成就及著作,由是反观我所受的那些物理教育和所做的那些物理研究,感觉连笑话都算不上。惜乎痛哉！这十二年的荒唐,一言以蔽之,就是我挣扎着写下了自己的一些困惑。若那里面有任何手舞足蹈的得意,也只是我对物理学崇敬心情的自然流露。物理学博大精深,此四卷小文若能对用中文修习物理稍有裨益,固所愿也。倘若它被说成是无意义之举(lavoro inutile),倒也算是中肯之论。然而,the die is cast, the book is written。一本书写好以后,就不属于它的作者了。它静静地,向往着自己的传之久远。而作者,已寂然转身。

2018 年 5 月 21 日于北京